薄膜科技與應用

羅吉宗 編著

全華圖書股份有限公司

國家圖書館出版品預行編目資料

薄膜科技與應用 / 羅吉宗編著. – 六版. -- 新北
市：全華圖書股份有限公司, 2022.09
面；　公分
ISBN 978-626-328-323-7(平裝)

1.CST: 薄膜工程

472.16　　　　　　　　　　111014922

薄膜科技與應用

作者 / 羅吉宗

發行人 / 陳本源

執行編輯 / 葉書瑋

出版者 / 全華圖書股份有限公司

郵政帳號 / 0100836-1 號

印刷者 / 宏懋打字印刷股份有限公司

圖書編號 / 0552505

六版二刷 / 2022 年 11 月

定價 / 新台幣 500 元

ISBN / 978-626-328-323-7(平裝)

全華圖書 / www.chwa.com.tw

全華網路書店 Open Tech / www.opentech.com.tw

若您對書籍內容、排版印刷有任何問題，歡迎來信指導 book@chwa.com.tw

臺北總公司(北區營業處)
地址：23671 新北市土城區忠義路 21 號
電話：(02) 2262-5666
傳真：(02) 6637-3695、6637-3696

南區營業處
地址：80769 高雄市三民區應安街 12 號
電話：(07) 381-1377
傳真：(07) 862-5562

中區營業處
地址：40256 臺中市南區樹義一巷 26 號
電話：(04) 2261-8485
傳真：(04) 3600-9806(高中職)
　　　(04) 3601-8600(大專)

序 言

　　薄膜是實踐電子元件輕薄短小，低損耗能量之關鍵技術，薄膜技術的進展與表面科學之導入，使固態電子產品之進一步發展得以靈活設計與精確控制其品質。

　　坊間有多種薄膜技術叢書，但都僅介紹製作技術，找不到一本將薄膜的應用與製作薄膜所用到的真空技術、熱力、電漿科技等融入。薄膜技術涉及多門學科領域，本書在闡述薄膜相關技術之物理概念，同時與簡單的定量計算相結合，是為大三以上同學和研究生所寫的薄膜科技教科書，更提供從事微電子技術之產業界做專業人員在職訓練之參考教材。

　　作者將多年之工作經驗撰寫為本書時，受到大同大學光電工程研究所多位師生之協助，學生們不僅協助手稿打印工作，對講課內容的詢問和反應使本書的內容與編排改進不少。"薄膜科技與應用"這本書最後定稿為八章，前四章介紹薄膜製作技術所用到的各種裝備與物理機制，第五、六章說明如何製作高品質薄膜和薄膜品質對元件電性的影響，第七、八兩章說明量測薄膜特性的各種技術與原理。

　　作者才疏學淺，雖已竭盡全力整理，然而匆忙中難免有錯或交代不夠清楚，尚請各位前輩先進、同學不吝賜教，您們的批評是使這本書止於至善之原動力，我們將長期服務讀者，不定期更新新知。

大同大學光電工程研究所

羅吉宗　編著

編 輯 部 序

　　「系統編輯」是我們的編輯方針，我們所提供給您的，絕不只是一本書，而是關於這門學問的所有知識，它們由淺入深，循序漸進。

　　薄膜技術的進展和表面界面物理導入，使電子元件實現了輕薄短小，且有效控制半導體材料和固態元件之品質。坊間有多種薄膜技術叢書，但多僅闡述製作技術。本書將引導對薄膜有興趣者認識眞空、電漿、長膜機制，製作高品質薄膜的要件，薄膜品質之鑑定和薄膜製作技術如何改善電子元件功能等。本書前四章介紹薄膜沉積所用到的眞空、電漿、熱力、動力等薄膜生長機制，第五、六章介紹高品質薄膜對元件電性之影響，第七、八章說明量測薄膜特性之技術與原理。是一本適合公私立大學、科大電機、化學、材料、光電工程系三、四年級之「薄膜技術」、「薄膜製程」學生使用，也適合從事微電子技術之產業界的專業人員使用。

　　同時，爲了使您能有系統且循序漸進研習相關方面的叢書，我們以流程圖方式，出各有關圖書的閱讀順序，以減少您研習此門學問的摸索時間，並能對這門學問有完整的知識。若您在這方面有任何問題，歡迎來函連繫，我們將竭誠爲您服務。

相關叢書介紹

書號：0507204
書名：幾何光學(第五版)
編著：耿繼業.何建娃.林志郎
16K/248 頁/400 元

書號：0555403
書名：表面與薄膜處理技術(第三版)
編著：柯賢文
20K/464 頁/470 元

書號：0539903
書名：奈米工程概論(第四版)
編著：馮榮豐.陳錫添
20K/272 頁/300 元

書號：0544603
書名：奈米科技導論(第四版)
編著：羅吉宗.戴明鳳.林鴻明
　　　鄭振宗.蘇程裕.吳育民
16K/300 頁/400 元

書號：0367275
書名：矽晶圓半導體材料技術
　　　(第六版)(精裝本)
編著：林明獻
16K/584 頁/650 元

書號：102997
書名：材料電子顯微鏡學(精裝本)
編著：國研院精密儀器中心
500 元

書號：06201
書名：薄膜光學概論
編著：葉倍宏
16K/360 頁/480 元

◎上列書價若有變動，請
　以最新定價為準。

流程圖

書號：0630001/0630101
書名：電子學
　　　(基礎理論)/(進階應用)
　　　(第十版)
編譯：楊棧雲.洪國永.張耀鴻

書號：0555603
書名：薄膜工程學(第 2 版)
編譯：王建義

書號：0544603
書名：奈米科技導論(第四版)
編著：羅吉宗.戴明鳳.林鴻明
　　　鄭振宗.蘇程裕.吳育民

書號：05463007
書名：VLSI 電路與系統
　　　(附模擬範例光碟片)
編譯：李世鴻

書號：0552505
書名：薄膜科技與應用(第六版)
編著：羅吉宗

書號：0546502
書名：奈米材料科技原理與
　　　應用(第三版)
編著：馬振基

書號：0618702
書名：半導體製程技術導論
　　　(第三版)
編譯：蕭　宏

書號：06201
書名：薄膜光學概論
編著：葉倍宏

書號：0539903
書名：奈米工程概論(第四版)
編著：馮榮豐.陳錫添

目　錄　Contents

第 1 章　眞空技術與氣體傳輸安全

vii

第 2 章   電漿(plasma)物理

第 3 章 表面動力學與薄膜生長機制

第4章 薄膜製作技術

第 5 章　磊晶生長與光學薄膜

第 6 章　異質結構薄膜精進元件光電特性

第 7 章　散射與薄膜結構或成分分析

第 8 章　薄膜特性檢測技術與原理

附 錄

Chapter *1*

眞空技術與氣體傳輸安全

　　薄膜技術是實現元件(Devices)輕薄短小、且穩定性高、散熱性佳的主要角色，薄膜技術的應用層面很廣，一般都藉它來進行表面改質的工作，例如在機械元件表面鍍鑽石薄膜，則可提高元件散熱、潤滑、耐磨耗之效果。在絕緣體表面鍍銦錫氧化物(ITO)導電薄膜、或非晶矽薄膜，則可除靜電或防高電壓閃爍問題。在玻璃基板上，要以金或白金為電極，常先在玻璃板上鍍Cr 或 Ti 為潤濕層介面，以降低薄膜應力，提高電極與玻璃之附著力。在電子元件表面的介電保護層，一般是用含磷氧化矽(PSG)有防潮效果，外表加氮化矽薄膜可抗刮傷。生醫檢測的表面改質工程，是使其表面具有可與分子探針結合的橋接物，一般為某些特定的官能基。人工器官表面修飾物質，需達到親水性及與生物相容性的要求。生物感測器如 QCM 和 SAW 等都是藉薄膜將微弱信號放大的。限於篇幅，本書第五、第六章僅說明多層膜在光電元件之應用。第四章介紹完成元件製程中的薄膜製作技術，而製作薄膜都需用到真空、電漿、熱力、動力等常識，本書不僅介紹相關技術還提供簡潔之理論基礎。

　　不管物理汽相沉積(PVD)或化學汽相沉積(CVD)的薄膜製造技術都需用到真空技術，薄膜的表面分析儀器更需在超高真空的環境下操作，因此先了解真空原理與真空系統的設計技術，工作者在正確條件下操作有助於掌控薄膜品質。

■ 1-1　氣　壓

　　在某一定溫度下，氣體分子的熱分子運動對物質表面碰撞將造成氣壓。在定溫下，物體表面蒸發或昇華成氣體分子所造成的壓力叫蒸氣壓。若自物體表面蒸發出的氣體分子數量與凝結回表面的分子數量相等，此時之蒸氣壓叫飽和蒸氣壓。圍繞在地球周圍的空氣分子其成份有約 78 ％的氮、21 ％的氧和少量的水蒸汽、二氧化碳、氫氣和稀有氣體等，它們在海平面、0℃下運動所施的壓力定為一大氣壓(1 atm)。

　　壓力是單位面積所受的力，一大氣壓相當於 760 毫米水銀柱所施的壓力，通常訂 1 mm 水銀柱的壓力為 1 torr，故：1 atm ＝ 760 torr ＝ 1033.6 g/cm² ＝ 1.013×10⁶ dyne/cm² ＝ 1.013 bar ＝ 1.013×10⁵ pa ＝ 14.7 psi，psi 為磅／平方英吋，是壓力的英制單位。因此：1 dyne/cm² ＝ 10⁻⁶ bar，1 bar ＝ 0.987 atm ＝ 750 torr，1 Nt/m² ＝ 1 pa ＝ 10 dyne/cm² ＝ 7.5 mtorr，1 torr ＝ 133.3 pa。

　　在特定空間內，其氣體分子運動的壓力低於一大氣壓者都叫真空，要將此空間內抽到沒有任何物質存在的絕對真空是很難辦到的，但我們在日常生活中應用不同真空度的實例卻很多。一般區分真空度在 760～100 torr 間叫粗真空，如真空筆、真空包裝、晶片定位等都用粗真空即可。100 torr～1 torr 為中度真空，如真空乾燥、真空保溫大概都用中度真空。1 torr～1 mtorr 為中度高真空，真空冶鍊都用此範圍。1 mtorr～10⁻⁷ torr 是高真空，真空焊接需用高真空。薄膜沉積都須先抽到 10⁻⁶ torr，然後通入製程氣體在中度高真空或高真空範圍沉積薄膜。壓力比 10⁻⁷ torr 低為超高真空，如燈泡、映像管、繼電器的真空絕緣，分子束磊晶裝備(MBE)和表面分析儀器等都需超高真空。

▣ 1-2　氣體動力學

　　氣體分子在一個體積 V 的真空容器內，若不考慮分子間的 Van der Waal 力，可視為理想氣體，溫度 T 之理想氣體方程式為：

$$PV = Nk_B T \dots\dots\dots\dots\dots\dots(1\text{-}1)$$

N 為容器內的氣體分子數，Boltzman 常數 $k_B = 1.38 \times 10^{-23}$ joule/°K。joules ＝ (Nt/m²)·m³，故氣體分子密度：

$$n = \frac{N}{V} = \frac{1}{k_B}\frac{P}{T}$$

$$= \frac{1}{1.38\times10^{-23}\times7.5\times10^{-3}\times10^6(\text{torr}\cdot\text{cm}^3/°\text{K})}\cdot\frac{P(\text{torr})}{T(°\text{K})}$$

即：

$$n(\text{分子數/cm}^3) = 9.66\times10^{18}\frac{P(\text{torr})}{T(°\text{K})} \dots\dots\dots\dots(1\text{-}2)$$

標準溫度壓力下 STP(0℃，1 atm)　$n = 9.66\times10^{18}\frac{760}{273} = 2.69\times10^{19}\text{cm}^{-3}$

P固定則 $\frac{n_1}{n_2} = \frac{T_2}{T_1}$，因此 1 atm、298°K 之 $n = 2.46\times10^{19}\text{cm}^{-3}$。

T固定則 $\frac{n_1}{n_2} = \frac{P_1}{P_2}$，所以 298°K、1 torr 之 $n = 3.24\times10^{16}\text{cm}^{-3}$。

298°K、10^{-7} torr 之 $n = 3.24\times10^9\text{cm}^{-3}$。

超高真空極限在 298°K、10^{-12} mbar 之 $n = 2.43\times10^4$分子/cm³。

MaxWell-Boltzman 氣體分子之運動速率分布函數為：

$$f(v) = \left(\frac{m}{2\pi k_B T}\right)^{3/2} e^{-mv^2/2k_B T}\cdot 4\pi v^2 \dots\dots\dots\dots\dots(1\text{-}3)$$

$\frac{df(v)}{dv} = 0$ 時，$f(v)$最大，即大部份氣體分子的速率為：

$$v_m = \sqrt{\frac{2k_B T}{m}} \dots\dots\dots\dots\dots\dots\dots\dots(1\text{-}4)$$

$$<v^2> = \int v^2 f(v)dv = \left(\frac{m}{2\pi k_B T}\right)^{3/2}\int v^2 e^{-mv^2/2k_B T}\cdot 4\pi v^2 dv$$

令 $\frac{mv^2}{2k_B T} = u^2$

則$<v^2> = \left(\frac{m}{2\pi k_B T}\right)^{3/2}\left(\frac{2k_B T}{m}\right)^{5/2}\int u^2 e^{-u^2}\cdot 4\pi u^2 du$

$$= \frac{2k_B T}{m}\cdot\frac{1}{(\pi)^{3/2}}\cdot\frac{3}{2}\pi^{3/2} = \frac{3k_B T}{m}$$

故氣體分子的均方根(root mean square)速率為

$$v_{\mathrm{rms}} = \sqrt{<v^2>} = \sqrt{\frac{3k_B T}{m}} \quad\dotfill\text{(1-5)}$$

氣體分子的平均速率為

$$\bar{v} = \frac{\int v f(v) dv}{\int f(v) dv} = \frac{\int 4\pi v^3 \cdot e^{mv^2/2k_B T} dv}{\int 4\pi v^2 e^{-mv^2/2k_B T} dv} = \frac{\left(\frac{2k_B T}{m}\right)^2 \int u^3 e^{-u^2} du}{\left(\frac{2k_B T}{m}\right)^{3/2} \int u^2 e^{-u^2} du}$$

$$= \sqrt{\frac{8k_B T}{\pi m}} = \sqrt{\frac{8RT}{\pi M}} \quad\dotfill\text{(1-6)}$$

M是每摩爾氣體之分子量(g)，理想氣體常數$R = 8.314 \text{ joule/}°\text{K}$，故氣體分子的平均速率：

$$\bar{v}(\mathrm{cm/sec}) = \sqrt{\frac{8 \times 8.314 \times 10^7 T}{\pi M}} = 14554 \sqrt{\frac{T(°\mathrm{K})}{M(g)}} \quad\dotfill\text{(1-7)}$$

　　氣體分子相互碰撞後的自由行程雖然都不等，在某一定溫度、壓力下之平均自由行程：

$$\lambda(\mathrm{cm}) = \frac{1}{\sqrt{2}(\pi d^2) \cdot n} = \frac{0.707 T(°\mathrm{K})}{\pi d^2 \cdot 9.66 \times 10^{18} P(\mathrm{torr})}$$

$$= \frac{2.33 \times 10^{-20}}{d^2} \frac{T(°\mathrm{K})}{P(\mathrm{torr})} \quad\dotfill\text{(1-8)}$$

一般以黏滯係數測定分子直徑 d，或以晶格常數求 d，查表亦可得 d。

　　例如$300°\text{K}$的空氣 $d = 3.74\text{Å}$，則空氣分子在$300°\text{K}$的平均自由行程：

$$\lambda(\mathrm{cm}) = \frac{2.33 \times 10^{-20}}{(3.74 \times 10^{-8})^2} \frac{300}{P(\mathrm{torr})} \cong \frac{5 \times 10^{-3}}{P(\mathrm{torr})} \quad\dotfill\text{(1-9)}$$

若氣體分子在基板上做任意緊密堆積，則沉積的分子表面密度：

$$N_s(\text{分子}/\text{cm}^2) = \frac{\frac{1}{6} \times 3}{\frac{1}{2}d \cdot \frac{\sqrt{3}}{2}d} = \frac{1}{0.866d^2} \quad\text{.....................}\quad (1\text{-}10)$$

例如：氧分子在真空器壁的表面分子密度為$N_s(\text{cm}^{-2}) = \frac{1}{0.866(3.74 \times 10^{-8})^2}$ $= 8.26 \times 10^{14}\text{cm}^{-2}$。但在晶片上長磊晶層，則氣體分子以基板為晶種排列，因此表面分子密度與基板之結晶方向有關。

氣體分子向四面八方跑，但僅$\frac{\pi r^2}{4\pi r^2}$分量向晶片投射，每秒撞在單位表面積的分子數叫流體入射率 J (impinge rate)。

$$J = \frac{\pi d^2}{4\pi d^2} \cdot n\bar{v} = n\frac{1}{4}\sqrt{\frac{8k_B T}{\pi m}} = \frac{P}{k_B T}\sqrt{\frac{k_B T}{2\pi m}} = \frac{P}{\sqrt{2\pi m k_B T}} \quad\text{......}\quad (1\text{-}11)$$

$$J(\#/\text{cm}^2\text{-sec}) = \frac{1}{4} \times 9.66 \times 10^{18} \times 14554 \frac{P(\text{torr})}{\sqrt{M(\text{g}) \cdot T(^\circ\text{K})}}$$

$$= 3.51 \times 10^{22} \frac{P(\text{torr})}{\sqrt{M(\text{g}) \cdot T(^\circ\text{K})}} \quad\text{.....................}\quad (1\text{-}12)$$

$$J(\text{g}/\text{cm}^2\text{-sec}) = 3.51 \times 10^{22} \times 1.66 \times 10^{-24} M(\text{g}/\#) \frac{P(\text{torr})}{\sqrt{M(\text{g}) \cdot T(^\circ\text{K})}}$$

$$= 5.85 \times 10^{-2} \frac{P(\text{torr})\sqrt{M(\text{g})}}{\sqrt{T(^\circ\text{K})}} \quad\text{.....................}\quad (1\text{-}13)$$

假設氣體分子撞在表面積的黏附(sticking)係數為 S，則在表面長單層薄膜之時間：

$$t = \frac{N_s(\#/\text{cm}^2)}{J(\#/\text{cm}^2 - \text{sec}) \cdot S} \quad\text{.....................}\quad (1\text{-}14)$$

假設 $S = 1$，分子直徑 d，則薄膜成長速率為

$$v_t(\text{Å}/\text{sec}) = \frac{d}{t} = \frac{d \cdot J}{N_s} \quad\text{.....................}\quad (1\text{-}15)$$

　　在真空系統中，當氣體分子的壓力頗高時，氣體分子的平均自由行程 λ 很短，若 λ 遠小於真空室或管路的直徑 D，則氣體分子間將經歷多次碰撞，這種氣體流動形式稱為黏滯流(viscous flow)。黏滯流的氣體運動速率較慢，在器壁的流速 $v = 0$，而黏滯流的氣體流動方式又可分為層流(laminar flow)和擾流(turbulent flow)兩種，若 ρ 是氣體密度，η 是黏滯係數，定義 Reynolds' number

$$R_e = \frac{v\rho D}{\eta}$$ .... (1-16)

$R_e < 1200$ 是黏滯層流，$R_e > 2200$ 是擾流，若流速快，而 R_e 介於 $1200 < R_e < 2200$，則層流和擾流都會出現。

　　當容器內的壓力降低到分子的平均自由行程遠大於容器直徑 $D(\text{Cm})$，分子間很少碰撞，而以氣體分子與器壁間的碰撞為主，這種流體叫分子流(molecular flow)，假如氣體分子的平均自由行程 λ 與容器的 D 相當，這種介於黏滯流和分子流間的過渡性流體叫 Kundsen 流體，其範圍為：

$$0.01 < \frac{\lambda}{D} < 1.0, \quad 0.01 < \frac{5 \times 10^{-3}}{P \cdot D} < 1.0,$$

即 $\dfrac{5 \times 10^{-3}}{D} < P < \dfrac{0.5}{D}$ .... (1-17)

例如：一直徑為 2.5 厘米的管子，則氣流過渡範圍在 0.2 torr 到 2×10^{-3} torr 間，一般的薄膜沉積，反應氣體的壓力應控制在層流區間，以免薄膜厚度的均勻性不佳。

■ 1-3　真空系統

　　像熱水瓶、映像管等抽了真空後密閉，不需繼續抽氣的叫靜態真空系統，而真空鍍膜、高真空分析儀器等非密閉，都有不同程度的漏氣，需不斷抽氣維持其動態平衡的叫可開閉真空系統，可開閉真空系統的主要構造包含下列幾項：

1. 真空室(chamber)

    薄膜製作或量測都在此空間進行，真空室一般是圓筒形，內壁和內部機件均愈光滑愈佳，真空室需考慮冷卻系統、烘烤系統、安裝凸緣(flange)、供電或機械之導引(feed-through)、視窗等。當然材料需緻密以免外面氣體滲透入內，且需不易吸附氣體、不易放氣、可用高溫烘烤驅水汽等，304不銹鋼是不錯的選擇。真空室的密封在凸緣處較少動者應以襯墊(gasket)鎖到氣密，需常開關者則以橡皮圈(O-ring)封住。

2. 真空泵浦(pump)

    從低壓區抽氣到大氣的裝置叫真空泵浦，真空泵浦須以一馬達不斷將電能換成機械能對泵浦作功才能一直抽氣，泵浦與真空室間的管路愈短愈好，需有適當的分路與閥(valves)，以利各泵浦分段開關，並需考慮兩泵浦間的抽氣速率匹配。若需用活性氣體鍍膜或蝕刻，則需用耐腐蝕的泵浦，更需有微粒阻隔、處理廢氣和真空油過濾器等。

3. 管路(duct)

    真空室與泵浦間需以管路連接，管路阻抗是設計真空系統時需考慮的最重要因素。管路連接處需用接頭並以閥門控制，控制管路氣流大小或開關的閥有很多種，需精確控制氣流量者用針閥，最好以扭力板手控制力矩以免針閥受損。

4. 真空計(vacuum gauge)

    量度真空系統中的真空度所用的壓力計叫真空計，一般真空計都是測定真空系統中的剩餘氣體分子數，再以壓力單位表示。

　　當真空抽到某程度後，真空度一直不能再提高，而按照泵浦性能應可抽到更高真空度，在此狀況一般認為是系統漏氣，若是真空系統外面的氣體經由系統的外表如器壁、接頭處漏氣，或泵浦管路油氣回流等有實際氣體進入真空室的叫真漏，不是由外界氣體進入者叫假漏，系統的漏氣情形如圖 1-1 所示。假漏通常在較高真空度才發生，不同真空度有不同放氣方式，不同放氣方式的抽氣率如圖 1-2 所示。

(1)　熱蒸發(vaporization)：若真空室內有水汽或高蒸氣壓物質，當真空度達到其蒸氣壓時，該物質會從器壁熱蒸發跑出，此器壁單位面積的放氣率為：$J = 3.51 \times 10^{22} \dfrac{P_V(\text{torr})}{\sqrt{M \cdot T}}$，$P_V$ 為器壁表面的蒸氣壓，例如：水汽在室溫下的蒸汽壓為 17 torr，若真空系統內有水汽則真空室的壓力將維持在約 17 torr，經加熱烘烤後真空室內壓力將隨時間指數 e^{-at} 下降。

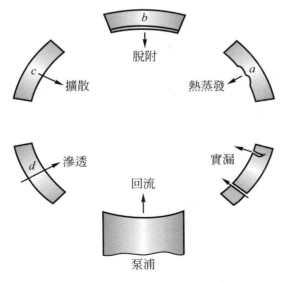

圖 1-1　真空系統的漏氣方式

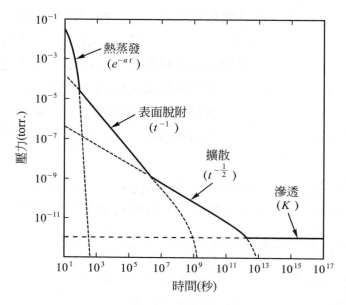

圖 1-2　不同放氣方式的抽氣率(4)

(2)　表面脫附(surface desorption)：眞空室內壁吸附各種氣體，在溫度T時器壁表面分子的振動頻率爲 $v = v_0 e^{-E_a/k_B T}$，即分子停留在表面之時間：$\tau = \tau_0 e^{E_a/k_B T}$，一般 $\tau_0 = 10^{-12} \sim 10^{-13}$ 秒，$E_a < 0.5$ eV/分子者爲物理吸附，停留器壁時間甚短易被抽掉。$E_a > 0.5$ eV/分子者爲化學吸附，H_2O 之 E_a 大約爲 1 eV，約一兩小時才會脫附，故眞空室太久沒用就需先烘烤，一般 $10^{-4} \sim 10^{-5}$ torr 就有表面脫附，此時之眞空室壓力 $P(t)$ 隨時間以 t^{-1} 下降。

(3)　擴散(diffusion)：眞空室進入 10^{-9} torr 後器壁內部的氣體分子會進行擴散到內壁表面脫附，擴散比脫附慢，室內壓力隨時間改變爲 $P(t) \propto \left(\dfrac{D}{t} \right)^{1/2}$，$D$ 是擴散係數它與眞空室溫度有關。

(4) 滲透(permeation)：器壁外吸附的氣體，在真空室壓力約 10^{-12} torr之超高真空下，可能向內擴散到內壁而脫附，室溫的真空室其滲透率爲定值，溫度愈高滲透率愈大，因此真空度愈高，抽氣速率愈慢。

1-3.1　氣導(conductance)

在一定溫下，每單位時間內通過真空系統的某一部分，如管路的某截面上的氣體數量叫氣流通量 I（分子／秒）。在一定溫度下，氣體的分子數通常以壓力乘體積PV表示，如 $atm \cdot \ell$ 或 torr·cc 表示氣體分子數，故氣流通量的單位爲 torr·cm³/sec 或 $atm \cdot \ell$/hr 等等。在穩態抽氣時，某一管路在截面 1 和 2 兩處的壓力分別爲 P_1 和 P_2，其抽氣速率分別爲 S_1 和 S_2。

根據流體的連續性：

$$\rho A \upsilon = \frac{dm}{dt} = \rho \frac{dV}{dt} = \rho \cdot S = 定值 \dots\dots\dots (1\text{-}18)$$

因此定溫下的氣流通量 $\frac{dN}{dt}$ 也是定值

$$I = PS = P \frac{dV}{dt} = P_1 S_1 = P_2 S_2 \dots\dots\dots (1\text{-}19)$$

在穩流下單位壓力差的氣流通量叫氣導：

$$C = \frac{I}{\Delta P} = \frac{PS}{P_2 - P_1} \dots\dots\dots (1\text{-}20)$$

管路阻抗(impedance) $Z = \frac{1}{C}$，則類似電路之

$$\Delta V = IR，P_2 - P_1 = PSZ = I \cdot Z \dots\dots\dots (1\text{-}21)$$

由理想氣體 $PV = nRT = \dfrac{m}{M}RT$，即

$$P = \rho \frac{RT}{M} \text{ 或 } \Delta P = \Delta \rho \frac{RT}{M} \quad\text{.....................} \quad (1\text{-}22)$$

若單位時間氣體質量流率 $G = \dfrac{dm}{dt}$，則 $P\dfrac{dV}{dt} = \dfrac{dm}{dt}\dfrac{RT}{M}$，故

$$I = P \cdot S = G\frac{RT}{M} \quad\text{.............................} \quad (1\text{-}23)$$

阻抗 $\quad Z(\text{sec/cm}^3) = \dfrac{P_2 - P_1}{I} = \dfrac{P_2 - P_1}{G \cdot \dfrac{RT}{M}} = \dfrac{\Delta \rho}{G} \dfrac{P_2 - P_1}{\Delta P} \quad\text{..............}\quad (1\text{-}24)$

故高眞空系統之氣導

$$C = \frac{G}{\Delta \rho} \cong \frac{G}{\rho} \ (\text{cm}^3/\text{sec}) = \frac{G}{\rho} \times 10^{-3} \ (\ell/\text{sec}) \quad\text{...............}\quad (1\text{-}25)$$

眞空系統管路串聯則

$$Z = Z_1 + Z_2 + \cdots \text{ 或 } \frac{1}{C} = \frac{1}{C_1} + \frac{1}{C_2} + \cdots \quad\text{...............}\quad (1\text{-}26)$$

眞空系統管路並聯則

$$\frac{1}{Z} = \frac{1}{Z_1} + \frac{1}{Z_2} + \cdots \text{ 或 } C = C_1 + C_2 + \cdots \quad\text{..............}\quad (1\text{-}27)$$

1-3.2 抽氣速率

單位時間抽走多少體積的氣體分子叫抽氣速率

$$S = \frac{dV}{dt} = \frac{I}{P} \quad\text{...}\quad (1\text{-}28)$$

真空室出口和泵浦的抽氣速率分別為 S_n 與 S_m，如圖 1-3，穩流時真空系統的抽氣通量 I 為定值，即

$$I = S_n P_n = S_m P_m = \frac{P_n - P_m}{Z} = C(P_n - P_m)$$

$$\therefore S_n = \frac{P_m}{P_n} S_m = \frac{S_m}{ZS_m + 1} = \frac{CS_m}{S_m + C} \quad , \quad 即 \quad \frac{1}{S_n} = \frac{1}{S_m} + \frac{1}{C} \cdots (1\text{-}29)$$

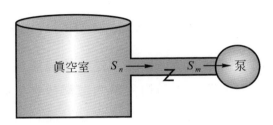

圖 1-3　抽氣速率與管路阻抗關係

例 1-1　假設管路阻抗 $Z = 0.3$ sec/ℓ，泵浦抽氣速率 $S_m = 1$ ℓ/sec，則 $S_n = \dfrac{1}{0.3 \times 1 + 1} = 0.77$ ℓ/sec，系統抽氣速率在管路損失23 ％。若 $S_m = 10$ ℓ/sec，則 $S_n = \dfrac{10}{0.3 \times 10 + 1} = 2.5$ ℓ/sec，抽氣速率在管路損失了75 ％。故要抽高真空只改大型泵浦增加抽氣速率是沒有用的，應仔細考慮管路阻抗才有效率。

若真空系統有實漏和放氣等漏氣，則 $I = \dfrac{d}{dt}(PV) = P\dfrac{dV}{dt} + V\dfrac{dP}{dt}$ 中第一項表漏氣率 $I_\ell = P\dfrac{dV}{dt}$，第二項表真空系統的抽氣率為 $-V\dfrac{dP}{dt}$，故氣流量為：

$$I = SP = I_\ell - V\frac{dP}{dt} \cdots\cdots (1\text{-}30)$$

$$\int_{P_0}^{P} \frac{dP}{P - I_\ell/S_n} = \int_{P_0}^{P} \frac{dP}{P(1 - S_\ell/S_n)} = -\frac{S_n}{V}t$$

所以抽真空的時間

$$t = \frac{V}{S_n} \frac{1}{(1 - S_\ell/S_n)} \ln \frac{P_0}{P} \quad\text{.............. (1-31)}$$

真空室壓力為：

$$P = \frac{I_\ell}{S_n} + \left(P_0 - \frac{I_\ell}{S_n}\right)e^{-\frac{S_n t}{V}} = P_0 e^{-\frac{S_n t}{V}} + \frac{I_\ell}{S_n}(1 - e^{-\frac{S_n t}{V}}) \quad\text{........... (1-32)}$$

第一項是抽氣泵浦使氣壓下降，第二項是系統漏氣量。

　　假設系統沒實漏，第一階段粗抽時內壁釋放之氣體可忽略，粗抽之真空系統屬黏滯流，在管長 L、半徑 r 之黏滯流氣導為：

$$C = \frac{\pi r^4}{8L\eta}P \quad\text{... (1-33)}$$

η 為氣體的黏滯係數，P 為管路內的平均壓力，P 下降則管路阻抗 Z 增大。第二階段用高真空泵浦，不僅抽真空室的剩餘氣體，同時要帶走吸附在器壁或材料內部的氣體分子，第二階段抽氣中管路達分子流時之氣導為：

$$C = \frac{4r^3}{3L}\sqrt{\frac{2\pi k_B T}{m}} \quad\text{................................... (1-34)}$$

若內壁的放氣量為 I_ℓ，則(1-32)式的終極壓力為：

$$P_{\text{ult}} = \frac{I_\ell}{S} \quad\text{... (1-35)}$$

(1-32)式可改寫為：

$$\frac{P - P_{\text{ult}}}{P_0 - P_{\text{ult}}} = e^{-\frac{S_n}{V}t} \quad\text{.............................. (1-36)}$$

例 1-2 若用 $S_m = 2.5\text{m}^3/\text{hr}(6.94\times10^{-4}\text{m}^3/\text{sec})$ 的機械泵浦粗抽，由一大氣壓抽到 10 pa。真空室直徑為 30 公分，高度為 40 公分，其容積為：$V = \frac{1}{4}\pi(0.3)^2\times0.4 = 0.0283\text{m}^3$，氣壁表面積為：$2\pi rL + 2\pi r^2 = 0.52\text{m}^2$。連接真空室的管路直徑 $D = 1.5\text{cm}$、長 50cm，平均壓力 $P = 0.5\times10^5$ pa，黏滯係數 $\eta = 1.8\times10^{-4}$ poise$(1.8\times10^{-5}$ pa·sec$)$。黏滯流之氣導 $C = \frac{\pi}{8}\frac{(0.015/2)^4}{0.5\times1.8\times10^{-5}}\times0.5\times10^5 = 6.9\text{m}^3/\text{sec}$ $C \gg S_m$，此時 $S_n \approx S_m$，壓力下降時氣導 C 減小，當 P 降至 10 pa 時 $C \cong 13.9\times10^{-4}\text{m}^3/\text{sec}$，管路氣阻增大泵浦抽氣能力若降為 $0.8\,S_m$，則 $S_n = \frac{2}{3}\cdot0.8S_m = 3.7\times10^{-4}\text{m}^3/\text{sec}$。$S_\ell = 0$，抽到 10 pa 時所需之時間 $t = \frac{V}{S_n}\ln\frac{P_0}{P} = \frac{0.0283}{3.7\times10^{-4}}\ln\frac{760}{0.075} = 11.75$ min。

第二階段若高真空泵浦的 $S = 0.25\text{m}^3/\text{sec}$，需花 2 分鐘才達最大抽氣速率，要抽到 5×10^{-6} torr 需等多久？

分子流的氣導為 $C = \frac{4}{3}\frac{(0.015/2)^3}{0.5}\sqrt{\frac{2\pi\cdot8.314\times300}{28/1000}} = 8.4\times10^{-4}$ m^3/sec，未烘烤之 $I_\ell \cong 0.52\times10^{-4}$ pa-m^3/sec，終極壓力

$$P_{\text{ult}} = \frac{I_\ell}{S} = \frac{0.52\times10^{-4}}{0.25} = 2\times10^{-4} \text{ pa} = 1.56\times10^{-6} \text{ torr}。$$

$$\frac{1}{S_n} = \frac{1}{0.25} + \frac{1}{8.4\times10^{-4}}, \ S_n = 8.37\times10^{-4} \text{ m}^3/\text{s}$$

$$\frac{5\times10^{-6}-1.56\times10^{-6}}{75\times10^{-3}-1.56\times10^{-6}} = e^{\frac{-8.37\times10^{-4}}{0.0283}t}$$

$$t = 337.4\text{sec} = 5.62\text{min}$$

$2 + 5.62 = 7.62\text{min}$，$11.75\text{min} + 7.62\text{min} \cong 20\text{min}$

一般從一大氣壓抽到 5×10^{-6} torr，花半小時左右時間是正常的，若差太多宜徹底清理系統，減少 I_ℓ 漏氣量。

▣ 1-4 眞空泵浦

眞空泵浦是降低眞空室壓力的心臟，它主要分三類：

(1) 以一或更多階段(stage)壓縮氣體的泵浦叫機械泵浦，它需藉馬達來帶動泵浦連續壓縮，如迴旋活塞式泵浦(rotary piston pump)、迴旋翼式泵浦(rotary vane pump)都是利用轉子(rotor)的迴轉將氣體分子抽出容器外。

(2) 以動量的移轉來輸送氣體者，如擴散泵浦(diffusion pump)、渦輪分子泵浦(turbo molecular pump)是利用油氣或葉片與氣體分子接觸帶走氣體分子的泵浦。

(3) 將氣體吸附在很大的低溫表面上，以降低氣體分子的濃度和氣體活動性者，如低溫泵浦(cryogenic pump)。

表 1-1　幾種常用泵浦的壓力適用範圍

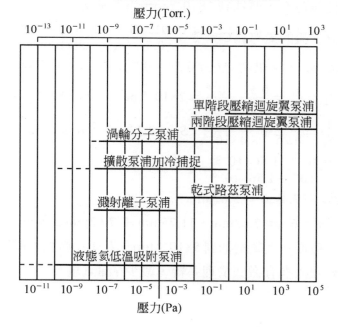

　　有些泵浦結合上述二或三類之原理於一泵浦上，可抽較寬的壓力範圍，不同的眞空泵浦適用不同的壓力區間，因此一般需要兩個以上的眞空泵浦經串聯或並聯來達到所要求的眞空度，各種泵浦所適用的壓力範圍如表 1-1 所示。每個泵浦因構造和操作原理不同都有其所能抽到的眞空度極限，抽到極限時即使再延長抽眞空時間，壓力只能維持不變，泵浦的抽氣速率與操作壓力有關，只在其適用範圍內效率才較高。

　　泵浦在操作時，它與容器相接的泵浦進氣端(inlet)壓力將維持在比出氣壓力低，而出氣端壓力對進氣端壓力的比值是該泵浦的壓縮比 K，每型泵浦都有其 K 設定值，進氣壓力下降則 K 值就上升，K 值達極限壓力 P 就抽不下，致抽氣速率 S 下降，各型泵浦的 S-P 關係如圖 1-4。

圖 1-4(a)迴轉式機械泵浦：

(1)　兩階段壓縮約可抽至 10^{-3} torr。

(2)　若空氣中有易凝結的氣體或蒸氣存在，則泵浦只能將其眞空系統抽到該蒸氣的飽和蒸氣壓，若加混抽氣體(ballast gas)則壓縮比 K 較小，S 較早下降，但可抑制水汽凝結或防止易爆性氣體濃度升高。

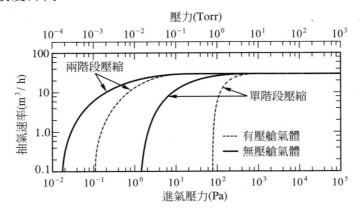

(a) 迴轉式機械泵浦之抽速率

圖 1-4

圖 1-4(b)擴散泵浦分四區：

(1) 機械泵浦抽至10^{-2} torr才開已加熱之擴散泵浦。

(2) 擴散泵浦起初噴油量 $I=SP$ 為定值，P急速下降，S上升很快。

(3) 10^{-3} torr後 S 為定值。

(4) 抽到 K 極限時 S 才下降。

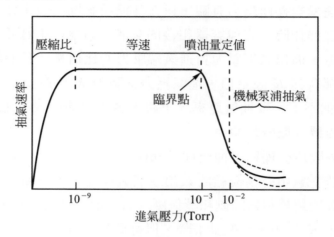

(b) 擴散泵浦之抽氣速度

圖 1-4　(續)

圖 1-4(c) 渦輪分子泵浦：

(1) 10^{-2} torr前抽氣速率由機械泵浦決定。

(2) 10^{-2} torr後才可打開渦輪分子泵浦。起初 I 為定值，其抽氣速率 S 由渦輪分子泵浦之 S_{max} 及機械泵浦之 S_2 決定。

(3) 渦輪分子泵浦很快就進入 S 為定值，它所能抽到最低壓力受 K_{max} 及前泵浦的背壓限制。

圖 1-4(d)吸附泵浦：

(1) 以乾式泵浦抽至 10^{-4} torr才開吸附泵浦，且關掉乾式泵浦。

(2) 起初 $I=SP$ 為定值，S 上昇由昇華率和 P 決定，很快就達到 S 為定值，此值與吸附面積、黏附係數、氣體種類和進氣氣導有關。

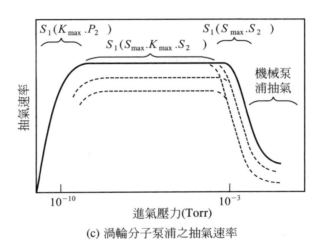

(c) 渦輪分子泵浦之抽氣速率

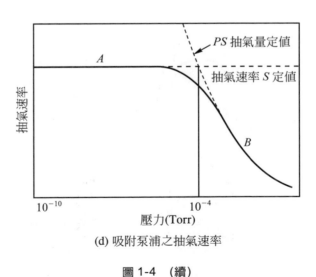

(d) 吸附泵浦之抽氣速率

圖 1-4　（續）

泵浦種類很多，底下僅介紹數種一般實驗室或工業界較常用的泵浦。

1-4.1　迴轉式機械泵浦(rotary mechanical pump)與乾式泵浦 (dry pump)

　　活塞式與翼式迴轉泵浦的操作原理相似，在此僅說明翼式的運作方法，翼式迴轉泵浦的轉子(rotator)都有兩片翼(vane)，中間有一彈簧片藉著轉子轉動所產生的離心力，兩翼拉著彈簧向外頂著泵浦的固定子(stator)，整個固定子與轉子浸在真空油裏，油提供轉子與固定子間的密封，叫做油封(oil sealing)。當偏心轉子轉動時泵浦內的氣體被壓縮，而進氣口到轉子翼片處形成局部真空，故真空室的氣體就不斷流入泵浦中。翼式迴轉泵浦中單一轉子進行抽氣的運作如圖 1-5，這種泵浦每階段的壓縮比 K 高達 10^5，兩段式泵浦是使用兩個壓縮槽串聯，真空可抽到 10^{-3}torr。但在這麼大的壓縮比下，許多飽和蒸汽壓較高的氣體分子將

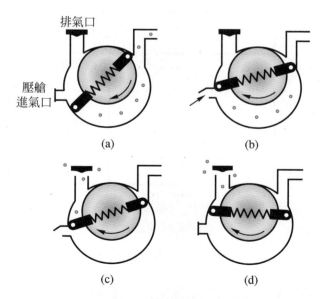

圖 1-5　單一轉子翼式迴轉機械泵浦

被壓縮凝結成液體，如水汽將影響泵浦的運作，故在壓縮槽的進氣口完全關閉階段加入適量的氮氣或新鮮空氣這叫做壓艙氣體(ballast gas)，它在降低排氣端壓縮比，不但可防止水分子凝結，還可防止易爆性氣體如 SiH_4 在泵浦的濃度因壓縮而超出安全範圍。

　　路茲泵浦(Roots pump)是由兩個置於相互平行的軸承(shaft)上的轉子所構成，這兩轉子在運轉時彼此方向相反，如圖 1-6，轉子與固定子間維持 0.1 mm 的間隙，從進氣端來的氣體分子經由此間隙被排出泵浦外，此泵浦不用眞空油，轉速可很快約 3000 rpm，不會造成機械磨損，但間隙使其壓縮比 K 較迴轉泵浦低，故路茲泵浦的抽氣量、抽氣速率很高，但終極壓力較低。

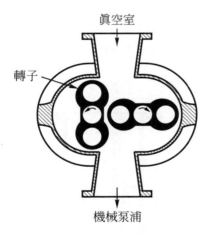

圖 1-6　路茲泵浦串聯機械泵浦又叫乾式泵浦

　　通常將路茲泵浦與迴轉式機械泵浦串聯使用，提供中低眞空，路茲泵浦較靠近眞空室，此組合叫乾式泵浦，可防止機械泵浦的油分子蒸發進入眞空室，控制迴轉式泵浦的抽氣速率約是路茲泵浦的 1/10，迴轉式泵浦自一大氣壓抽到 10 torr 後才開啓路茲泵浦來幫助眞空系統的抽氣速率，則可提高產能，此迴轉式泵浦在系統中叫輔抽泵浦(backing pump)，

若輔抽泵浦維持在 10^{-2} torr，則系統可達 10^{-4} torr 眞空度，即路茲泵浦之壓縮比 $K = 100$。

1-4.2　擴散泵浦(diffusion pump)

　　矽油或擴散泵浦專用眞空油等加熱沸騰，在低氣壓下其蒸汽呈分子流狀態，以高速衝出噴嘴，向下散射的蒸汽遇到器壁被冷卻爲液體回流到油槽。而從眞空室來的氣體分子被噴流蒸氣分子往下帶，造成氣體分子流急速擴散向下自由膨脹，向下噴出的蒸汽速度越高，眞空室來的氣體分子被泵浦帶走效果越好。一般擴散泵浦有三層噴塔串聯，如圖 1-7，從眞空室來的氣體分子被第一噴嘴的噴氣壓縮，帶到第二噴嘴附近再被壓縮，帶到第三噴嘴附近最後被壓縮往機械泵浦抽出，噴嘴的級數增加則氣體的壓縮比也增大，因此提高泵浦的眞空度。

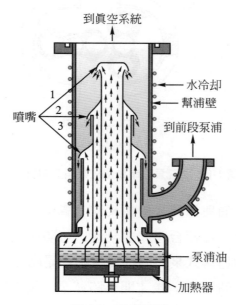

圖 1-7　擴散泵浦

　　因擴散泵浦的蒸汽噴流須在分子流範圍才有效，故須有前段機械泵浦抽到 10^{-3} torr，才啓用擴散泵浦，機械泵浦能抽的壓力越低則擴散泵浦能達到的終極壓力也越低。一般擴散泵浦能抽到 10^{-6} torr，但如圖 1-8 加裝水冷式阻擋片(water cooled baffle)和液態氮阻陷，則可充分抽除凝結性氣體，機械泵浦也加液態氮冷凍的人造沸石阻陷(zeolite trap)來防止機械泵浦油回流，要達超高眞空則系統的虛線部份須置於烘箱烘烤，因此需考慮所有的閥是否能耐高溫，如此則系統的眞空度可達 10^{-10} torr。

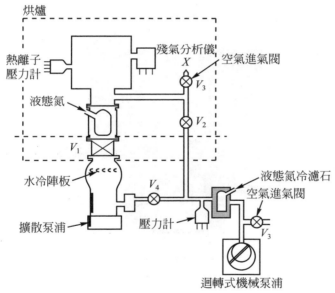

圖 1-8　超高眞空抽法

1-4.3　渦輪式分子泵浦(turbo molecular pump)

　　渦輪式分子泵浦的轉子是由放置於一支軸承(shaft)上的一系列渦輪葉片所組成的，如圖 1-9，泵浦的轉子與固定子間的間隙維持在 1mm 左右，當泵浦的軸承以每秒約 3 萬轉的轉速帶動葉片轉動後，自眞空室來的氣體分子受第一組葉片的動量往下傳，經多組的葉片壓縮後氣體從機械泵浦排出，相鄰多組葉片間的壓力差不大，但氣體經連續多次的壓縮串聯壓力差甚大，其抽氣速率很大，使用機械泵浦抽到10^{-2} torr 後才啓動渦輪式分子泵浦，使泵浦內的氣體分子在分子流的情況下操作才能有效率，若進氣壓力太高分子間碰撞頻繁不僅降低壓縮比效率變差，更可能危及泵浦壽命。

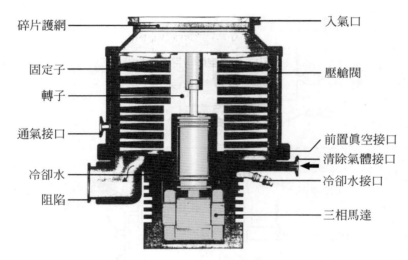

圖 1-9　渦輪分子式泵的構造

1-4.4　低溫泵浦(cryogenic pump)

　　低溫泵浦是利用氣體分子在低溫的表面被凝結而降低容器內的壓力，雖然像氫、氦等氣體在低溫下仍無法凝結，但它們與低溫的表面接觸，會因表面與分子間的 Van der Waal 力而進行低溫吸附(cryo-sorption)，因此低溫凝結與低溫吸附使低溫泵浦的氣體分子濃度降低，而提高眞空度。

　　低溫泵浦系統需要有一部冷媒壓縮機，送壓縮氦氣使泵浦降溫，泵浦本身頂端的折流板(baffle)溫度約在 77°K，是用來凝結水汽並防止泵浦內的低溫葉片受真空的輻射熱影響，而折流板下方的多層葉片(leaflet)約在 15°K 左右，是用來做低溫凝結和低溫吸附的，雖然低溫泵浦在操作時不需要輔抽泵浦，但整個系統需要一個與低溫泵浦並聯的前置泵浦來進行初期抽氣，抽到10^{-3} torr 以下才打開低溫泵浦並關掉前置泵浦閥門，此後由低溫泵浦達到終極壓力約10^{-10} torr，當真空室在操作時圖 1-10 中的閥門A是關著的，它是要進行再生手續時才打開，再生時先以加熱帶使附著氣體蒸發，再利用氮氣排除累積在泵浦的凝結和吸附分子，經由迴轉式機械泵浦排出，使再生後的低溫泵浦再恢復運作能力。

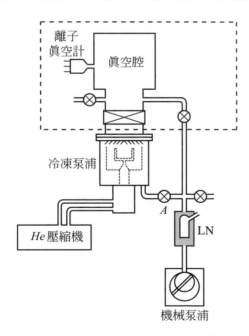

圖 1-10　低溫泵浦系統

1-5 眞空氣壓計(vacuum pressure gauge)

眞空計的使用範圍大致如表 1-2，先瞭解各眞空計的特性，並考慮各適用範圍的眞空計在眞空系統中如何安排，高眞空系統仍應裝中低眞空計，由此眞空計知道眞空系統的氣壓已到高眞空計的使用範圍，才可啟動高眞空計以免損壞高眞空計，測知眞空度後應馬上關閉高眞空計以維持其壽命。現在有所謂的自一大氣壓到高眞空的全範圍眞空表，此全範圍眞空表是以中低眞空計測自一大氣壓讀到10^{-3} torr 左右將自動切換到以高眞空計量測10^{-4} torr 以下之高眞空。眞空計種類很多，底下僅介紹一般實驗室較常用的數種。

表 1-2 較常用的壓力計適用範圍

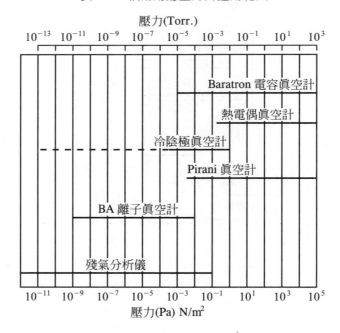

1-5.1　Pirani 真空計

　　Pirani 真空計是利用燈絲附近的氣體分子撞擊燈絲而帶走熱量來測定殘餘的氣體分子，這種靠氣體碰撞而傳導熱的作用在 1 torr 至 10^{-4} torr 間會隨壓力變化而改變，因各氣體的比熱及其在碰撞時所帶走的熱不盡相同，故這種真空計在對某種氣體應用時就需以該種氣體來校正，此真空計的構造如圖 1-11，真空管內燈絲的溫度變化隨氣壓的改變而改變，溫度改變其電阻值也改變，由接於惠斯登電橋的電路直接以電流換成 mtorr 讀出。

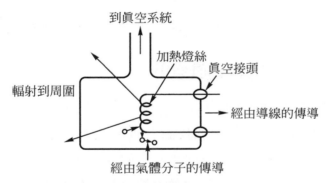

圖 1-11　Pirani 真空計氣體撞燈絲則電路電流改變，直接換成 m torr 讀出

1-5.2　熱電偶真空計(thermocouple gauge)

　　這種真空計的構造如圖 1-12，當加熱的燈絲因真空壓力變化而溫度改變時，連於其上的熱電偶就產生輸出電壓的改變，由接於惠斯登電橋的電路校準直接刻成 m torr 讀出，這種真空計堅固耐用可從一大氣壓量到 10^{-3} torr，操作時比 Pirani 真空計方便。

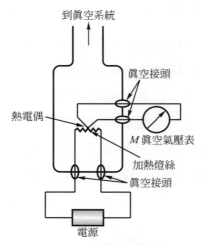

到真空系統

真空接頭

熱電偶

M 真空氣壓表

加熱燈絲

真空接頭

電源

圖 1-12　熱電偶真空計氣體撞燈絲則電路熱電壓改變，直接以 m torr 讀出

1-5.3　Baratron 電容式真空計

　　這種真空計的構造如圖 1-13，它是一片極薄的金屬片和一個與金屬片相對應的電極所組成，金屬片的右側與電極一起封進一個壓力為 P_r（如 10^{-7} torr）的容器內，而金屬片的左側則接往待測的真空室，若其氣壓 P_s 高於 P_r，則氣體分子施力於金屬薄片，使往電極方向彎曲，電極與薄片間之間距也發生變化，電極與金屬薄片間加一定值電壓，由電極與薄片間的電容改變可知真空室的氣壓 P_s。若真空計內使用兩個電極，則薄片彎曲時薄片與兩電極間的距離不相同，藉著外接的惠斯登電路所得的兩個電容器的電容差，可測得較精確的 P_s 值，這種真空計可從一大氣壓測到 10^{-5} torr，但 P_s 與 P_r 差太大會因電容差與 P_s-P_r 差不呈線性而較不穩，而 P_s-P_r 差太小時，外界溫度變化會影響量測精確性，電容器真空計的靈敏度很高，故是製程氣壓控制的最佳真空計。這種真空計不便宜，破真空時應以閥小心控制，否則金屬薄片變形就難修復。

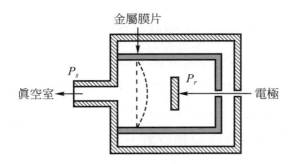

金屬膜片

P_s

P_r

真空室

電極

圖 1-13　製程用之電容式真空計，靈敏度很高，破真空時應小心

1-5.4　離子式真空計

　　熱離子化真空計(thermionic ionization gauge)的構造如圖 1-14，加熱的燈絲發射出電子，被電場加速而碰撞真空中的剩餘氣體分子使之離子化，正離子被吸往負極造成離子電流，經由外電阻產生電位差，再改刻成相當的真空壓力指示。

　　　　熱燈絲所放出的電子流 $I_e = ART^2e^{-eW/k_BT}$..........................(1-37)

A 是燈絲的表面積，R 是 Richardson 常數，W 是燈絲的功函數，k_B 是波茲曼常數。這些電子碰撞真空系統中的殘餘氣體分子所產生的離子電流 I_m 與下列因素有關：如殘餘氣體分子密度、電子與氣體分子碰撞的電離截面(即離子化機率)、電極的幾何安排、吸取正離子的電壓等。若電子流 I_e 已知，在定溫下殘餘氣體分子密度正比於真空室氣壓 P，G 是真空計靈敏度，其特性與上述的電極安排，收集電壓等因素有關，則離子電流：

　　　　$I_m = GI_eP$..(1-38)

　　燈絲放出的熱電子，撞擊殘餘氣體分子，產生正離子外也產生電子，這些被加速的高速電子撞擊柵極時會產生柔和X光(soft x-ray)，這種X光又在屏極引起光電效應放出光電子，而增加屏極的正電荷，致使真空計的讀數達10^{-7} torr後 I_m 不再下降，為了消除因柔和X光的光電效應所造成之額外電流，Bayard and Alpert 將燈絲改裝於柵極之外，離子收集極改成細絲放在原燈絲位置，則光電子造成的額外電流大為減少，這種 B-A 離子真空計再加一調位極，消去 X 光產生的電流可測到 10^{-12} torr，使用 B-A 離子真空計宜在 10^{-4} torr 後才啟動且勿長時間使用，若使用前先放氣(degassing)則其精確性很高。

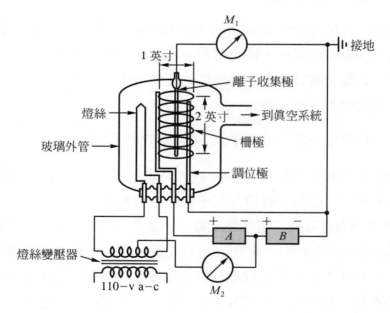

圖 1-14　BA 離子真空計(1)

1-5.5　Penning 冷陰極眞空計

這種眞空計的構造如圖 1-15，它是用高電壓眞空放電產生電子，在磁場方向與電場方向平行的空間，此電子以螺旋路徑到陽極，增加與殘餘氣體分子碰撞的機會，正離子被吸往陰極(收集極)，以離子電流來量眞空度，Penning 眞空計因不用燈絲故壽命長，堅固又不怕突然漏氣壓力遽增，此眞空計適用於 $10^{-2} \sim 10^{-5}$ torr 間，若氣壓尚高則難高壓放電，若電壓太高則會導致陰極發生電場發射電子(field emission)，且電子撞擊陽極也產生 X 光，發生光電效應增加暗電流，若電壓低離子有吸附在金屬表面的 getter 作用，使測得的壓力較眞空系統的壓力低，因此 Penning 冷陰極眞空計的準確性不如熱離子 A-B 眞空計，但以磁控管改良的 Penning 眞空計可測超高眞空，而低於 10^{-10} torr 以下不能眞空放電，需用一熱燈絲引發放電，並將離子收集在電子倍增器的初極上，再提高靈敏度可測到 10^{-15} torr。

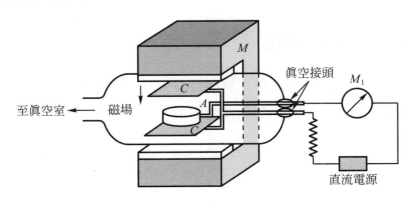

圖 1-15　冷陰極真空計

1-5.6　剩餘氣體分析儀(residual gas analyzer)

　　以氣體分壓分析真空內殘氣或薄膜製程中的電漿成份分析等，習慣上常以剩餘氣體分析儀來執行，基本上這些都是質譜儀，其適用真空度在10^{-3} torr 至10^{-15} torr。質譜儀型式很多，今只介紹飛行時間(time of flight)質譜儀，以利知悉真空室內有何種反應氣體分子，其分壓各多大，利用相同能量不同質量的離子，自同一起點自由飛行，結果將按質量的輕重先後到達偵測器，他們走相同的距離其飛行時間與質量平方根成正比。

$$\frac{t_2}{t_1} = \frac{v_1}{v_2} = \sqrt{\frac{m_2}{m_1}} \quad\text{...} (1\text{-}39)$$

這種質譜儀構造簡單，不需笨重磁鐵，重量、體積不大屬桌上型，僅其離子源較一般質譜儀要求精確，電子設備也要求十分嚴格故很貴。但可在很短時間內測定剩餘氣體的全部質譜，在氣體分壓分析很有效。

■ 1-6　漏氣測定

　　若一無假漏的真空系統其體積為 V 公升，被抽真空至某壓力後，將真空泵浦關掉經 t 秒後，系統中壓力變化 Δp torr，則此真空系統的漏氣率

$$u = \frac{\Delta p \cdot V}{t} \text{ torr} \cdot \ell/\text{sec} \quad\text{...} (1\text{-}40)$$

例 1-3　在室溫 300°K 的真空室壓力 $P = 1$ torr，若漏氣率為 $u = 1$ torr $\cdot \ell$/sec，則每秒進入體積為 1 公升真空系統的氣體分子數 $N = 9.66 \times 10^{18} \dfrac{p(\text{torr})}{T} V = 9.66 \times 10^{18} \times \dfrac{1}{300} \times 1000 = 3.22 \times 10^{19}$ 個。若漏氣率為 $u(\text{torr} \cdot \ell$/sec)，要維持壓力在 10^{-3} torr，則抽氣率 S 應大於 $10^3 u(\ell$/sec)，實際上再考慮管路阻抗、系統放氣，則抽氣率 S 應更大。

通常漏氣率大於 $10^{-5}(\text{torr} \cdot \ell$/sec)時，可假定漏氣為黏滯氣流，使用測漏偵測氣體時，真空計上顯示的漏氣率的變化約為 K_v 比值：

$$K_v = \frac{\text{空氣的黏滯性}}{\text{偵測氣體的黏滯性}}$$

若漏氣率小於 10^{-8} $(\text{torr} \cdot \ell$/sec)則假定漏氣為分子氣流，使用偵測氣體時，真空計上顯示的漏氣率變化約為 k_m 比值：

$$k_m = \left(\frac{\text{空氣的平均分子量}}{\text{偵測氣體的平均分子量}} \right)^{1/2}$$

底下介紹兩種較常用的真空測漏方法：

1. 利用真空系統原有真空計，先將真空度抽到不能再高的程度，然後在真空系統可疑漏氣處，如焊接處各種導引、視窗、活門、可拆性接頭等，噴酒精、丙酮類的揮發性液體(最好戴口罩)，通常 $P \geq 10^{-3}$ torr 時用 Pirani 或熱電偶真空計，若 $P > 0.1$ torr 則用放電管觀察顏色變化較易判斷。若 $P \leq 10^{-4}$ torr 則液體偵測效果較差，改用氦氣測漏儀、使用熱離子真空計為宜。

2. 質譜儀氦氣測漏法：假設真空系統抽氣速率 S，漏孔氣導 C，在 $P_0 = 1$ atm，噴氦氣時質譜儀的偵測氣體分壓為 P，則 $V\dfrac{dP}{dt} = P_0 C - PS$ ，$\displaystyle\int_0^P \dfrac{dp}{p_0\frac{c}{s} - p} = \int_0^{t_s} \dfrac{s}{V}dt$，$t_s$ 為噴氣體的時間，$t < t_s$ 質譜儀上訊號似電容器充電，故

$$p = \frac{p_0 c}{s}(1 - e^{-\frac{s}{V}t_s}) \quad\dotfill\text{(1-41)}$$

$t > t_s$ 似自最大值放電，故 $t > t_s$ 的

$$p = \frac{p_0 c}{s}(1 - e^{-\frac{s}{V}t_s})e^{-\frac{s}{V}(t-t_s)} \quad\dotfill\text{(1-42)}$$

若 t_s 噴氣時間很長則 $p = \dfrac{p_0 c}{s}$，且 $t > t_s$ 之

$$p = \frac{p_0 c}{s}e^{-\frac{s}{V}(t-t_s)} \quad\dotfill\text{(1-43)}$$

S 越大越易測，其信號強度大，變化時間短。

▣ 1-7　氣體傳輸系統

　　薄膜沈積製程中，一般都抽到高真空後才輸入製程氣體，以便在反應室不受污染地沈積所需材質的薄膜，而反應氣體的儲存、輸送、控制等都需考慮整個氣體輸送系統的安全性。氣體輸送需透過管件連接和閥門控制，有毒或易爆的氣體應慎選接頭和控制閥。

1-7.1　閥門 (valve)

　　氣體來源經管路到反應室，最後被真空系統排氣端抽出，需經很多閥門(valve)控制。閥是控制管件內流體流量的裝置，依操作方式有開關

式(on/off)和可調式(adjustable)兩類。開關閥有氣動式和手動式兩型，氣動式開關閥習慣上以製造商Nupro命名叫 Nupro閥，它有正常關(NC)和正常開(NO)兩種方式。Nupro閥其關或開之狀態改變，一般以直流電壓啓動領氣閥，使壓縮乾燥空氣(CDA)流經領氣閥後，推氣動閥的活塞，若管路使用NC氣動閥則氣動閥門被開啓，使製程氣體流往反應室，如圖 1-16，氣動閥與領氣閥是一體的，無法個別使用，Nupro閥只用在氣體傳輸，與閥相接的管件直徑一般是 1/4 吋或是 3/8 吋。

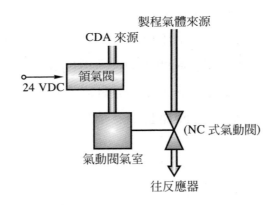

圖 1-16　氣動式開關閥

　　一般製程常用 NC 式氣動閥，因爲當供給設備的電流突然中斷時，喪失CDA供給，所有NC式氣動閥都處於關閉狀態，既使在反應進行中發生斷電，所有的製程氣體都會全部被隔離在管件內不再流通，不致因喪失電力和排氣能力而發生氣體外洩，危及製程安全。超高眞空系統需可耐高溫烘烤，故眞空閥都用全金屬閥，及所有氣密襯墊(gasket)均用金屬墊圈代替橡皮圈。眞空閥若以用途來區分，有以下數種閥門：隔斷閥(isolated valve)是用來隔斷管路、眞空室或眞空計等。閘閥(gate valve)被廣泛應用在高眞空系統，閘閥不但可以進氣而且可以通過物體，亦可做為隔斷閥用途，如通往外界大氣的門，真空室與樣品更換室間的門，真空室與泵浦間的閥門。閘閥的設計通常是 NC 式，為增加真空系統的氣導度，一般與閘閥相接的管件直徑都較大，有的大到 12 吋直徑。節流閥(throttle valve)是使用在真空系統裏的可調整式閘閥，其構造如圖 1-17，其閥門是旋轉門，調節旋轉門位置像蝴蝶翅膀擺動故又叫蝴蝶閥，此閥門的旋轉門是以步進馬達調整閥門位置，用以改變節流閥的氣導度，以控制真空系統的整體有效抽氣速率。因手動閥的價格與功能均較氣動閥便宜且簡單，故薄膜製造設備不需自動控制的閥，都使用手動閥控制流體流量。可調整式閥門的作用，主要在調節管件裏的流體流量，圖 1-18 是手動式可調整閥的橫切面，閥門開啟的程度由有刻度標示的轉動把柄調節、使螺紋上下，以調整針錐塞住閥門的程度，這叫針閥(needle valve) ，若在其後面加裝一流量計，則流體流量的控制與調整將更精確。

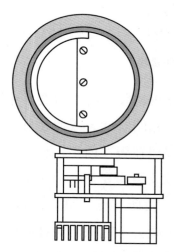

圖 1-17　節流閥，以步進馬達調整閥門位置

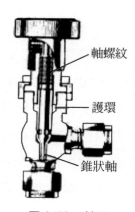

軸螺紋

護環

錐狀軸

圖 1-18　針閥

　　進氣閥主要功用為將氣體從真空系統外界引入真空系統內部。氣流通量較大但不需特別控制流速的氣閥叫做放氣閥(release valve)，若進氣的流速要求能控制，氣流通量不大的進氣閥叫漏氣閥(leak valve)。

　　整流閥(check valve)的功能是使流體只單向流動，用來防止流體在管件裏的流動產生回流現象，化學氣相沉積(CVD)和乾蝕刻製程與廢氣處理(scrubber)管路間都應使用此逆止閥，以免造成氣體間的相互污染，通常流體須超過開啟壓力才流過整流閥。

　　舒壓閥(pressure relief valve)是用來調節管件、儲氣筒、或氣泡室內的流體壓力，當壓力超過舒壓閥設定的臨界值時，管內的氣壓將壓縮舒壓閥內的彈簧，逼迫舒壓閥開啟，使多餘的氣體經舒壓閥排出，當壓力回復到臨界值以下後，彈簧的恢復力又使舒壓閥關閉，像鋼瓶內的液態氮會氣化而升高壓力，若不裝舒壓閥就可能會炸破鋼瓶。

1-7.2　真空導引(feed through)

　　真空導引是將機械動作、電線、水流、溫控、熱電耦等由真空系統外部傳入真空系統內部的裝置。真空導引一般的要求為氣密，不論有機械運動或有溫度變化，導引與真空系統之連接處均不能發生漏氣。

　　機械導引係將機械動作從真空系統外部傳入內部，如要讓真空系統內的物件上升、下降或旋轉，這些動作都要求動態氣密。一般都使用鐵磁流體密封真空油(ferrofludic sealing oil)做動態密封，機械導引運動時鐵磁流體將執行氣密油封。

　　通電導引係將電流或電壓經由導引傳到真空系統內部，導引的構造分導體接點、絕緣體密封和外殼等，它靜態固定較不會有漏氣問題。

1-7.3 管件的連接

通常輸送製程氣體所使用的管件都是不銹鋼，在 CVD 製程中若用到 SiH_4、PH_3 等危險有毒氣體，則要求用 316L 不銹鋼管件，其強度和抗孔蝕(pitting)能力較佳。輸送 CDA 和清除(purge)用氮氣等非製程氣體，則一般使用黃銅製管件，而供應設備的冷卻水，則用塑膠管件即可。

管件的安裝應儘可能縮短管件長度，且減少使用接頭(fittings)次數，若有必要固定的管件分路，則管件與管件間的連接最好以軌道式焊接法(orbital welding)接合，並防止管件內因不當的焊接而沉積碳造成管件內的污染，當管件必須彎曲時，應該使用微接頭(micro-fitting)或以管件彎曲器(tube bender)進行管件的轉向。

輸送危險氣體的管件與各種配件(如閥)的連接，一定要使用如圖 1-19 之 VCR 接頭，兩條管件的末端分別以軌道式焊接法焊在一個公的和一個母的 VCR 式接頭上，然後在這兩個接頭中間放一個無氧銅或不銹鋼墊圈(gasket)，再以鉗子將這兩個接頭栓緊，不過勿太緊否則不銹鋼墊圈過度變形，會造成接合不良或氣體外洩。非製程氣體如CDA、氮氣、惰性氣體等可容許稍高外洩率，因此可用較便宜且不必焊接的Swagelock式接頭，如圖 1-20。接合後應避免動它，整個氣體傳輸系統安裝妥當後，各個管線應加標籤標示以免誤用。

母螺帽　　管線　　墊片　　主體　　　　　　母螺帽　墊圈　主體　　管線

圖 1-19　VCR 式接頭的外觀

圖 1-20　Swaglok 式接頭的外觀

化學氣相沉積和乾蝕刻系統，用到危險氣體者其氣體輸送管線應照下列要求施工：

1. 所有用以輸送製程氣體的管件都應連續式，即除非分路否則勿用焊接的管，其管件都用經過電極拋光的 316L 不銹鋼。

2. 所有的管件和管件的的連接應該以軌道式焊接法接合。

3. 所有的管件與配件間的連接，都應以不銹鋼製的 VCR 式接頭進行接合。

4. 用來傳送危險氣體的管件，都應使用同軸管件(coaxial tubing)，並配合適當的測漏裝置來監控危險氣體的傳輸。

5. 舖設完畢後的整個氣體輸送系統，應該經過氦氣防漏測試，確定漏氣率低於 10^9 cc/sec 之後才可通氣使用。

■ 1-8　危險氣體的處理

作 CVD 薄膜沉積或乾蝕刻前，應先查主要半導體所用氣體的安全數據，先了解各種使用氣體的安全性，並知道如何做這些氣體外洩時的緊急處置，如 SiH_4 易爆，其啟始限值 (TLV Threshold Limit Value) 為 0.5 ppm (parts per million)，而 PH_3 有劇毒，其 TLV 僅 0.3 ppm 應小心使用。

為了預防危險氣體外洩，通常都使用同軸式管件，它是由兩條管徑不同的管件所組成，裏面的管路用來輸送危險氣體，而管徑較大的外管包圍內管，是用來保護內層管路，萬一內管因某種原因造成裂縫，外洩的氣體被外管包圍，不會進入工作環境，但會被危險氣體偵測器感應到而發出警訊。一般同軸管件長度確定後，外管的兩端被焊接在內管的管壁上，然後外管有壓力開關被通入加壓的氮氣，其壓力由壓力計讀出，當外管的氮氣壓力穩定後，供給外管壓力的閥是關閉的，若內管發生破裂，因為內管壓力比外管低，不會因內管有裂縫而造成氣體外洩，相反的，在加壓狀態下的氮氣，將經由內管的裂縫進入內管，使得外管的壓力下降而發出警訊，以便進行人員和設備的適當處置。

各種氣體應謹慎存放，勿放置在工作室內，尤其危險性氣體都需放入一個持續排氣的氣體儲櫃內，並使放置氣體儲櫃的室內壓力低於一大氣壓，且在存放室架設危險氣體偵測器，監控製程氣體的安全輸送，所以任何從氣筒或是從儲櫃內的管件或配件外洩的氣體都因存放室處於負壓而不會直接外溢危險氣體到工作室。

廚櫃內有專屬的氣體清除裝置(gas purge panel)、壓力調節器及各種配件和閥門等，如圖 1-21(a)，氣筒放於儲櫃中央且以支架和支撐帶固定，氣體儲櫃的頂端，接有排氣口和緊急灑水裝置，儲櫃門上有一透明玻璃窗，供工作人員看儲櫃內的清除面板。清除面板上的配件如圖 1-21(b)，其中包括六個1/4轉的手動閥 V_1 至 V_6、一個壓力調節器 R、一個過量開關EFS，用來限制氣筒的輸氣速率，一個放在壓力調節器前的微粒過濾器 F，用以過濾製程氣體內的微塵，一個真空生成器 VG 用以產生清除面板所須之真空度約 24" Hg，和一個放在真空生成器附近的定量滲流閥 B，通常 B 與 V_6 並聯提供氮氣入 VG，清除面板正下方有一伸縮管以壓縮氣體協會(CGA)的接頭與氣筒接合。

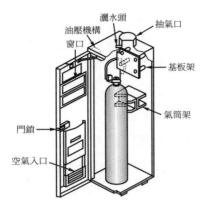

(a) 氣瓶儲櫃

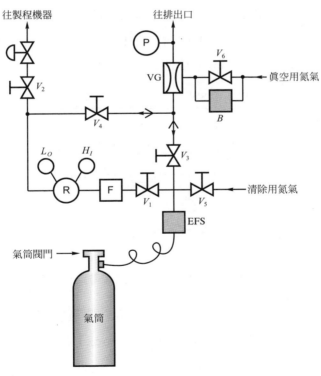

(b) 氣瓶櫃上清除面板

圖 1-21

危險氣體的氣筒安裝或更換應很慎重，因連接氣筒的管件裏還殘存著製程氣體，若沒有將這些氣體排除就貿然的換裝氣筒，這些殘留毒氣會流入工作環境內，因此換裝時在清除面板上先開啟 V_6 閥，使氮氣流入真空生成器內，在真空生成器與 V_3 和 V_4 相接的一端產生約 24" Hg 的真空度後才打開 V_3 和 V_1，此時 V_2、V_4 和 V_5 都還關著，則氣筒接頭到壓力調節器這段管路內所殘留的危險氣體，將被真空生成器抽離，接著關掉 V_3 後，打開 V_5 讓氮氣進入這段剛被抽氣的管路，再關閉 V_5 又打開 V_3 將這些氮氣抽離，最後重複這個 V_3、V_5 動作讓氮氣進入又排氣的循環 10 次以上，才換裝氣筒，氣筒更換完成後，打開 V_4 其他各閥都關閉，則壓力調節器右邊的壓力計即讀到氣筒內的壓力，接著調整壓力調節器，使左邊的壓力計讀數為所需製程氣體的氣壓，完成後只要打開 V_2 即可恢復氣體輸送管路的正常運作。

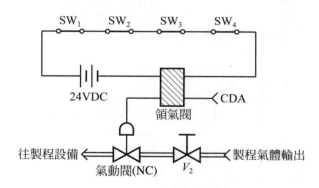

圖 1-22　安全開關連鎖電路

一般在清除面板的 V_2 手動閥後面緊接一個氣動閥，這個氣動閥的關或開完全依賴於圖 1-22 的連鎖電路(interlocks circuit)，這個電路中有四個正常關的開關與一個直流電源串聯，這四個開關分別為毒氣偵測器、地震偵測器、火災警報器和儲櫃排氣流量計，一切正常時這串聯電路會提供24V之直流電給領氣閥，使CDA流入NC式氣動閥，而開啓氣動閥提供製程氣體，一旦任何突發狀況發生，其中某偵測系統的 NC 閥被開啓，則造成這個連鎖迴路爲斷路，無法提供領氣閥電壓，沒 CDA 來開啓氣動閥，製程氣體的輸送便因此中斷，連鎖迴路在掌控氣體存放室的各種安全狀況立即反應，以減少人員反應較慢所產生的危害。

1-9　流量的量測與控制

　　流體的控制不但是薄膜沉積製程的重要參數之一，更是與機械設備是否能正常運作關係密切，控制流體流量的最普遍的儀器是旋轉測流計(rotameter)和質流控制器(mass flow controller)。

　　旋轉測流計是由一個管徑由下而上逐漸增大的透明管，和放在該透明管內的浮子所組成，當流體從低管徑端流入該透明管之後，透明管內的浮子將隨著流體往上移動，因透明管越上端的管徑越大，一定流速的流體使浮子移動到某一定點之後，因爲流體在該點給浮子的向上力量與浮子的重力相等，故浮子停在該點不動。流體的流速越快，浮子停滯在透明管內的位置就越高，因此圖 1-23 的旋轉測流計可測流體的流動速率，通常旋轉測流計的製造商均備有一流量與一流速轉換表或轉換曲線供參考，只要測得流體流速(cm^3/sec)既知其流量。

　　流體的流量可用流體在操作溫度下的密度(g/cm^3)或分子濃度(分子數/cm^3)乘上測流計所測得的流速(cm^3/sec)表示，即流體的流量單位是克／秒或用 SCCM (standard cubic centimeter per minute) 表示。例如S.T.P 的空氣密度爲 $n = 2.689 \times 10^{19}$(分子/cm^3)，而 1 SCCM 是在 S.T.P每分鐘抽 1 c.c.流體，即 1 SCCM 空氣 $= 2.689 \times 10^{19}$(分子／分鐘)的流量，比較大的流量可用 slm (升／分) 或 cfm(ft^3/分)表示。

流體流出

手動式流體
流量調整閥

流體流入

圖 1-23　浮子測流計

　　旋轉測流計是用來測量流體的體積流速，通常只用來測液體或非製程氣體之流速。而製程氣體的流量控制與測量，則應使用質流控制器，它是直接測量氣體質量流速的裝置，其構造如圖 1-24。質流控制器主要是由一個質流感應器，一個旁流管和一個可調式的閥所構成，其中質流感應器的兩組線圈的電阻會隨著環境的溫度而改變，R_1、R_2 與兩個已知電阻組成惠斯登電橋，當氣體流入MFC內，大部分的氣體都流經旁管，而一部份氣體流入感應管路內，這些流入感應管路的氣體，使 R_1、R_2 不同位置的溫度分佈改變而產生一溫度差 ΔT，藉著惠斯登電橋，可以將 R_1、R_2 因溫度差所產生的電阻差量得，而 ΔT 正比於 $\Delta m / \Delta t$，由量得之 ΔR 即知 ΔT，因此進一步可得知氣體的質量流速，這個流速值與一個輸入 MFC 的設定值比較，若量得的流量低於設定值，則 MFC 內的可調式閥將適度的開啟使流量增大，反之則關小以減少流量，因此 MFC 可自動調節控制所需要的氣體流量，為了減少誤差，旁流管有特別設計，以確定流入感應管路的氣體也是以層流方式流動，其流量控制的精確度通常誤差可在 1%以下。

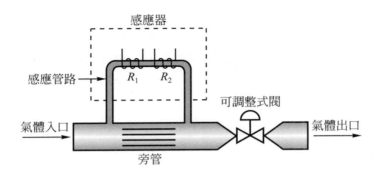

圖 1-24　質流控制器(MFC)構造

　　從氣體儲櫃出來的管線,將進入製程氣體使用點前,通常以圖 1-25 接 MFC 和一些控制閥,氣體進入 MFC 前加一過濾器 F 以降低微粒對 MFC 之影響,MFC 之入口和出口端都有一正常關氣動閥,決定氣體的 輸送與否、MFC後面進入氣體使用點前,必須以一整流閥來防止氣體回 流,為了方便 MFC 換裝,在自動閥前加一手動閥來隔離輸入氣體,加 一條氮氣清除管路,先清除危險氣體後才拆除。

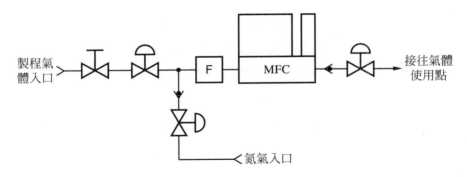

圖 1-25　MFC 在氣體輸送管路中之接法

　　因為MFC對最高輸出的 10％以下和90％以上流量的控制比較不穩 定,應該避免在這兩個區間操作,若某製程氣體的流量需求是 50 sccm,

最好選擇 100 sccm 之 MFC，使用流量是 MFC 最高輸出的 50 ％左右精確性最佳。MFC應該定期校準以確保其精確性，利用反應器的已知容器體積，在單位時間內，反應器裏的壓力上升速率是與流經 MFC 進入反應器內的氣體流量成正比，因此不必拆下MFC，現場工作人員都可定期校對MFC的精確度。

◾ 習題

1. 1 m torr ＝？ Pa ＝？ m bar.

2. 一般真空泵浦的抽氣速率多與時間不呈線性關係，舉分子泵為例說明抽氣速率受哪些參數影響。

3. 哪些真空計對不同氣體有不同反應效率？製程氣壓控制使用哪種真空計較佳？應注意什麼？

4. 管路阻抗與抽氣速率關係如何？詳細說明影響管路阻抗的因素有哪些？

5. 真空抽到 10^{-6} torr後關掉泵浦，測漏氣速率並畫出氣壓曲線，曲線中哪段是分子流、哪段是黏滯流，分子流中有哪些放氣行為？

6. 一真空室容積 30 公升，使用機械泵浦由 1atm 抽到 5×10^{-2} torr的平均抽氣率 $S_m = 45\ell/min$，管路的平均阻抗為 $0.03min/\ell$，①估計抽到 5×10^{-2} torr 所需之時間。而 5×10^{-2} torr，至 1×10^{-2} torr 期間抽氣率降為 $0.6\ S_m$，②估算抽到 1×10^{-2} torr 的總共時間。

7. 上題達 1×10^{-2} torr 再開抽氣率為 300ℓ/sec 的渦輪分子泵浦約需兩分鐘此泵浦才會全速運轉，其管路阻抗為 0.01 sec/ℓ，而系統放氣率為 $Q_\ell = 5 \times 10^{-4}$ torr·ℓ/sec，①由 1×10^{-2} torr 抽到 5×10^{-5} torr 需多久？②$5 \times 10^{-5}$ torr 後壓力下降期間平均抽氣率降為 200ℓ/sec 此系統最佳只能達多少 μ torr.？③稍作烘烤系統使放氣率降為 $Q_\ell = 1 \times 10^{-5}$ torr·ℓ/sec，則自 5×10^{-5} torr 降至 1×10^{-6} torr 需再等多久？

8. ①100 m torr·ℓ/sec 是多少 sccm？②將氣體以 10 sccm 進氣率導入 30 公升真空室，則室內壓力上升率為多少 m torr/sec？

9. 一真空系統總體積為 30 公升，最初整個系統壓力是 80mPa，測漏時隔斷某局部系統的體積為 6 公升①若該局部系統的壓力上升率為 3mPa/sec，則漏氣率是多少 sccm？②經過半分鐘該局部系統漏進的氣壓是原來的幾倍？③此時把局部系統的活門打開，則整個系統的壓力為多少 m Pa？

10. 850℃時矽晶片表面上的平衡氣壓是 6.9×10^{-9} Pa，求①平衡時到達和離開表面的原子通量(原子/cm^2·sec)，②在該氣壓下 Si 的原子密度(原子/cm^3)，③矽蒸氣原子的平均速率(cm/sec)。

參考資料

1. 蘇青森著. 真控技術，東華書局，1990 年。

2. 莊達人著. VLSI 製造技術，高立圖書公司，1995 年。

3. Roth. J. P.，Vacuum Technology, North. Holland, Amsterdam，1982.

4. O' Hanlon. J. F., A Users' Guide to Vacuum Technology，Wiley, New York. 1989.

Chapter 2

電漿(plasma)物理

在薄膜製造技術中，不管物理氣相沉積(PVD)和電漿輔助化學氣相沉積(PECVD)都需使用電漿(plasma)，半導體製程的反應性離子乾式蝕刻(RIE)、離子植入(ion implantation)也應用電漿，鍵結較強的反應性離子分子需藉高密度、高能量的電漿以促進反應。所謂電漿是部分被游離化的氣體，它是由許多離子、電子、原子簇 (radicals) 或稱原子團和分子所組成。低於 10 torr 氣壓，提高電壓提供快速電子與氣體碰撞，便可產生電漿，電漿點燃後可以一直維持著，乃在那空間可以不斷地發生碰撞游離之故，這些氣體粒子間的碰撞常含有靜電力，粒子間的能量傳遞不一定要接觸，只要粒子彼此間的距離在某撞擊截面 σ 內，粒子的運動行徑和能量便會受對方改變。真空室內除了快速電子不斷撞擊氣體分子外，電漿粒子也會與器壁、靶材、基板等碰撞。

▣ 2-1　電漿中的氣相碰撞

真空室中若電子以動能 $E_0 = \frac{1}{2}mv_0^2$ 撞質量 M 的靜止氣體分子，作彈性碰撞則

$$m\vec{v}_0 = m\vec{v}_1 + M\vec{v}_2 \text{，} E_0 = \frac{1}{2}mv_0^2 = \frac{1}{2}mv_1^2 + \frac{1}{2}Mv_2^2 \text{......}(2\text{-}1)$$

碰後電子速度

$$\vec{v}_1 = -\left(\frac{M-m}{M+m}\right)\vec{v}_0$$

和電子動能

$$E_1 = \left(\frac{M-m}{M+m}\right)^2 E_0 \text{......}(2\text{-}2)$$

因 $M \gg m$ 故電子與氣體粒子作彈性碰撞時，電子幾乎不損失任何能量 $(E_1 \cong E_0)$ 地被彈走，氣體分子沒獲得能量。

若電子以較高的動能 $E_0 = \frac{1}{2}mv_0^2$ 與質量 M 的靜止氣體分子作非彈性碰撞則

$$m\vec{v}_0 = (m + M)\vec{v} \quad 且$$

$$E_0 = \frac{1}{2}(M + m)v^2 + U_m = \left(\frac{m}{M + m}\right)E_0 + U_m \ldots\ldots\ldots\ldots\ldots(2\text{-}3)$$

因 $M \gg m$，故電子與氣體分子做非彈性碰撞則氣體分子獲得能量 $U_m \cong E_0$，這能量將使氣體分子游離或處於激態。

電子與氣體的非彈性碰撞可能產生離子、也可能碰撞發光，如 $Ar + e^-$ (快)→ $Ar^+ + 2e^-$ (慢)，此過程 Ar 氣的游離能需 15.76 eV，碰後慢下來的電子與被撞出來的電子再受電場加速，得到足夠能量又成為快速電子進行下次碰撞。而 Ar 氣的第一激態能是 11.5 eV，若 Ar 分子自電子獲得 ΔE 的激態能量使 $Ar + e^-$ (快)→$Ar^* + e^-$ (慢)，則電中性的激態氣體 Ar* 弛緩(relaxation)時會釋放能量 $\Delta E = hv$ 而發光。

其實電漿中的碰撞很複雜，離子與中性氣體碰撞可能電荷交換，如 $Ar + Ar^+ → Ar^+ + Ar$，電子與氣體碰撞可能發生分解或分解游離或分解吸附等，如 $e^- + CF_4 → e^- + CF_3 + F$，$e^- + CF_4 → 2e^- + CF_3^+ + F$，$e^- + SF_6 → SF_5^- + F$。激態氣體在電漿中碰撞可能產生離子，如 Penning 離子化：$Ar^* + Ar → Ar^+ + Ar + e^-$ 或 $Ar^* + e^- → Ar^+ + 2e^-$ 或 $Ar^* + Ar^* → Ar + Ar^+ + e^-$，中性氣體有可能吸收一慢速電子成為負離子，它被陰極暗區的電場排出，若經過電漿區時沒碰撞發生，則可能直射到陽極基板造成反濺射。

在真空室內氣體分子密度 $n = \frac{1}{k_B}\frac{P}{T}$，粒子平均運動速率 $<v> = \sqrt{\frac{8k_B T}{\pi m}}$，則氣體分子碰撞平均自由路徑為：

$$\lambda = \frac{1}{n\sigma} = \frac{k_B T}{\sigma P} \ldots\ldots\ldots\ldots\ldots\ldots\ldots\ldots\ldots\ldots\ldots(2\text{-}4)$$

氣體分子在溫度 T、壓力 P 的碰撞頻度

$$f = \frac{<v>}{\lambda} \dots\dots\dots\dots\dots\dots\dots\dots\dots\dots\dots\dots\dots\dots(2\text{-}5)$$

　　氣體分子不斷相互碰撞交換能量，惰性氣體的暫穩態(metastable state)壽命較長其濺射產能(sputtering yield)較高，質量較重的氣體被撞獲得 U_m 較大，其碰撞截面 σ 較大。增大電子能量 E_0 則氣體獲得 U_m 和碰撞截面 σ 也增大，但 E_0 大到與氣體原子接觸時間較短，屏蔽電子重分布之碰撞截面 σ 變小，故圖 2-1 中 $E_0 > 100$ eV 的電子與各種氣體碰撞之 σ 都 E_0 再增大則 σ 減小。圖 2-1 中的碰撞截面 σ 以 πa_0^2 的倍數表示，Bohr 半徑 $a_0 = 0.529$Å。

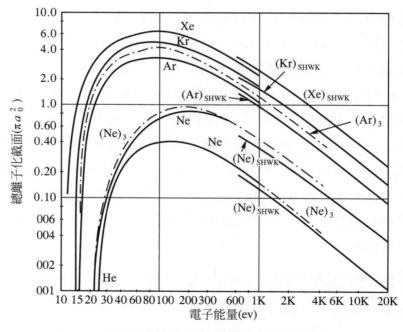

圖 2-1　各種惰性氣體碰撞截面與電子能量之關係 (1)

▣ 2-2　各種電漿粒子與表面之作用

在真空反應室中的各種粒子，可能撞到器壁或撞基板或撞靶的表面。入射離子碰到靶的表面，將動量、能量傳給最鄰近的原子，沿緊密堆積方向撞出靶材原子，若靶材是單晶則濺射出來的原子應有方向性，故用非晶形靶材，粒子才可能均勻向外濺射。在濺射應用中，靶接陰極、基板與器壁接地，則正離子與靶材表面的碰撞可能發生如圖 2-2 的各種現象。

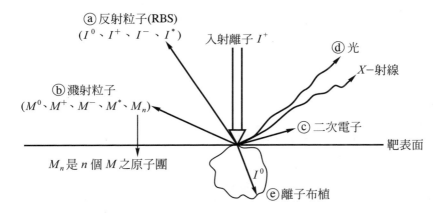

圖 2-2　正離子與靶材表面碰撞發生之各種現象

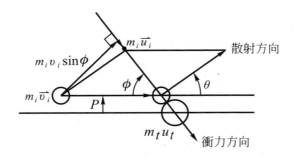

圖 2-3　離子撞靶材原子之動量平衡

　　若一離子以動量 $m_i\vec{v}_i$ 入射於一靜止的靶原子 m_t，其瞄準誤差爲 p，彈性碰撞後離子的散射角爲 θ，如圖 2-3，$\phi \equiv \frac{1}{2}(\pi - \theta)$，碰撞後衝力方向的離子速度爲 $\vec{u}_i$、靶原子速度爲 $\vec{u}_t$，衝力方向的動量平衡爲：

$$m_i\vec{v}_i\cos\phi = m_i\vec{u}_i + m_t\vec{u}_t \dots\dots\dots\dots\dots\dots\dots\dots\dots\dots\dots(2\text{-}6)$$

離子散射速率爲 $\sqrt{u_i^2 + v_i^2\sin^2\phi}$，以質心座標看，central force爲保守力，作功與路徑無關，故動能守恆爲：

$$\frac{1}{2}m_iv_i^2 = \frac{1}{2}m_i(u_i^2 + v_i^2\sin^2\phi) + \frac{1}{2}m_tu_t^2 \dots\dots\dots\dots\dots\dots\dots\dots(2\text{-}7)$$

$$m_iv_i^2\cos^2\phi = m_i\left(\frac{m_iv_i\cos\phi - m_tu_t}{m_i}\right)^2 + m_tu_t^2$$

故靶原子速度

$$\vec{u}_t = \frac{2m_i\vec{v}_i\cos\phi}{m_i + m_t} \dots\dots\dots\dots\dots\dots\dots\dots\dots\dots\dots\dots\dots\dots(2\text{-}8)$$

靶原子與入射離子動能比

$$\frac{E_t}{E_i} = \frac{\frac{1}{2}m_tu_t^2}{\frac{1}{2}m_iv_i^2} = \frac{m_t}{m_i}\left(\frac{2m_i\cos\phi}{m_i + m_t}\right)^2 = \frac{4m_im_t}{(m_i + m_t)^2}\cos^2\phi$$

$$= \frac{4m_im_t}{(m_i + m_t)^2}\sin^2\frac{\theta}{2} \dots\dots\dots\dots\dots\dots\dots\dots\dots\dots(2\text{-}9)$$

離子與靶原子交換能量與其質量有關，而與離子速度 $\vec{v}_i$ 無關。

　　若 z、z' 分別是入射離子與靶材原子的原子序，則散射角 θ 與入射動能 E_i 和瞄準誤差 p 之關係式爲：

$$\cot\frac{\theta}{2} = \frac{8\pi\epsilon_0}{zz'e^2}E_ip \dots\dots\dots\dots\dots\dots\dots\dots\dots\dots\dots\dots (2\text{-}10)$$

離子被表面反射有可能帶電，也可能反射爲中性的激態原子 I^*，如圖

2-2 之(a)者為入射離子瞄準誤差 p 小到散射角 $\theta > \frac{\pi}{2}$ 之 Rutherford 反向散射(RBS)。若 $\theta < \frac{\pi}{2}$ 進入靶材的離子將能量、動量傳給靶原子，可能產生離子植入或產生濺射如圖 2-2 之(b)&(e)，濺射粒子有靶原子、原子團或離子，若只收集濺射粒子的二次離子做質譜儀分析者叫 SIMS。入射離子撞靶表面產生濺射離子 M$^+$ 時必有電子伴隨脫離表面叫二次電子，如圖 2-2 之(c)，這些二次電子是維持電漿不熄之主要角色。而入射靶的離子急速在靶材內停下，其動能減小期間將放出連續輻射波譜，從 X-ray、紫外光、甚至延至可見光，如圖 2-2 之(d)，但強度都很弱，約有 90 % E_i 以熱能消耗，故靶背面需以水冷卻。

2-2.1　濺射

高能量離子入射靶表面，轉移能量、動量給靶材原子，此原子再將能量、動量傳給最鄰近原子，這些原子得到足夠能量後脫離表面，似從表面濺出，其濺射產能(sputtering yield)定義為 $S = \dfrac{濺射出來的靶原子數}{入射的離子數}$，多元素的靶材濺出各元素之濺射產能和 $S = \Sigma_i S_i$，而濺射產能的高低與下列因素有關：

1.　靶原子的表面束縛能 E_s 愈小則濺射 S 愈大，離子入射動能大於 E_s 才會濺射，若入射動能小於 E_s 則原子僅在表面移動(migration)。多元素的靶材，因各元素的束縛能 E_s 不等，故同一鈍氣離子對靶的各元素濺射率不等，且被打出之各元素質量不同向基板跑的速率不等，故在基板上沉積的薄膜成份與靶的成份不同，需藉濺鍍技術調整參數，以得正確的薄膜成分計量比(stoichimetry)。

2.　在圖 4-15 的離子束濺射沈積中，入射離子的動能 E_i 與入射角 θ 都會影響濺射 S 值，圖 2-4 中 $\frac{1}{2}mv_\perp^2 = \frac{1}{2}mv_i^2\cos^2\theta = E_i\cos^2\theta$，$E_i$

愈大則濺射 S 會較大，但 $E_\perp$ 太大致發生離子植入則 S 反而降低。圖 2-5 中 $\theta = 0$ 之離子垂直入射與靶原子作用路徑最短，靶原子獲得動能 E_t 少，而被濺射的靶原子較少故 S 小，但 $\theta = \dfrac{\pi}{2}$ 時入射離子已與表面平行，沒與靶材碰撞其濺射 $S = 0$。

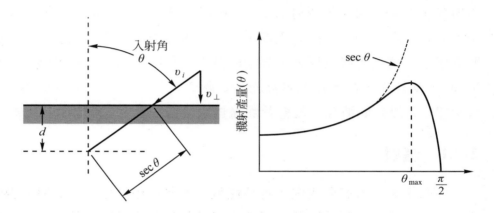

圖 2-4　垂直靶材表面的動能　　　圖 2-5　濺射量與離子入射角之關係

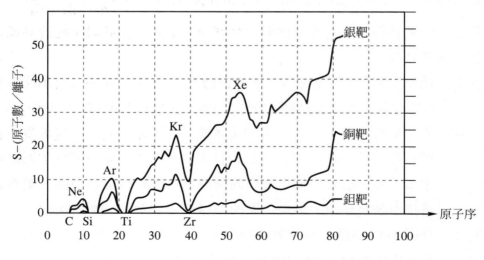

圖 2-6　不同原子序之離子對靶材產生之濺射率 (4)

3.　鈍氣不與靶材表面反應，故圖 2-6 中都鈍氣的 S 較大，又因

$$\frac{E_t}{E_i} \propto \frac{4m_im_t}{(m_i+m_t)^2}$$，離子質量較大則靶原子獲得能量較多，故離子質

量 m_i 較大之鈍氣濺射產能 S 較大。

2-2.2　二次電子

　　離子撞擊陰極靶材其濺射粒子大部分是中性原子或原子團，可能好幾個 Ar^+ 才會撞出一個靶離子同時產生二次電子，二次電子射出率 $r = \dfrac{\text{被打出的電子數}}{\text{入射離子數}} = \dfrac{\text{電子電流 } I_e}{\text{離子電流 } I_i}$，故陰極電流 $I = I_i + I_e = I_i(1+r)$，因電子不會碰撞出靶原子，它對濺射產能沒貢獻，故 r 愈大反而濺射 S 愈小。射出的二次電子受陰極暗區加速，提供高能量將繼續碰撞氣體當維持電漿之角色。金屬靶的 r 都遠小於 1，金屬上有吸附氧化層或用絕緣靶之 r 較大，絕緣靶表面易堆積正電荷似一電容器，電場 $\varepsilon > 10^6$ V/cm 時就會在表面產生弧光火花，此現象改用射頻(RF)電源就不會發生。

　　鈍氣離子的游離能 E_i 分別為 He^+(24.68eV)、Ne^+(21.56eV)、Ar^+(15.76eV)、Kr^+(14.00eV)、Xe^+(12.12eV)，原子序越大之離子游離能 E_i 越小。E_i 大的離子碰撞靶表面時能量轉移大，打出二次電子機率大，但 He^+ 太輕易被反彈故比 Ne^+ 的 r 較小。圖 2-7 中各離子的 r 約為定值，僅與鈍氣離子的游離能 E_i 有關，而與離子動能無關，它以位能產生二次電子，重離子 S 大、但二次電子射出率 r 較小不易維持電漿。暗區有很多暫穩態中性原子，這些中性激態原子與電極表面相撞易產生二次電子，圖 2-8 中粒子能量僅數百 eV 時，離子撞靶因以離子位能射出二次電子故 Ar^+ 與金屬 M 之 $r \neq 0$，而中性激態原子沒位能轉移故 Ar^0 與 M 之 $r = 0$，而動能大於 1 keV 的粒子與晶格碰撞，跑出的濺射原子被游離

的機會提高，因此入射離子 E_K 較大，則以動能產生二次電子的機率 r 也較大。

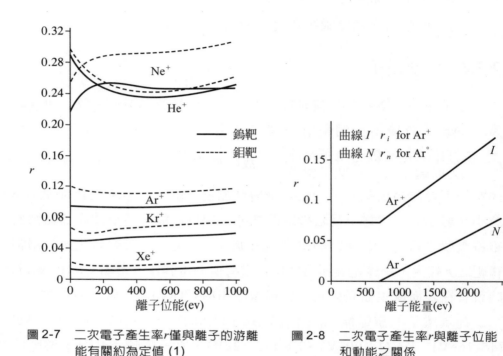

圖 2-7　二次電子產生率 r 僅與離子的游離　　圖 2-8　二次電子產生率 r 與離子位能
　　　　能有關約為定值 (1)　　　　　　　　　　　和動能之關係

2-2.3　在基板表面沉積薄膜或蝕刻

以濺射系統作薄膜沉積時會掉到基板上的東西如圖 2-9 所示，有來自靶材表面的、和來自電漿或真空殘氣的粒子，當然後者是薄膜的污染物。在電漿輔助化學氣相沉積系統中，應以反應物分子或原子沉積在基板表面為主，反應副產物應確實被排除，以減少雜質對薄膜特性的影響。被靶材陰極電場加速的二次電子，進入電漿區可能碰撞氣體，可能被氫氣吸附為 Ar^-，若快速電子沒碰撞其他分子就直接撞上基板，則高速電子或

Ar⁻都可能對沈積在基板的薄膜進行反濺射，使薄膜變薄，甚至去除薄膜。若電漿離子不是撞靶而直接打基板表面，便對基板表面蝕刻。

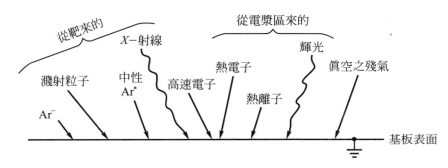

圖 2-9　濺射系統投射到基板表面之東西

■ 2-3　直流輝光放電(D.C glow discharge)

　　將直流電源供應器之兩極加在真空室內之兩板，室內氣壓較高(≦1atm)時，兩電極板吸附與電源供應器等量之帶電氣體粒子，帶電板形成一電容器，表面吸附電荷飽和時兩極間電流為零。氣壓下降至 10 torr 以下，兩電極不易吸附飽和帶電粒子，因此會有微量電流。增大電壓則較大能量之正電離子與陰極碰撞產生較多二次電子與激態原子便電流漸增，但電壓只能增至某定值，不良導電性之氣體將崩潰而產生湯森放電(Townson discharge)，電壓維持一定而碰撞不斷發生，離子增多電流一直增大。當二次電子數量足以再生等量離子將發生自持性(self-sustain)放電，則電壓下降和電流突升，如圖 2-10 之正常放電區。這時會有部分氣體開始發光，剛開始輝光集中在陰極邊緣或表面不規則處，增大電功率則增加在陰極的碰撞面積，至整個陰極表面都亮後，再增電功率則電壓和電流密度都增大，此為用在濺射的非正常放電區。若陰極冷卻不夠或電流密度 j 達 0.1A/cm²，則除二次電子外又有熱離化

(thermionic)電子將產生弧光(arc)。

崩潰電壓 V_B 對濺射輝光的產生很重要，圖 2-11 顯示氣體達 V_B 主要由二次電子的平均自由路徑和陰、陽極間的距離 d 決定，氣壓高或距離大時氣體離子的非彈性碰撞多，能量不足以在陰極撞出二次電子就須增大電壓。若氣壓太低($<10^{-3}$ torr)則氣體太少幾乎沒碰撞，或兩極間 d 太小則二次電子加速能量不足，要產生氣體輝光放電的 V_B 需較大。

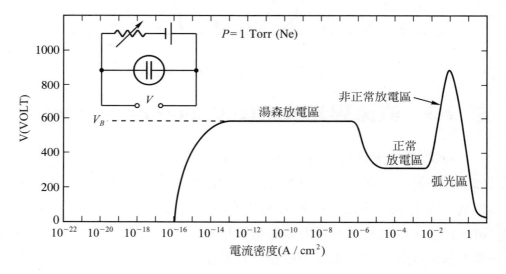

圖 2-10　直流輝光放電 (5)

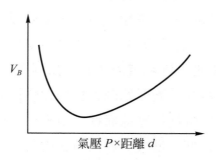

圖 2-11　氣體崩潰產生輝光之條件

2-3.1　直流輝光放電特性

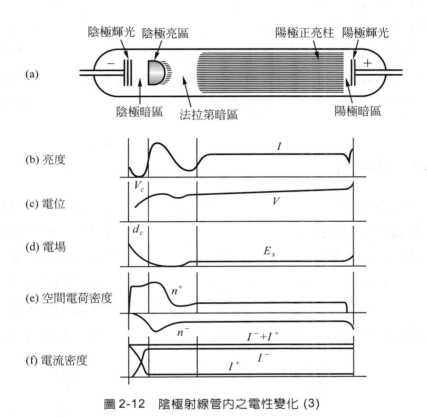

陰極輝光　陰極亮區　　　　陽極正亮柱　陽極輝光

(a)

陰極暗區　　法拉第暗區　　　　陽極暗區

(b) 亮度　　　　　　　　　　　　　　　I

(c) 電位　　V_c　　　　　　　　V

(d) 電場　　d_c　　　　　　E_x

(e) 空間電荷密度　　n^+

(f) 電流密度　　n^-　　　$I^- + I^+$

I^+　　I^-

圖 2-12　陰極射線管內之電性變化 (3)

　　輝光放電管內有如圖 2-12 的暗區與亮區，各區的亮度、電位、電場、空間電荷和電流密度等都以陰極暗區到陰極亮區間之變化較大。陰極暗區乃負電位加在陰極上，很輕之電子極易被排斥開，致陰極附近留下較重之離子，兩極間之電場幾乎都加在此暗區，此區電子很少，且剛自表面跑出之二次電子雖會被電場加速但能量不足以使此暗區氣體發光。從電漿區擴散至此暗區之正離子會被陰極暗區電場加速，以相當高能量撞向陰極產生濺射。而正離子被中和變成中性原子被彈回，幸好此碰撞有可能放射二次電子，否則 Ar⁺ 一直被陰極中和電漿就會消失，且暗區電場需足以加速二次電子，使它在電漿區足以產生 Ar⁺ 才可維持自持性電漿。縮短放電管兩極間距離時，發現陽極正亮柱(positive column)和法拉第暗區漸縮小，而陰極亮區與兩極暗區不受影響。兩極間距離拉近到只留下陰極亮區和兩極暗區便是濺鍍機構造。若陽極很靠近陰極則二次電子撞氣體電能不足將使電漿消失，電漿區之發光現象乃激態氣體之能量釋放 $e^- + x \rightarrow x^* + e^-$ 且 $x^* \rightarrow x + h\nu$。

2-3.2　陰極暗區

靶放在陰極、基板放在陽極可做濺射薄膜沉積，若基板放在陰極則基板被離子撞擊做濺射乾蝕刻。整個濺射系統之電位變化如圖 2-13，輝光區幾乎維持電漿電位 V_p，其電場幾乎為零。而陰極暗區電位降很大其值等於 $-(V_{陰極} + V_p)$，強電場加速離子撞向陰極。電漿中的電子向陽極跑之能量不高，但電子速率遠比離子快 $v_e \gg v_i$，故會在陽極附近產生一電位降之陽極暗區，有一很弱電場減緩電子或加速離子向陽極跑。

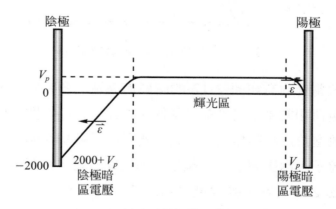

圖 2-13　直流濺射系統各區的電位變化

　　整個濺射系統電流密度是定值 $j = j^+ + j^-$，在陰極暗區電子很少 j^- 很小，在高真空室中假設陰極暗區之電流密度由 j^+ 之離子空間電荷數量決定，若沒有其他離子化碰撞運動，則電流密度

$$\vec{j} = ne\vec{v} \quad\text{...} (2\text{-}11)$$

n 為離子濃度、v 是離子速率，動能由 eV 獲得，$\frac{1}{2}mv^2 = \text{eV}$，故

$$v = \sqrt{\frac{2\,\text{eV}}{m}} \quad\text{...} (2\text{-}12)$$

Poission 的方程式

$$\nabla \cdot \varepsilon = \frac{\rho}{\epsilon_0} \ , \ \frac{d^2V}{dx^2} = \frac{\rho}{\epsilon_0} = \frac{ne}{\epsilon_0} = \frac{j}{\epsilon_0}\sqrt{\frac{m}{2e}}V^{-1/2}$$

$$\frac{dV}{dx}\frac{d^2V}{dx^2} = \frac{j}{\epsilon_0}\sqrt{\frac{m}{2e}}V^{-1/2}\frac{dV}{dx} \rightarrow \frac{1}{2}\left(\frac{dV}{dx}\right)^2 = \frac{j}{\epsilon_0}\sqrt{\frac{m}{2e}}2V^{1/2}$$

$$\int V^{-1/4}dV = \int (\frac{4j}{\epsilon_0})^{1/2}\left(\frac{m}{2e}\right)^{1/4}dx \rightarrow \frac{4}{3}V^{3/4} = \left(\frac{4j}{\epsilon_0}\right)^{1/2}\left(\frac{m}{2e}\right)^{1/4}x$$

m 是離子質量、e 是正電，因此電流密度

$$j \cong \frac{4\,\epsilon_0}{9}\left(\frac{2e}{m}\right)^{1/2}\frac{V^{3/2}}{x^2} \quad\text{...} (2\text{-}13)$$

此式叫空間電荷限制的 Child-Langmuir 電流密度方程式。

　　(2-13)式之 $V \propto x^{4/3}$，故陰極暗區之電場

$$\varepsilon = -\frac{dV}{dx} \propto x^{1/3} \quad\text{...} (2\text{-}14)$$

此假設雖太簡單但實驗結果尚可接受，可見陰極暗區很少離子化碰撞。

　　若真空室氣壓較高則氣體分子碰撞多，離子在電場中運動受其遷移率(mobility) μ 限制 $j = nev = ne\mu\varepsilon$，依 Poission 方程式

$$-\frac{d^2V}{dx^2} = \frac{d\varepsilon}{dx} = \frac{ne}{\epsilon_0} = \frac{j}{\mu\epsilon_0}\frac{1}{\varepsilon}$$

$$jx = \frac{1}{2}\mu\epsilon_0\varepsilon^2 \ , \ \varepsilon = -\frac{dV}{dx} = \left(\frac{2jx}{\mu\epsilon_0}\right)^{1/2} \propto x^{1/2} \quad\text{............................} \ (2\text{-}15)$$

$V = \frac{2}{3}\left(\frac{2j}{\mu\epsilon_0}\right)^{1/2}x^{3/2}$，則電流密度

$$j = \frac{9}{8}\mu\epsilon_0\frac{V^2}{x^3} \quad\text{...} \ (2\text{-}16)$$

此式叫遷移率限制的 Child-Langmuir 電流密度方程式。

2-3.3 電漿輝光放電區

一般電漿中電子或離子的濃度約 10^{10}cm^{-3}，直流濺鍍系統的氣壓約 $p \approx 50$ mtorr，其氣體分子濃度 $n = 1.61 \times 10^{15}\text{cm}^{-3}$，即直流濺鍍的氣體游離率約 $\frac{10^{10}}{1.6 \times 10^{15}} \cong 6.25 \times 10^{-6}$。RF 濺鍍系統之 $p \approx 5$ mtorr，其 $n = 1.61 \times 10^{14}\text{cm}^{-3}$，即 RF 濺鍍的氣體游離率約 6.25×10^{-5}，而 RF 磁控管 (magnetron)濺鍍系統的 $p \approx 1$ mtorr，其 $n = 3.22 \times 10^{13}\text{cm}^{-3}$，磁控管濺鍍的氣體游離率約為 3.1×10^{-4}。

因此電漿中大部分為中性粒子，帶電粒子濃度很低且 $n_i \approx n_e$，整體是電中性，此區之電位約為定值 (V_p)、電場約為零。故從陰極暗區進入電漿區的電子幾乎不會再被加速，但它已有足夠能量激發氣體原子甚至使其游離。二次電子從陰極暗區進入電漿輝光區時與 Ar 氣碰撞，可能產生 Ar^+、Ar^* 或使 Ar^* 轉為 Ar^+ 等，電子動能大於 15.76 eV 就可能產生 Ar^+，但非彈性碰撞有能量損失至少需 30 eV 才夠產生離子。由電源提供 IV 電功率，使氣體不斷產生一定游離率，以維持穩定帶電粒子濃度，因此電源使電漿中不斷發生激發與發光、離子化與再結合，而維持幾乎電中性的穩定電漿。

在基板附近有微擾(fluctuation)電荷密度 $-e(n_i - n_e)$，則暗區就有電位差 ΔV，Poission 方程式

$$\nabla \cdot \vec{\varepsilon} = \frac{\rho}{\epsilon_0} = \frac{-e(n_e - n_e')}{\epsilon_0}$$

$$\frac{d^2 \Delta V}{dx^2} = \frac{en_e}{\epsilon_0}(1 - e^{-e\Delta V/k_B T_e}) \cong \frac{en_e}{\epsilon_0}\left[1 - \left(1 - \frac{e\Delta V}{k_B T_e}\right)\right]$$

$$= \frac{n_e e^2 \Delta V}{\epsilon_0 k_B T_e} = \frac{\Delta V}{\lambda_D^2} \quad\dots\dots\dots\dots\dots\dots\dots\dots\dots\text{(2-17)}$$

$\lambda_D = \sqrt{\dfrac{\epsilon_0 k_B T_e}{n_e e^2}}$ 叫 Debye 電荷微擾長度，是暗區的轉移層值約 $105~\mu\mathrm{m}$。

$$\frac{d^2 \Delta V}{dx^2} - \frac{1}{\lambda_D^2}\Delta V = 0 \text{ 之解爲 } \Delta V(x) = \Delta V(0)e^{-x/\lambda_D} \quad\dots\dots\dots\text{(2-18)}$$

電子位移 $x = \lambda_D$ 之 $\Delta V(x) = 0.37\Delta V(0)$，$x > \lambda_D$ 微擾就趨近於零，因此電漿內部幾乎是等電位，電場幾乎爲零。

二次電子進入電漿區，或正離子離開電漿區射向陰極暗區時，電漿中電子局部位移 Δ，其他地方仍爲電中性如圖 2-14，電子局部擾動會產生電場梯度 $\dfrac{d\varepsilon}{dx} = \dfrac{ne}{\epsilon_0}$，其電場

$$\varepsilon = \frac{ne\Delta}{\epsilon_0} \quad\dots\dots\dots\dots\dots\dots\dots\dots\dots\dots\dots\dots\dots\dots\text{(2-19)}$$

電子受擾動就反應一恢復力

$$m_e \frac{d^2 \Delta}{dt^2} = -e\varepsilon = -\frac{ne^2}{\epsilon_0}\Delta \quad\dots\dots\dots\dots\dots\dots\dots\dots\dots\dots\text{(2-20)}$$

其振動角頻率

$$\omega_e = \sqrt{\frac{ne^2}{m_e \epsilon_0}} \quad\dots\dots\dots\dots\dots\dots\dots\dots\dots\dots\dots\dots\dots\dots\text{(2-21)}$$

電漿中電子濃度 $n_e \cong 10^{10}\mathrm{cm}^{-3}$ ∴電子在電漿中的振動頻率 $f_e = \dfrac{\omega_e}{2\pi} = 9 \times 10^8\mathrm{Hz}$，而離子在電漿中之振動角頻率 $\omega_i = \sqrt{\dfrac{ne^2}{m_i \epsilon_0}}$ 其 $f_i \cong 3.3\mathrm{MHz}$。

$$\lambda_D \omega_e = \left(\frac{\epsilon_0 k_B T_e}{ne^2}\right)^{1/2} \left(\frac{ne^2}{m_e \epsilon_0}\right)^{1/2} \cong \bar{v}_e$$

電子產生位移

$$\Delta = \bar{v}_e t \cong \frac{\bar{v}_e}{\omega_e/2\pi} \cong \lambda_D \cdot 2\pi \dotfill (2\text{-}22)$$

即 Debye 長度約等於電漿偏離電中性之距離。

　　電子有擾動位移則(2-19)式就在電漿區建立一電場 $\bar{\varepsilon}$ 把它拉回來，它頂多跑幾個 λ_D，電漿區就恢復電中性，正離子也受此電場振盪。電漿區的電子與正離子都易飄向陽極與器壁，電子比正離子跑得快，但很快就達載子淨通量為零，而維持輝光電漿區電中性。

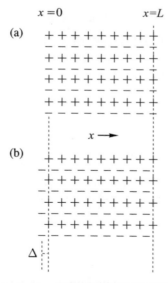

圖 2-14　電漿中電子受到微擾

2-3.4　陽極暗區

假設放一隔離的(isolated)基板在電漿中，濃度 n 之粒子碰撞基板的入射率 $J = n\bar{v}/4$ 則電流密度 $j = ne\bar{v}/4$，電漿中雖離子與電子數目約相等 $n_i \approx n_e$，但電子速率較快 $v_e \gg v_i$ 故 $j_e \gg j_i$，隔離的基板將立刻對電漿建立一負電位 V_f 叫浮動電位(floating potential)。此電位會排斥電子吸引離子，使向隔離基板入射的電子通量減少，平衡時載子淨通量爲零，使電漿對隔離基板間維持一固定電位差 $V_p - V_f$，則在陽極基板表面有一浮動暗區。

從電漿來的電子只當其動能 $E_k > e(V_p - V_f)$ 者才能越過陽極暗區能障，到達基板表面的電子數

$$n_e' = n_e e^{-e(V_p - V_f)/k_B T_e} \dots\dots\dots\dots\dots\dots\dots\dots\dots\dots\dots\dots\dots\dots (2\text{-}23)$$

平衡時離子與電子到達基板的入射率相等 $\dfrac{n_i v_i}{4} = \dfrac{n_e' v_e}{4}$

$$\because n_i \cong n_e \quad \therefore \frac{n_e'}{n_i} = \frac{v_i}{v_e} = e^{-e(V_p - V_f)/k_B T_e} \quad \text{而} \quad \bar{v} = \sqrt{\frac{8 k_B T}{\pi m}}$$

$$\ln\left(\frac{n_e'}{n_i}\right) = \ln\left(\frac{\vec{v}_i}{\vec{v}_e}\right) = \ln\sqrt{\frac{T_i m_e}{T_e m_i}} = -e(V_p - V_f)/k_B T_e$$

故電漿對基板的固定電位差

$$V_p - V_f = \frac{k_B T_e}{2e} \ln\left(\frac{T_e m_i}{T_i m_e}\right) \cong 15\,\text{V} \dots\dots\dots\dots\dots\dots\dots\dots\dots (2\text{-}24)$$

電漿是電的導體，離子與電子進出電漿區的流量相等，直流輝光放電的電漿中，電子平均動能約 2 eV $= k_B T_e$，電子的溫度約爲 $T_e \approx 23200$K。氣體分子溫度約爲 $T_0 \approx 300°$K，其動能約爲 0.026 eV，離子會自電場中獲得能量故比氣體分子溫度高其 $T_i \approx 500°$K，其動能約爲 0.043 eV。電

漿中各粒子的平均速率都

$$\bar{v} = \sqrt{\frac{8k_B T}{\pi m}} \text{...} (2\text{-}25)$$

由(2-25)式得 $\bar{v}_e \cong 9.5 \times 10^5 \text{m/sec}$，$\bar{v}_i = 5.24 \times 10^2 \text{m/sec}$。

一般電漿濃度約 10^{10}cm^{-3}，其無確定方向的電流密度為：

$$J_i = \frac{1}{4} n_i e \bar{v}_i = \frac{1}{4} 10^{10} \times 1.6 \times 10^{-19} \times 5.2 \times 10^4 = 21 \mu\text{A/cm}^2$$

$$J_e = \frac{1}{4} n_e e \bar{v}_e = \frac{1}{4} 10^{10} \times 1.6 \times 10^{-19} \times 9.5 \times 10^7 = 38\text{mA/cm}^2$$

隔離的電極附近，電位 $V(x)$ 自電漿區向基板下降，在 $V < V_p$ 時 J_e 被抑制，在 $V \leq V_f$ 後 $J_e = 0$、系統只有 J_i。而在直流濺射系統中量得的 J_i 都每平方公分有零點幾 mA，比 $21\mu\text{A/cm}^2$ 大很多，(2-24)式的想法可能太簡單了。

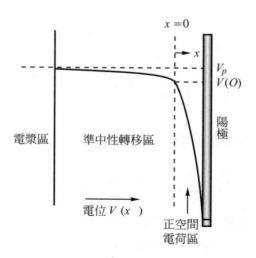

圖2-15　陽極附近準中性轉移區

Bohm 為解決此問題，把陽極附近細分為準中性轉移區和正空間電荷區，如圖 2-15，在 $x = 0$ 的邊界 $n_i(0) = n_e(0)$ 是電中性。假設暗區的離子電流密度 $en_i(x)v_i(x)$ 是定值，而離子進入陽極暗區的電位 $V(x)$ 在下降，有一電場跨過轉移區，使離子朝陽極方向動，離子進入陽極暗區的速率需

$$v_i(0) > \left(\frac{k_B T_e}{m_i}\right)^{1/2} \dots\dots\dots (2\text{-}26)$$

相對於電漿在 $x = 0$ 邊界的電位是 $V(0)$，若離子的不定向運動可忽略，則 $\frac{1}{2}m_i v_i^2(0) = eV(0)$，故

$$V(0) = \frac{m_i}{2e}\frac{k_B T_e}{m_i} = \frac{k_B T_e}{2e} \dots\dots\dots (2\text{-}27)$$

則在邊界的電子濃度

$$n_e(0) = n_e e^{-eV(0)/k_B T_e} = n_e e^{-1/2} = 0.6 n_e \dots\dots\dots (2\text{-}28)$$

此式叫形成陽極暗區的 Bohm 準則，而 $n_i(0) = n_e(0)$，進入陽極暗區之離子通量為：

$$n_i(0)v_i(0) = 0.6 n_e \sqrt{\frac{k_B T_e}{m_i}} \dots\dots\dots (2\text{-}29)$$

Bohm 準則下離子向陽極方向動，而電子仍不定向運動，平衡時淨電流為零

$$\frac{v_e}{4} n_e e^{-e(V_p - V_f)/k_B T_e} = 0.6 n_e \sqrt{\frac{k_B T_e}{m_i}}$$

$$\therefore V_p - V_f = \frac{k_B T_e}{2e} \ln\left(\frac{m_i}{2.26 m_e}\right) \cong 10.39\text{V} \dots\dots\dots (2\text{-}30)$$

Bohm 陽極暗區的電位差 $V_p - V_f$ 爲約 10.4 V，其系統電流密度 J_i 就接近量測值。一般都把陽極接地則陽極暗區電位差爲 V_p，陽極暗區電場比陰極暗區小很多不會使氣體離子化，但此電場會減小電漿來的電子通量，且幫助在基板表面進行薄膜沉積。

電漿區來的電子被陽極表面散射也會產生二次電子，電漿區來的電子自陽極表面折回電子的係數 $\delta \geq 1$，這些少量二次電子也對產生自持性電漿有貢獻。系統剛開始電子比離子運動快，使電漿稍微正電性，但濃度梯度會建立內建電場，$\varepsilon = -\dfrac{D_e}{\mu_e} \dfrac{1}{n_e} \dfrac{dn_e}{dx}$ 來限制電子和離子的擴散速率，則電漿中的電流密度

$$J_i = en_i\mu_i\varepsilon - eD_i\frac{dn_i}{dx} \quad\text{....................................} (2\text{-}31)$$

$$J_e = -en_e\mu_e\varepsilon - eD_e\frac{dn_e}{dx} \quad\text{...............................} (2\text{-}32)$$

平衡時淨通量爲零 $J_i = J_e$，且陽極暗區的電子和離子濃度約相等，因此

$$\varepsilon n_e(\mu_i + \mu_e) = (D_i - D_e)\frac{dn_e}{dx}$$

$$J_e = J_i = -e\left(\frac{\mu_e D_i + \mu_i D_e}{\mu_i + \mu_e}\right)\frac{dn_e}{dx} \quad\text{.............} (2\text{-}33)$$

陽極附近的電子和離子以雙載子擴散，陽極暗區需以雙載子電流修正 Child-Langmuir 方程式。雙載子之電子和離子都往陽極跑其電流密度爲 $j_e - j_i$，若電子在陽極表面產生 δj_e 散射電子流，離子在陽極產生 rj_i 二次電子流，則二次電子流密度爲 $-(\delta j_e + rj_i)$，故在浮動的陽極淨電流密度爲 $j_e - (\delta j_e + j_i + rj_i)$，若陽極表面跑出電子的係數 $\delta > 1$ 則陽極極性會反向，故一般電漿系統應將陽極接地。而離子與電子以雙載子擴散一起向真空器壁(接地)跑，將在器壁上電中和而生熱，因此真空器壁須冷卻。

2-4　射頻輝光放電
(radio frequency glow discharge)

　　若靶材是非導體則在直流或頻率不高的交流電漿系統中似一電容器，靶材上易累積正電荷，使靶的表面電位一直升高，至靶的表面與電漿自持電位間的電壓低於V_p時電漿將熄掉。提高交流頻率則電極上之電荷不易飽和，而要維持電漿的最低交流頻率約需 100 kHz 以上，因$m_i \gg m_e$、$v_i \ll v_e$，頻率越高離子越趕不上在極性改變前到達電極板上，且越難自電場中獲得能量，頻率高到離子不因交流切換而改變其動能和運動方向時，這頻率叫離子轉移頻率(transition frequency)約為 1～3MHz，故交流頻率高於 1 MHz 就可維持電漿連續放電。但避免對通訊干擾，一般的電漿薄膜沉積或電漿乾蝕刻系統都選用國際通信總署規定的 13.56 MHz 或其整數倍的射頻(radio frequency)電磁波。

　　電子在 13.56 MHz 之電漿中振盪，可能是 RF 電漿比僅靠二次電子碰撞氣體的直流電漿離子化效率高的主因。在RF的交流電場$\varepsilon = \varepsilon_0 \cos \omega t$中，電場適時反向，電子動到兩極的暗區邊緣時被反射回電漿區，造成電子在電極間震盪而提高離子化效率

$$m\ddot{x} = -e\varepsilon_0 \cos \omega t \quad\text{...................................} (2\text{-}34)$$

$$\dot{x} = -\frac{e\varepsilon_0}{m\omega} \sin \omega t \quad\text{.......................................} (2\text{-}35)$$

$$x = \frac{e\varepsilon_0}{m\omega^2} \cos \omega t \quad\text{...} (2\text{-}36)$$

一般的 RF 系統頻率是 13.56 MHz，若暗區電場為 $\varepsilon_0 = 10$ V/cm，則電子的最大位移 $x \approx 2.42$cm，電子速率約 2.06×10^6m/sec，電子的動能約 12.1 eV。而 Hatch 和 Williams 使用 2 吋的靶實驗得 RF 濺射系統的最

低 $fd \approx 70$ MHz-cm 才會發生共振加強，即對 2 吋的靶兩極間距離 $d \geq 5.0$ cm，3 吋靶較佳共振距離約 $d \approx 7.6$ cm，則 RF 電漿中電子獲得振盪動能將顯著增大離子化效率。

2-4.1　RF 電漿的直流自我偏壓

一般 RF 濺鍍系統的基板和器壁都接地，其面積 A_2 遠大於靶材面積 A_1，如圖 2-16(a)，使用 13.56 MHz RF 射頻因 $v_i \ll v_e$，$j_i < j_e$ 電子易由接地處流走，故電源輸入電漿內就馬上離子濃度大於電子濃度，而高頻的正離子沒足夠時間穿過陰極暗區電位極性就改變，無法將上週期積存在靶的電子完全中和掉，每週期都有負電荷殘存在系統電容上(絕緣靶的電容或導電靶的阻擋電容)。靶的電位 $V(t)$ 將一直隨時間向負偏移，使更多離子往 A_1 動，每一次交流相位改變，靶上之直流負偏壓增大，但負電荷增加率漸減，最後達電子通量等於離子通量時，電漿內電場為零。靶表面電位對電漿產生之直流自我偏壓(D.C self-bias)值約 $-\frac{1}{2}V_{pp}$，V_{pp} 是正到負的電位峰值，即靶上的交流電位將由圖 2-16(b)之 V_a 向負偏移到圖 2-16(c)之 V_b，致 V_b 整個正弦電位變化只有短暫時間是正電位來吸引電漿中之電子，電子電流 j_e 大作用時間短，靶大部分時間是負電位，正離子對靶的撞擊幾乎是連續的，離子電流 j_i 小但作用時間長。

RF 電場使暗區電子震盪而獲得能量，可能是 RF 放電效率較高的主因。電子動能大於 15.7 eV 就可使 Ar 氣游離，在 $V_{pp} = 1000$ V 的 RF 系統中，自陰極表面跑出的二次電子，脫離陰極暗區時已獲得將近 500 eV 的能量，進入電漿區足以激發或游離 Ar 氣，離子化都發生在輝光區。為了減少碰撞，RF 系統操作氣壓在 1 mtorr 至 40 mtorr 間，暗區厚度約 1 cm，離子在暗區很少碰撞，離子進入暗區後能量幾乎不減弱又獲得震盪電場能量。一 500 eV 的 Ar$^+$離子其速率 $v \approx 4.89 \times 10^4$ m/sec，經過暗區寬 $d = 1$ cm 的時間 $t = \dfrac{1}{4.89 \times 10^6} = 2 \times 10^{-7}$ sec $= 200$ nsec，而離子震盪週期 $T = \dfrac{1}{13.56 \times 10^6} = 74$ nsec，即離子經過暗區已有數次震盪易自電場獲得能量。在相同氣壓下 RF 暗區比 DC 暗區小，電場較強易使 Ar 氣游離，因此 13.56 MHz 之磁控 RF 系統氣壓降至 1 mtorr 都可使氣體游離化。

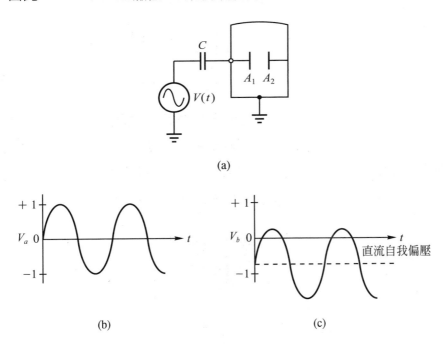

(a)

(b)   (c)

圖 2-16　RF 濺射系統的直流自我偏壓

2-4.2　RF 系統的電壓分布

若 RF 電源供應器與濺射電極間加一阻隔電容器，則濺射系統二電極上之電荷通量一樣，而非電位差一樣，如圖 2-17。假設 RF 濺鍍系統

電流都是電漿中之離子通量，通過暗區沒游離碰撞，則Child-Langmuir

式 $J = \dfrac{kV^{3/2}}{m^{1/2}d^2}$，$k$ 為常數，兩極有相同電流密度則

$$\frac{V_1^{3/2}}{d_1^2} = \frac{V_2^{3/2}}{d_2^2} \quad\text{...}(2\text{-}37)$$

電極暗區似一電容器 $C = \epsilon_0 \dfrac{A}{d}$，板上電荷 $Q = CV$，兩極上之 $Q_1 = Q_2$

$$\frac{C_1}{C_2} = \frac{V_2}{V_1} = \frac{A_1}{d_1} \times \frac{d_2}{A_2} \quad \therefore \left(\frac{V_1}{V_2}\right)^{3/2} = \left(\frac{d_1}{d_2}\right)^2 = \left(\frac{A_1}{A_2}\frac{V_1}{V_2}\right)^2$$

即
$$\frac{V_1}{V_2} = \left(\frac{A_2}{A_1}\right)^4 \quad\text{..}(2\text{-}38)$$

陰極表面積越小則暗區電壓降越大，濺鍍系統之陰極放靶材，RIE 系統的陰極放被蝕刻之基板，濺鍍薄膜和RIE都陽極與器壁接地面積很大，濺鍍系統靶之面積相對很小，故靶材表面暗區有很大電壓降易發生濺射，而陽極基板上電壓降很低，長薄膜才不會被碰撞粒子打掉。

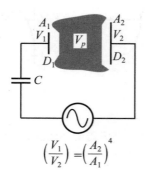

$$\left(\frac{V_1}{V_2}\right) = \left(\frac{A_2}{A_1}\right)^4$$

圖 2-17　RF 系統的電壓分布

2-4.3　調頻器(matching box or tunner)

　　我們常看到變壓器輸出端上接一小電阻 r，以期輸給喇叭或任意負載 R 之電功率最大。$i = \dfrac{V}{r + R}$，$P = i^2 R = \left(\dfrac{V}{r + R}\right)^2 R$，$\dfrac{dP}{dR} = 0$，得 $R = r$ 時電源供應器輸給負載之電功率為最大。若交流電路有電容或電感，交流電源供應器的輸出總阻抗 $Z = R + j(X_L - X_C) = a + jb$，而負載總阻抗是 Z' 則 $P = \left(\dfrac{V}{Z + Z'}\right)^2 Z'$，$\dfrac{dP}{dZ'} = 0$，得 $Z' = a - jb$ 時輸出電功率最大，此時電路總阻抗(impedance) $Z + Z' = 2a$ 為純電阻。

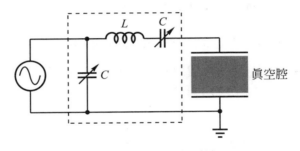

圖 2-18　RF 調頻系統

　　一般電漿真空室內有電容性阻抗(reactance) $X_C = 1/\omega C$，故用圖 2-18 之調頻器調出為純電阻之系統阻抗。RF 產生器送到負載(真空室)之電功率叫順向電功率，若負載總阻抗與 RF 產生器阻抗大小不匹配，則輸出功率為 $P = iV\cos\theta$ 之 $\theta \neq 0$，自負載射回之電功率叫反射電功率，實際輸給負載的電功率叫工作電功率＝順向電功率－反射電功率。調節調頻器使反射電功率等於零，則 RF 產生器輸給負載之電功率最大這叫最佳耦合。其實 RF 產生器、調頻器與真空室間之安裝品質影響耦合效果至巨，RF 產生器與調頻器勿太遠，最好直接連在一起，以墊片(washer)增大接觸面積減小接點阻抗。RF 調頻器到真空室間之同軸電纜越短越好,其粗細視最大電功率而定,其外層接地網宜固定較大接觸面,RF產生器、調頻器與眞空室應分別接地線,地線銅條宜打入地下 2 m 以上,銅條應打在濕氣較重之地下,使R低於 10Ω,爲消除高頻雜訊地線工作不可省。

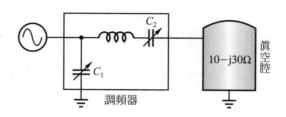

圖 2-19　以調頻器調整真空系統之阻抗

　　使用 Smith chart 調整調頻器(matching box)實例:用 Smith 阻抗圖(impedance chart) $Z=a+jb$ 如圖 2-20。和 Smith 電導圖(admittance chart)如圖 2-21,將圖 2-19 中眞空室之阻抗 $Z= 10 -j30Ω$,調爲純電阻$Z= 50Ω$。

　　電導$Y = 1/Z = 1/(a + jb)=(G + jB)$ mS,電導單位 Simens $=Ω^{-1}$,Smith 電導圖 (admittance chart) 是 Smith 阻抗圖的鏡面成像。50Ω之$Y= 1/50 = 20$ mS ,在電導圖上找通過 20 mS 點之圓,將電導圖重疊在阻抗圖上,則圖 2-20 中自阻抗圖之 A 點 $Z= 10 -j30$ Ω動 50Ω至 B 點,便可由電導圖之 B 點調爲純電阻。

　　$Z = 10 - j30$ Ω 表眞空室爲電容性電抗,加電感 $X_L = j\omega L = 2\pi \times13.56\times10^6 \cdot L = 50$ Ω,即加 $L = 587$ mH 電感,可將 Z 圖由 A 點調至 B點,其電導 $Y = 1/(10 +j20)=(20 -j40)$mS。電容$X_c = -j/(\omega C)$, 其倒數 $B = j\omega C$,$\therefore 2\pi\times13.56\times10^6 C= 40\times10^{-3}$,加 $C= 470$ pf 之電容則使$Y_m = 20$ mS,即得純電阻 $Z_m = 50$ Ω 。Y 圖 $G + jB$ 之 jB 爲負值表電感性,加電容 jB 往正調,調到 jB 爲零則得純電阻 。現在的儀器都先

設定電感 L 值，只調 C_1 和 C_2 兩電容較易操作，且儀器都自動調至反射功率為零，若無法調至零才改變 L 值，甚至應改善輸入端接點，否則電纜線會發燙，電纜的中心銅線接點應以鋁箔紙包裹以免電磁波外漏。

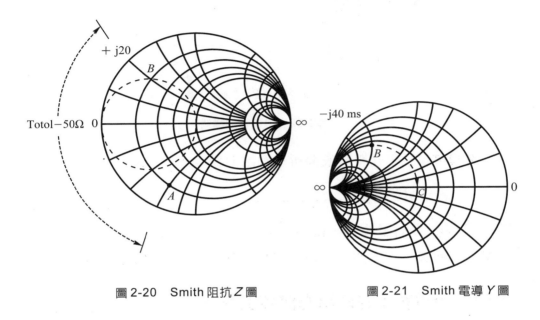

圖 2-20　Smith 阻抗 Z 圖　　　　圖 2-21　Smith 電導 Y 圖

■ 2-5　磁控管(magnetron)輝光放電

　　磁控設計有很多種，目前用 US gun 者較多，其構造為圓柱型磁鐵與外圍的圓筒型磁鐵 N、S 極倒置，則磁力線為封閉迴路，如圖 2-22。此組合接陰極或 RF 電源線，中間有冷卻水，背後加絕緣墊，外殼為陽極和 RF 接地網，平板狀的靶鎖在磁控管上方，磁力線與靶表面幾乎平行，中心磁力線最密，靶表面的電場和磁場都有梯度。其實電子在靶附近的運動與地磁控制了地球表面的帶電粒子，而形成 Van Allen 電漿層很類似。

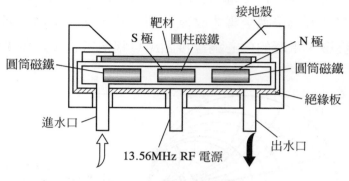

圖 2-22　磁控管的構造

　　電漿帶電粒子在靶材表面所受電磁力為：

$$\vec{F} = q(\vec{\varepsilon} + \vec{v} \times \vec{B}) \dots\dots\dots\dots\dots\dots\dots (2\text{-}39)$$

電力 $\vec{F} = q\vec{\varepsilon}$ 平行於電場，磁力 $\vec{F} = q\vec{v} \times \vec{B}$ 垂直 $\vec{v} \times \vec{B}$ 表面，即磁力只讓帶電粒子轉彎、不加速，它繞一圈其動能、速率都不變。

2-5.1　帶電粒子在磁場方向螺旋前進

1.　假設磁場 $\vec{B}$ 是均強指向 Z（由外圍 N 指向中心 S），則帶電粒子受磁力

$$\vec{F} = q \begin{vmatrix} \hat{i} & \hat{j} & \hat{k} \\ v_x & v_y & v_z \\ 0 & 0 & B \end{vmatrix} = q(v_y B\hat{i} - v_x B\hat{j}) \dots\dots\dots\dots (2\text{-}40)$$

$v^2 = v_x^2 + v_y^2 + v_z^2$，垂直磁場方向之 $v_\perp^2 = v_x^2 + v_y^2$ 是圓周運動，(2-40)式中 $m\dfrac{dv_z}{dt} = 0$，故若 B_z 均強則 v_z 維持等速漂流。

$$m\frac{dv_x}{dt} = qBv_y = qB\sqrt{v_\perp^2 - v_x^2}\ ,\ m\frac{dv_y}{dt} = -qBv_x = -qB\sqrt{v_\perp^2 - v_y^2}\ ,$$

$$\therefore v_x = v_\perp\cos\omega t\ ,\ v_y = v_\perp\sin\omega t\ ,\ \omega = \frac{qB}{m} \dotfill (2\text{-}41)$$

磁力使 $v_\perp$ 對磁力線做圓週運動，$\vec{v}$ 做螺旋線運動如圖 2-23，而 $v_\perp$ 之迴轉半徑

$$r = \frac{mv_\perp}{qB} = \frac{\sqrt{2mE}}{qB} = 3.5 \times 10^9\ \frac{\sqrt{mE}}{B}\ \text{米} \dotfill (2\text{-}42)$$

E 的單位為 eV，B 的單位為 Tesla，則電子的迴轉半徑 $r_e = 3.34 \times 10^{-6}\ \frac{\sqrt{E}}{B}$ 米，Ar^+ 的 $r_{Ar^+} = 9.05 \times 10^{-4}\ \frac{\sqrt{E}}{B}$ 米，$r_{Ar^+} \cong 271\ r_{e^-}$，兩者迴轉方向相反。在磁控電漿中 $r_{Ar^+} \gg r_{e^-}$，可認為僅電子受磁力控制，電子以螺旋線運動增加與氣體碰撞機會，電子與氣體碰撞可能改為對另一條磁力線迴轉。而迴轉的電子會產生磁場和磁矩，磁矩

$$\mu = iA = \frac{1}{2}qr^2\omega = \frac{\frac{1}{2}mv_\perp^2}{B} \dotfill (2\text{-}43)$$

負電荷 $\vec{\omega}$ 與 $\vec{B}$ 方向一致而 $\vec{\omega}$ 與 $\vec{\mu}$ 反向，故電漿中 $\vec{\mu}$ 與外加磁場 $\vec{B}$ 反向，即電漿具有反磁性，因

$$\vec{\omega} = -\frac{q}{m}\vec{B} \dotfill (2\text{-}44)$$

2. 在磁極附近有磁鏡現象

　　磁控管上的磁場非均強，越接近磁極之磁場越強，以致電子的螺旋線運動中越接近磁極則 $v_\perp$ 之迴轉半徑越小，v_z 之螺距也越小，如圖 2-24。磁場梯度產生阻力

$$F_z = ma_z = q\varepsilon_z = \mu\frac{\partial B}{\partial z} \quad\text{.. (2-45)}$$

$\frac{\partial B}{\partial z} > 0$，而 $\vec{\mu}$ 與 $\vec{B}$ 反向，即 $F_z < 0$ 或 $a_z < 0$，在 $v_z = v_{/\!/} + a_z t$ 中，越接近磁極 B 越大而 v_z 越小，至 $v_z = 0$ 時電子還有 $\vec{\omega}$，電子會受負的 F_z 後退，因此 $\frac{\partial B}{\partial z}$ 造成磁鏡。電子被反射往相反磁極螺旋前進，再被另一磁極磁鏡返回，造成電子在兩極間來回螺旋震盪，螺旋線上電子速率 $v^2 = v_z^2 + v_\perp^2$，v_z 較小處 $v_\perp$ 較大，即其旋轉角速度 $\vec{\omega}$ 較快。

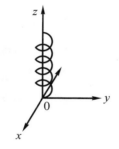

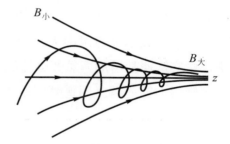

圖 2-23　電子在均強磁場中　　圖 2-24　磁極附近的磁鏡現象
　　　　　做螺旋線運動

2-5.2　帶電粒子受電力和磁力作用

1.　在電場平行磁場區

　　　　磁控管的電場 $\vec{\varepsilon}$ 由陽極指向陰極，在磁極附近的磁場接近與電場平行。若帶電粒子射入電場平行磁場區，它對磁軸仍螺旋前進，其迴旋半徑為 $r = \frac{mv_\perp}{qB}$，但平行電場的速率受電力 $\vec{F} = q\vec{\varepsilon}$，則 $v = v_{/\!/} + at$，螺距可能增大或減小，視 $\vec{a} = \frac{q}{m}\vec{\varepsilon}$ 與 $v_{/\!/}$ 方向是否一致而定。靠近磁極的磁力線較垂直表面，電子 $v_{/\!/}$ 自表面向上時，會受電力加大螺距造成磁力抓不住它，則在磁極附近電子較少、電漿濃度較低，故在靶中央或邊緣處較不會發生濺射。

2. 電子在電場垂直於磁場的方向做擺線運動

　　若靶材表面只有磁場，電子會如 2-5.1 節所述在磁場方向螺旋前進，其半徑 $r = \dfrac{mv_\perp}{qB}$。在 NS 磁極中間磁力線幾乎平行於靶材表面，其磁場與電場垂直，電子有漂流速度 $\vec{v}_d$ 使電子在磁力線下做螺旋線，並對靶中心做圓周運動迴轉，其圓周的切線速度為

$$\vec{v}_d = \frac{\vec{\varepsilon} \times \vec{B}}{B^2} \text{...} (2\text{-}46)$$

此變形螺旋線在電場中電力又使順電場方向的電子速率減低且迴轉半徑減小，逆電場方向時速率增大且迴轉半徑增大，因此電子就以上下迴轉的擺線(cycloid)，在磁力線隧道中繞圓柱 S 磁極做圓周運動漂流，形成電子跑道。

　　靠近靶材表面的磁場較強，即靶材上下有磁場梯度 $\dfrac{\partial B}{\partial y}$，越向下(靠近表面) B 越大，如圖 2-25，電子以漂流速度 $\vec{v}_d = \dfrac{\vec{\varepsilon} \times \vec{B}}{B^2}$ 自左方穿過磁力線時，下方的磁場較強、迴轉半徑 r 較小，則以 $\vec{v}_d$ 漂流的電子受磁場梯度也以擺線迴轉。受磁場梯度產生之阻力

$$F_y = q\varepsilon = \mu \frac{\partial B}{\partial y} \text{...} (2\text{-}47)$$

由(2-43)和(2-47)式得 v_d 與 ∇B 關係

$$\varepsilon = \frac{\mu}{q} \frac{\partial B}{\partial y} = \frac{mv_\perp^2}{2qB} \frac{\partial B}{\partial y} = \frac{1}{2} v_\perp r \frac{\partial B}{\partial y}$$

而 $v_d = \dfrac{\varepsilon}{B} = \dfrac{v_\perp \cdot r \cdot \nabla B}{2B}$ ，即 $\dfrac{v_d}{v_\perp} = \dfrac{r}{2} \dfrac{\nabla B}{B}$ .... (2-48)

故以 v_d 進行圓周運動的電子，受磁場梯度作用，在圓周軌道上以擺線上下躍動，擺線的 $\dfrac{v_d}{v_\perp}$ 比受磁場梯度調整，∇B 梯度愈大則電子的迴轉速率 $v_\perp$ 愈小。

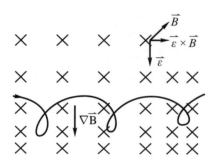

圖 2-25　以 v_d 漂流的電子受磁場梯度作用，以擺線繞中心磁極迴轉

　　圓周軌道上的電子以擺線在 N-S 磁極間的磁力線下跳躍，靠近 N-S 磁極的 B_z 切線最小，越靠近電子跑道中央 B_z 越大，陰極暗區長度與垂直暗區方向的磁場分量 B_z 成反比，靶的電壓大部分降在暗區上，跑道中央暗區長度不到 1 mm 厚，因此跑道中央的電漿亮區較厚。由跑道中央向 N-S 兩極都是磁場增強，磁場梯度使暗區內的電子都有彎向跑道中央的趨向(磁鏡現象)，因此跑道有一定寬度。被限制在靶材表面附近的電子沿跑道以擺線漂流，不斷碰撞氣體產生離子和電漿光環，其離子化效率很高，離子馬上撞向陰極暗區產生濺射，跑道中央的濺射效率最高，因此跑道中央的靶材將被濺蝕成環狀凹痕。

　　平板形磁控管的構造是中央的長條磁鐵 S 極向上，外圍的框形磁鐵 N 極向上，磁力線如圖 2-26 所示，靶材放在其上接陰極，則電子在上述說明的電磁場中，將在磁力線隧道中繞中央 S 磁極漂流形成電子跑道，在跑道中的電子以擺線躍動，不斷碰撞氣體成離子和電漿光環，且對靶濺蝕成環狀凹痕。一般濺射系統都靶位置固定，基板可動至靶的對面進行薄膜沉積或蝕刻，平行板磁控系統面積較大，可同時面對兩組晶片，系統中不同位置放不同靶則可臨場(in situ)沉積多層成分不同的薄膜。

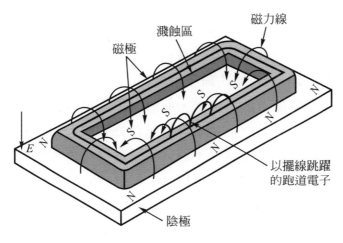

圖 2-26　平板形磁控管構造

　　由於電磁力的作用，磁控系統不僅提高電漿產生率，且可有效消除快速帶電粒子轟擊基板的機會。但磁控系統有兩大缺點：其一是靶材不是被均勻濺蝕，局部濺蝕凹痕將造成薄膜沉積速率和成份會隨時間改變，因此靶需常拿下磨平或換新，其二是若系統電流密度較高、靶材凹痕產生絕緣物或有微粒跳動等都易造成弧光而中止製程，使用 RF 磁控系統可減少第二問題發生，如何提高磁控系統的靶材利用率將是一重要課題。

▣ 2-6　高密度電漿(high density plasma)

　　有些鍵結較強的氣體分子，需在高溫才易進行反應，使用電漿幫助薄膜沉積或乾蝕刻時，氣體分子在電漿活化能和熱能下解離並進行反應，電漿密度愈高則系統反應溫度就可愈低。高密度電漿的CVD或RIE其離子濃度常高於 10^{16}cm^{-3}，電漿輔助的系統其反應溫度都低於400℃，甚至接近室溫都可反應，高密度電漿除了供鍵結較強的氣體分子在較低溫度進行反應，提高能源使用效率，且高密度電漿的氣體游離率很高，製程反應氣體的使用效率較高、材料成本較低。

2-3節曾提及一般電漿中離子濃度約 10^{10}cm^{-3}，其實離子濃度由真空室內之氣壓和氣體游離率決定，而游離率大小與碰撞的機制和反應系統的電功率有關，較大的電功率提供氣體分子較大的碰撞電能與較大的游離率，不同的反應系統提供不同的粒子碰撞頻度和電漿密度。

直流濺射系統的氣體游離率約 10^{-6}，使用 13.56 MHz 射頻(radio frequency.RF)電源將使電子快速振盪，加磁控裝置(magnetron)使電子在圓周上迴旋，再提高電子撞氣體分子的機率，則其氣體游離率可提高至約 10^{-4}。微波之波導調諧系統使電漿集中提高能量密度，微波頻率 2.45 GHz 使電子振盪速率比 RF 系統快，故氣體游離率高達約 10^{-4}。在微波電漿系統上加磁場，則微波電漿中帶電粒子將做螺旋或圓周運動。其振盪角頻率 $\vec{\omega} = -\dfrac{q}{m}\vec{B}$，電子迴轉頻率等於導入的微波頻率時，則微波能量被電子共振吸收，這種裝置叫電子迴旋共振(electron cyclotron resonance,ECR)系統。ECR系統之進一步說明請見4-3.3節。ECR迴旋電子再提高氣體游離率達 10^{-3} 以上。感應耦合電漿(inductive coupled plasma，ICP)系統將於4-3.3節介紹，它使用RF電源接感應線圈，則磁通量變化率產生法拉第感應電場以加速電子，使導入之氣體充分解離為高密度電漿，高密度電漿可在低工作氣壓操作，導電度良好，系統功率消耗低，因此應用於低溫製程。

氣體游離率較高則電漿密度較高，電漿密度與提供電漿的系統機制與使用之電功率大小有關，若提高反應系統氣壓則提高系統之電漿濃度。高密度電漿較易在較低溫度進行薄膜沉積或乾蝕刻，但高密度電漿易造成氣相中之同質孕核，它到達基板時顆粒已較大，較難在基板表面移動(migration)，其表面形態(morphology)較差，故高密度電漿反應系統常將電漿產生區和製程反應區分開，一般在系統之上方產生高密度電漿後，導入系統下方並通入反應氣體，則表面形態較易控制，表面也較不會受電漿傷害或污染。

▣ 習題

1. 濺鍍系統如何維持自持性電漿？氣體被游離都在哪一區發生？在金屬靶上做直流濺射，若發現火花則有哪些可能的原因？

2. 在濺鍍系統中，離子撞陰極產生二次電子的機率 $\gamma < 1$，而電子撞陽極表面到離開表面的電子比為 $\delta \geq 1$，分別說明其意義。何以陽極需接地？

3. 舉例說明碰撞粒子的位能與動能如何影響陰極二次電子產生率。

4. RF 電漿中如何產生直流自我偏壓？何以正離子會持續撞靶？

5. RF 系統需用 matching box 調諧之目的何在？

6. 將靶材平放在磁控管上，①若靶材表面沒電場，圖示並說明電子如何在靶表面附近做有磁鏡的螺旋運動，②靶表面有電場垂直於磁場，則電子如何運動？③何以電子束會集中於 NS 磁極中間？④電場和磁場都有梯度，分別說明如何影響電子運動。

7. 外加磁場 $\vec{B}$ 使電漿中的帶電粒子都會迴轉產生磁矩 $\vec{\mu}$，證不管 Ar^+ 或電子其磁矩都與 $\vec{B}$ 反向。

8. 以初動能 E_0 的 α 粒子與靜止的①金原子核②電子③α粒子做正面碰撞，求被撞粒子所獲得的能量比各多大？被撞粒子太重或太輕都不易吸收能量，何故？

9. ①磁控管的氣體游離率約爲1.5×10^{-4}，在 10 mtorr、真空室中室溫下有多少電子或離子濃度(cm^{-3})？②電漿中電子的振盪頻率爲多少 Hz？③若電子的平均速率是 1×10^6 m/sec，則電漿中電子的局部位移約多少 μm？

10. ①在 13.56 MHz 的 RF 系統中，要電子動能大於 30 eV，需 RF 電場大於多少 V/cm？② 100Watt 的 RF 電功率給 3 吋靶，若 $j = 25mA/cm^2$，則 RF 的直流自我偏壓是多少 Volt？③ Ar^+ 的均方根速率是多少 m/sec？④若陰極暗區寬度 $d = 1cm$，則 Ar^+ 撞靶前在暗區中振盪多少次？

■ 參考資料

1. Brain. N. Champman，Glow discharge processes，sputtering and plasma etching. John Wiley and sons，1980.

2. A. J. Van Roosmalen，J.A.G. Baggerman，and S.J.H Brader, Dry etching for VLSI, Plenum Press，1992.

3. E. Nasser，Fundamentals of gaseous ionization and plasma electronics, Wiely Interseience，1971.

4. K. Wasa and S. Hayakawa，Handbook of Sputter deposition technology,Noyes，1992.

5. Jone L. Vossen，Werner Kern，Thin Film Processes . Princeton，New Jersey，1978.

表面動力學與薄膜生長機制

外來原子掉到基板表面，將在其上面出現懸鍵，並增加表面能。表面能是指建立一個新表面所需要的能量。表面能的相對大小，決定一種材料是否與另一種材料相濕潤，並形成均勻的黏附層。較低表面能的沈積材料容易和較高表面能的基材相溼潤，反之易在表面上形成原子團即俗稱之起球。

圖 3-1 是各元素在液相狀態下的表面張力，各種金屬的表面張力都較高，在正常蒸氣壓條件下許多金屬在氧化物、滷化物上沉積時會成球。矽的表面能比氧化物高，沉積在絕緣層上的矽也容易成球，必須在它們介面間加一較低表面能的材料當緩衝層，才易在其上面沈積薄膜。許多半導體材料的表面能很接近，所以容易生長超晶格薄膜，例如鍺和矽的表面能差不是很大，故矽和鍺能夠形成異質超晶格結構。

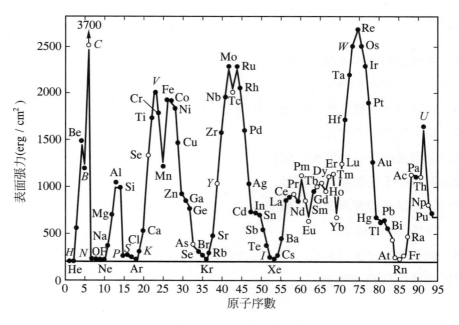

圖 3-1　各元素在液相狀態的表面張力 (5)

　　液體表面與空氣接觸的分子有向液體內部拉的淨力，此力使表面分子向內動，有縮為最小表面積的趨向，因此液滴呈球狀以減小它的表面能，晶體表面往往是由許多小平面組成也是為了獲得最低表面能的表面。表面張力 (dyne/cm) 是單位面積所承受的表面能 (erg/cm²)，液體沒有沿表面的壓應力，也沒有垂直表面的楊氏應力，故液體的單位面積表面能與表面張力大小相同，而固體的表面能會因所受的不同應力而異。可在基板表面動的原子叫附加原子 (adatoms) 或吸附原子，表面能將影響外來原子在表面遷移 (migration) 的能力，附加原子在進行表面擴散，找到可降低能量的安定位置時，就開始進行原子沉積為薄膜的表面能調整。(1)孕核，(2)晶粒成長，(3)原子團聚合，(4)縫道填補等是形成薄膜四階段。而氣體分子或附加原子與固體間之結合有物理吸附和化學吸附，吸附能量夠大才可順利形成薄膜。底下各節分別說明其物理概念。

3-1　物理吸附(physisorption)

　　若基板表面原子結合鍵為飽和狀態，其表面不活性，外來原子與表面間只形成電偶極子 (dipoles) 或電四重極 (quadrupole)，電偶極間的作用力叫 Van der Waals 力，這種力使氣體凝為液體，液體凝為固體，物質內的摩擦、黏滯、內聚力、表面張力等都是 Van der Waals 力。若某一原子的電子分布不均，其電偶矩 (dipole moment) $\vec{p}$ 產生之電位為 $V = \dfrac{\vec{p} \cdot \vec{r}}{4\pi\epsilon_o r^3}$，電場為

$$\vec{E} = \frac{1}{4\pi\epsilon_o}\left[\frac{3(\vec{p} \cdot \vec{r})\vec{r}}{r^5} - \frac{\vec{p}}{r^3}\right] \quad\text{.................................(3-1)}$$

　　附近原子受此電場極化，其極化強度 $\vec{P} = \alpha\vec{E}$，α 是極化係數。兩電偶極相互作用之極化位能為

$$U = -\vec{P} \cdot E = -\alpha \vec{E} \cdot \vec{E}$$

即
$$U = \frac{-\alpha}{(4\pi\epsilon_0)^2} \left[\frac{3(\vec{p} \cdot \vec{r})\vec{r}}{r^5} - \frac{\vec{p}}{r^3} \right] \cdot \left[\frac{3(\vec{p} \cdot \vec{r})\vec{r}}{r^5} - \frac{\vec{p}}{r^3} \right]$$

$$= \frac{-\alpha}{(4\pi\epsilon_0)^2} (1 + 3\cos^2\theta) \frac{p^2}{r^6} \quad\text{.................................(3-2)}$$

Van der Waals 力

$$\vec{F} = -\nabla U(r) \propto -\frac{1}{r^7} \quad \text{(是短程力)}\text{.................................(3-3)}$$

　　兩原子靠近時電子軌道重疊，除 Van der Waals 吸附力位能外，依 Pauli 互斥原理電子只能到原子未被佔用之較高能階，其總能量將升高，距離夠近時變成正的排斥能，如圖 3-2。

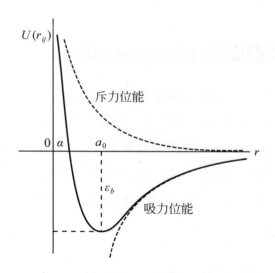

圖 3-2　兩原子間之 Lennard-Jones 位能

吸附力位能加排斥力位能叫 Lennard-Jones 總位能

$$U(r) = -\frac{A}{r^6} + \frac{B}{r^{12}} \quad\text{......................................(3-4)}$$

即　　　$$U(r) = \varepsilon_b \left[\left(\frac{a_0}{r} \right)^{12} - 2\left(\frac{a_0}{r} \right)^6 \right] \quad\text{..............................(3-5)}$$

ε_b 是分子吸附能，吸附能是基板原子與附加原子或分子之間的結合能。分子力 $F = -\dfrac{dU(r)}{dr}$，在平衡距離 a_0 處 $F = 0$。$r < a_0$ 之 $U(r)$ 很陡，$U(a_0)) = U_{\min} = -\varepsilon_b$。$a_0 = 1.12\alpha$、在 α 處 $U = 0$。

吸附分子在 a_0 處最安定，在基板溫度下原子會在 a_0 附近熱振盪，或克服吸附能 ε_b 而脫離表面，Lennard-Jones 位能產生物理吸附能很小，一般物理吸附能 ε_b^p 都小於 0.5eV/分子(1 eV/分子 = 23.1 Kcal/mole)。ε_b 小則分子都在很短時間就脫附(desorption)，因此僅受物理吸附的分子不易沉積為薄膜。物理吸附不需活化能，故吸附過程很快，而吸附速率隨基板之溫度與附加原子的氣壓變化很大。

3-2　化學吸附(chemisorption)

化學吸附是被吸附之分子與基板表面原子間發生電子轉移形成化學鍵，化學吸附的結合能約等於自由分子的化學鍵能。由於Van der Waals 力的作用範圍大於化學鍵力範圍，故一般先發生物理吸附後才轉為化學吸附，如圖 3-3。圖 3-3 中(a)為未分解分子被Van der Waals力作物理吸附，其吸附熱 ε_b^p 不大。(b)是分子在遠處已被電漿或吸熱分解為原子或根，在接近表面($Z=0$)時各原子位能漸減，到位能最低點 C 處吸附原子在基板表面最安定，其化學吸附熱 ε_b^c 大於物理吸附熱 ε_b^p。

物理吸附分子接近表面的距離小於 p 點，則附加原子與基板間開始有斥力。但距離達 Z' 點兩位能線相交，若交點低於零位能 $E_A < 0$，則物理吸附可順利轉為化學吸附。若兩分子位能線交點高於零位能，則需

供應 E_A 活化能才會轉為化學吸附。若附加原子在表面之動能大於脫附能則附加原子會脫離基板表面。脫附能

$$E_d = \varepsilon_b^c + E_A \dots\dots\dots\dots\dots\dots\dots\dots\dots\dots\dots\dots\dots\dots(3\text{-}6)$$

入射基板表面的分子會留在其平衡位置者才可順利沉積為薄膜。定義可進行化學吸附的黏附率 S＝停留在基板表面之總原子數 ÷入射基板的總原子數。溫度 T 的氣體分子，在基板表面的平均分子動能 E，可克服活化能 E_A 到達 Z' 位置的附加原子中，其黏附機率正比於 $\int e^{-E/k_B T} D(E) dE$，能階密度 $D(E) \propto (E - E_A)^{1/2}$，$e^{-E/k_B T}$ 是 $D(E) dE$ 能階中被佔用的機率。此黏附率 $S = c \int_{E_A}^{\infty} e^{-E/k_B T} (E - E_A)^{1/2} dE$，$c$ 是比例常數，令 $E' = E - E_A$ 則 $S = c \int_{E_A}^{\infty} e^{-(E_A + E')k_B T} \cdot \sqrt{E'} dE'$，令 $x = E'/k_B T$，則

$$S = c(k_B T)^{3/2} \cdot e^{-E_A/k_B T} \cdot \int_0^{\infty} e^{-x} \cdot \sqrt{x} dx = c' e^{-E_A/k_B T} \dots\dots\dots(3\text{-}7)$$

若 E_A 大則不利薄膜沉積，表面洗淨或做適當活化處理，可降 E_A 就較易長膜。

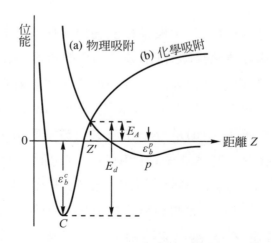

圖 3-3　物理吸附分子得到活化能 E_A 才轉為化學吸附

🔳 3-3　吸附原子在基板表面產生表面張力

在真空系統內沉積薄膜時，依熱力學第一定律描述真空室內的內能變化為

$$dU = TdS - pdV + \gamma dA + \Sigma \mu_i dn_i \quad\text{(3-8)}$$

$dQ = TdS$ 是入射流量帶入系統的熱，S 是熵(entropy)。$dW = pdV$ 是泵浦維持真空室內氣壓時，氣體流動對外所作的功。γdA 是吸附分子在基板上形成多餘表面積所增加的表面自由能，$\Sigma \mu_i dn_i$ 是各成分原子吸附在基板之總化學能。

Helmholtz 自由能為

$$F = U - TS \quad\text{(3-9)}$$

$$dF = -SdT - pdV + \gamma dA + \Sigma \mu_i dn_i \quad\text{(3-10)}$$

若定義 Gibbs 自由能為

$$G = U - TS + pV - \gamma A \quad\text{(3-11)}$$

則

$$dG = -SdT + Vdp - Ad\gamma + \Sigma \mu_i dn_i \quad\text{(3-12)}$$

一般真空系統的泵浦作功為 Vdp，而維持固定氣壓的製程，其等壓表面 Gibbs 自由能變化為

$$dG_s = -S_s dT - Ad\gamma + \Sigma \mu_i^S dn_i^S \quad\text{(3-13)}$$

若表面分子成份濃度不變，則熱平衡時 $dG_S = 0$，

$$\text{熵 } S_s = -A \left(\frac{\partial \gamma}{\partial T} \right)_p > 0 \quad\text{(3-14)}$$

一般都溫度升高時表面張力降低 $\left(\frac{\partial \gamma}{\partial T} \right)_p < 0$，故熵 S_S 是正值。等壓熱容量

$$C_p = \frac{dQ}{dT} = \frac{TdS}{dT} = -AT \left(\frac{\partial^2 \gamma}{\partial T^2} \right)_p \quad\text{(3-15)}$$

故量表面等壓熱容量或比熱，即可積分得固體的單位面積表面自由能γ。

　　液體內部分子受周圍同類分子作用，因對稱而不受淨力。但液體表面與空氣接觸的分子，有向液體內部拉的淨力，此力使表面分子向液內動，而有縮為最小表面積的趨向，與空氣接觸的表面分子將產生該液體的表面張力。要知固體的表面能，只要查得該材料在熔點溫度的單位面積表面能 γ 和溫度係數 $\dfrac{d\gamma}{dT}$ 測量值，如表 3-1，即可依(3-16)式估計其室溫的固相單位面積表面能。表面能與溫度的關係為：

$$E_s = \gamma A - (T_m - t)\frac{d\gamma}{dT}A \quad\text{...} (3\text{-}16)$$

例 3-1　表 3-1 中，矽晶的熔點是 $T_m = 1410℃$，熔點時的 $\gamma = 730$ erg/cm² ，$\dfrac{d\gamma}{dT} = -0.1$ erg/cm²℃，則室溫的 $E_s/A = 730 + (1410-25)\times0.1 = 869$ erg/cm²。矽晶的熵很小，因此熔點時的表面能與室溫的表面能差異不大。

表 3-1　各元素在熔點時的表面張力 γ 與 $d\gamma/dT$ [5]

金屬	γ_{LV} (erg/cm²)	$d\gamma_{LV}/dT$ (erg/cm²·℃)
Al	866	− 0.50
Cu	1300	− 0.45
Au	1140	− 0.52
Fe	1880	− 0.43
Ni	1780	− 1.20
Si	730	− 0.10
Ag	895	− 0.30
Te	2150	− 0.25
Ti	1550	− 0.26

■ 3-4　結合能與表面張力

　　使晶體分開為電子結構不變的靜止中性原子或靜止自由離子所需要加的能量叫晶體的結合能(cohesive energy)。將數原子結合為分子或晶體，以降低系統總能量的結合方式有：(1)Van der Waals結合鍵，(2)離子鍵，(3)共價鍵，(4)金屬鍵，(5)氫鍵等。

　　在3-1節的物理吸附中已介紹過Van der Waals鍵是兩中性原子電偶極間的作用力，此結合鍵有下列特性：(a)缺自由電子、不易導電、導熱，(b)是很弱的短程吸力，比離子鍵、共價鍵弱很多，(c)Lennand-Jones位能的 ε_b 很小，其熔點、沸點很低，固態在低溫出現，(d)機械強度很弱，易壓縮變形，楊氏係數、剛性係數也很小。

　　離子鍵有像 NaCl 之 f.c.c 和像 CsCl 之 b.c.c 兩種晶體結構，離子晶體有下列特性：(a)強靜電吸力、高熔點、硬又脆，(b)晶體沒自由電子、難導熱、導電，但可溶於水，溶於水後可導電，(c)離子晶體之離子都為八偶體，電子都是球形對稱分佈，只在與鄰近原子接觸區才稍微變形，故不具方向性，(d)可見光可穿透離子晶體，要激發此晶體電子起碼需紫外光。

　　共價原子的最外層電子都沒填滿，角動量和不為零，電子雲分佈不是球形，因此強共價鍵的先決條件是每原子須有電子未填滿的軌道，且共同繞兩原子公轉的電子需自旋(spin)反向，此電子雲軌道重疊愈多，能量降愈多，共價鍵能愈強。共價鍵晶體有下列特性：(a)結合力很強、熔點高、很硬、不易變形、不溶於任何液體，(b)有一定的晶體結構、具方向性，(c)沒有自由電子故導電、導熱不良，(d)對光的吸收性、視晶體之能隙(energy gap)而定，鑽石結構需紫外光以上。

　　很多金屬原子鍵結在一起則位能降低形成導帶，導帶電子要脫離金屬表面需克服功函數(work function)，正離子浸在自由電子海中，價電子可在整個晶體內跑。每原子的價電子數愈多，則佔較多導帶能階，剩下可動的空間較少，故愈多價的金屬愈不易導電。金屬鍵有下列特性：(a)金屬離子有滿足八偶的屏蔽電子，故金屬鍵不強，但比Van der Waals鍵強，有延展性，(b)有自由電子、是電和熱的良導體，(c)可吸收輻射能因此不透明，而具有特殊金屬光澤反射，(d)金屬鍵是未飽和共價鍵，金屬原子的位置可任意重排，且可任意改變成分結合為合金，不像離子鍵、共價鍵固體需滿足定比定律(stoichimetry)才能混合。

　　氫鍵比Van der Waals鍵強，但比離子鍵、共價鍵弱。H_2O、NH_3、HF 分子…等雖以混合共價鍵結合，而分子與分子間卻以氫鍵結合，分子間的靜電吸力 $\propto \dfrac{1}{r^2}$，水分子是有極性(polar)的液體，有極性的液體都有洗淨效果，如酒精、丙酮也有，液態時水分子間之氫鍵常因熱振動而打斷又結合，固體的冰是由 4 氫鍵的四面體排成 HCP 結構之結晶。

　　固體原子間的相互作用位能曲線的形狀(近程力或遠程力)，控制著原子凝聚時的許多物理性質，如固體的結合能、熱膨脹係數、體彈性係數、固體的熔點與表面能等。固體原子間若 a_0 是平衡距離、ε_b 是吸附能，則晶體結合位能通常可表示為：

$$U(r) = \frac{pq}{p-q} \cdot \varepsilon_b \left[\frac{1}{p} \left(\frac{a_0}{r} \right)^p - \frac{1}{q} \left(\frac{a_0}{r} \right)^q \right] \quad\text{................................. (3-17)}$$

p、q 常數與曲線之形狀有關。固態惰性氣體為近程力，其 $p = 12$、$q = 6$ 為 Lennard-Jones 位能。金屬是規則排列的正離子在自由運動的電子海中，兩者相互作用而凝聚著，正離子受到束縛電子的屏蔽而達到近似電中性，故金屬鍵也是屬於近程力，其位能參數也是 $p = 12$、$q = 6$。

共價鍵電子為兩相鄰的原子所共有，屏蔽效應也使原子間的吸力為近程力，但其化學鍵有強的方向性，其位能無法以(3-17)式表示。離子晶體的正負離子間有庫倫吸力，而庫倫位能正比於 $1/r$，它是屬於遠程力，離子晶體的位能參數 $p = 12$、$q = 1$ 其鍵能也很強，是最鄰近、次鄰近、第三鄰近…等各層原子的庫倫位能和。若晶體有 $2N$ 離子，離子之最鄰近距離為 R，各離子間的距離 $r_{ij} = P_{ij}R$，則庫倫位能和等於

$$\frac{1}{2}(2N)\Sigma \frac{\pm q^2}{4\pi\epsilon_0 r_{ij}} = \Sigma \frac{\pm Nq^2}{4\pi\epsilon_0 P_{ij}R} = \frac{N\alpha q^2}{4\pi\epsilon_0 R} \quad\text{.............................. (3-18)}$$

$\alpha \equiv \Sigma_j \frac{(\pm 1)}{P_{ij}}$ 叫 Medelung 常數，若斥力位能寫為 $\frac{B}{R^p}$，則 $p = \frac{a_0}{\rho}$，ρ 是斥力作用範圍。

自一晶體中使一原子昇華(產生一空位)，所需的昇華潛熱與最鄰近原子數 Z 有關，若原子間相互作用位能(鍵能)為 ε_b，N_a 是亞佛加得羅常數，則金屬導體昇華一原子的潛熱 $\Delta H_s = \frac{Z}{2} \cdot N_a \cdot \varepsilon_b$，自金屬中昇華一晶體原子所需的活化能為：

$$E_V = \frac{\Delta H_s}{N_a} = \frac{1}{2}Z \cdot \varepsilon_b \quad\text{.. (3-19)}$$

若 Z 是共價鍵數或幾價離子鍵，則共價鍵和離子鍵晶體的昇華熱

$$\Delta H_s = Z \cdot N_a \cdot \varepsilon_b \quad\text{.. (3-20)}$$

自表面昇華一原子所需的活化能為 $\frac{3}{4}E_V$，石墨是導體而鑽石是共價鍵，故鑽石比石墨的 E_V 大。

若 n_s 是表面原子密度，表面張力是由兩個解理面分擔，故表面張力 $\gamma = E_s/A = \frac{1}{2}n_s\frac{Z}{2}\varepsilon_b$。面心立方晶體(f.c.c)是每原子有 12 個最鄰近原子，在 f.c.c.晶體中產生一空位需打斷 12/2 鍵，其昇華活化能為 $6\varepsilon_b$。而面

心立方晶的 12 個最鄰近原子中在 (111)面上遷移需打斷 3 鍵，每原子所需的表面能 $\dfrac{\gamma}{n_s}=\dfrac{3}{2}\varepsilon_b$，故 f.c.c.(111)面每原子的表面能約為每原子結合能的 1/4 倍。

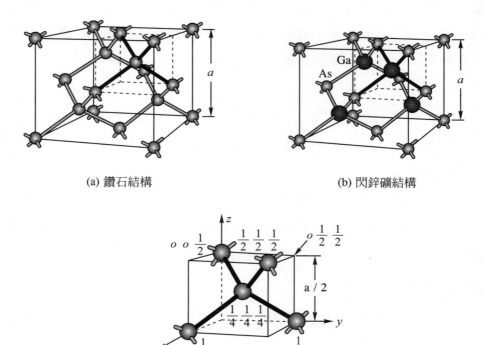

(a) 鑽石結構   (b) 閃鋅礦結構

(c) 鑽石和閃鋅礦都由四面體組成

圖 3-4

    半導體表面能正比於單位面積上的懸鍵數，鑽石和閃鋅礦(Cubic Zineblende)結構如圖 3-4(a)和(b)，是 $\left(\dfrac{1}{4}\ \dfrac{1}{4}\ \dfrac{1}{4}\right)$ f.c.c.插入(000) f.c.c組成的晶體，其 $\left(\dfrac{1}{4}\ \dfrac{1}{4}\ \dfrac{1}{4}\right)$ f.c.c 晶格與(000) f.c.c 晶格形成的四面體如圖 3-4(c)，鑽石結構由四個圖 3-4(c) 的四面體組成。圖 3-4(c) 的 (100)和

(110)面上都每個表面原子有兩個懸鍵，其懸鍵密度為 $2n_s$，(100)面懸鍵在同側表面能較高，(110) 面懸鍵分在面的兩側表面能較低。而(111)面上每個表面原子只有一懸鍵，其懸鍵密度為 n_s，矽晶(100)面每原子的表面能約為(111)面的 1.5 倍。在某一長晶速率下液體凝為固體的潛熱為定值，(111)面的原子密度較大，故其表面能較低，各平面的表面能關係為 $\gamma_{100} > \gamma_{110} > \gamma_{111}$。故(111)面是能量最低的表面，(111)面比(100)面的長晶成功率較高，但單位面積的原子較多長晶速率需較慢。

3-5　吸附量與溫度、氣壓之關係

分子入射流量 $J = \dfrac{1}{4} n \bar{v}$，入射總通量

$$F = \int J \cdot dt = \frac{3.51 \times 10^{22}}{\sqrt{MT}} \int p(\text{torr}) dt \quad\text{.....................} (3\text{-}21)$$

基板溫度 T 固定，則已知氣體的入射總通量$F =$ 定值 $\int p(\text{torr}) dt$，定義 $\int p(\text{torr}) dt$ 為 Langmuir，且 $1\ L = 10^{-6}\ \text{torr} \cdot \text{sec}$。

在基板表面的附加原子密度 N_s，表面溫度 T 的振盪頻率 v_0，其脫離能 E_d 則原子的脫離速率

$$R = N_s v_0 e^{-E_d/k_B T} = \frac{N_s}{\tau} \quad\text{...} (3\text{-}22)$$

某原子在基板表面的居留時間

$$\tau = \frac{1}{v_0} e^{E_d/k_B T} = \tau_0 e^{E_d/k_B T} \quad\text{......................................} (3\text{-}23)$$

$\tau_0 = 1/v_0 = 10^{-13} \sim 10^{-12} \text{sec}$。

　　已知 N_s 是被吸附的表面原子密度，N_t 是基板的表面原子密度，而單位面積吸附分子速率正比於表面未吸附之空位和分子入射流量或氣壓大小，故吸附量爲 $K_a(N_t - N_s)p$。脫附量正比於已吸附的表面原子密度爲 $K_d N_s$，K_a、K_d 別爲吸附、脫附常數。

　　熱平衡時

$$K_a(N_t - N_s)p = K_d N_s \quad\text{.. (3-24)}$$

定義 $b = \dfrac{K_a}{K_d}$ 和定義表面覆蓋度 $\theta = \dfrac{N_s}{N_t}$

則　　　$b(1-\theta)p = \theta \quad\text{.. (3-25)}$

即　　　$\theta = \dfrac{bp}{1 + bp} \quad\text{.. (3-26)}$

基板溫度 T_s 固定，θ 或 N_s 與氣壓 p 之關係叫 Langmuir 氣體分子吸附等溫線，如圖 3-5。

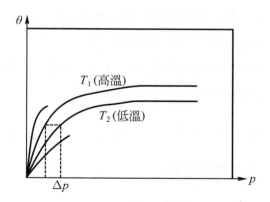

圖 3-5　Langmuir 氣體分子吸附等溫線

表面吸附原子完成單層分佈前，滿足 Henry 之理想稀溶液 $\theta = bp$ 關係。不同基板與吸附物間，有不同的吸附等溫線，金屬原子吸附在金屬基板上，在完成單層膜前為 $\theta = bp$ 直線，完成單層膜後也 $\theta = bp$，但薄膜較厚其斜率較小、黏附率 S 較低，乃膜較厚則分子受吸附力較弱。

氣相之自由能變化為：

$$dG = -SdT + Vdp \dots\dots\dots\dots\dots\dots\dots\dots\dots\dots\dots\dots (3\text{-}27)$$

定溫下氣相分子自由能

$$G^V = G^0 + nRT\ln p \dots\dots\dots\dots\dots\dots\dots\dots\dots\dots\dots (3\text{-}28)$$

每一成分之氣相分子化學能

$$\frac{G^V}{n_i} = \mu_i^V = \mu_i^0(T) + RT\ln p_i \dots\dots\dots\dots\dots\dots\dots\dots (3\text{-}29)$$

多成分之氣相分子自由能 $G^V = \sum n_i \mu_i^V + nRT\ln p$，$R$ 是理想氣體常數。

氣相分子的熵

$$S^V = -\left(\frac{\partial G^V}{\partial T}\right)_{n_i, p} = -\sum n_i \left(\frac{d\mu_i^V}{dT}\right)_{n_i, p}$$

基板表面的熵

$$S^S = -\left(\frac{\partial G^S}{\partial T}\right)_{\gamma, n_1} = -\sum n_i \left(\frac{\partial \mu^S}{\partial T}\right)_{\gamma, n_1}$$

氣相自由能變化

$$dG^V = -S^V dT + RTd(\ln p_i) \dots\dots\dots\dots\dots\dots\dots\dots\dots (3\text{-}30)$$

分子射入基板表面則表面相之自由能變化

$$dG^S = \sum n_i d\mu_i + \sum \mu_i dn_i = -S^S dT - Ad\gamma + \sum \mu_i^S dn_i^S \dots\dots\dots (3\text{-}31)$$

表面吸附原子的 entropy 變化

$$\Delta S = \frac{\Delta Q}{T} = \frac{nC_p \Delta T}{T} \quad\text{...} (3\text{-}32)$$

即由氣相到表面相表面需吸附熱

$$\Delta H_a = T\Delta S = T(S^S - S^V) \text{....................................} (3\text{-}33)$$

準穩態時表面成份不變，則

$$dG^V = dG^S , \quad -S^V dT + RTd(\ln p) = -S^S dT - Ad\gamma$$

熱平衡時 γ 不變

$$\therefore RTd(\ln p) = -(S^S - S^V)dT = -\frac{\Delta H_a}{T}dT$$

即
$$\frac{d(\ln p)}{dT} = -\frac{\Delta H_a}{RT^2} \text{.......................................} (3\text{-}34)$$

圖 3-5 的 $\theta\text{-}p$ 圖中，不同溫度下有不同吸附等溫線。θ 定值下做一水平線，與兩條相近等溫線相交，得 ΔT 對應的 Δp，即可求得吸附熱

$$\Delta H_a = \varepsilon_b = -RT^2\left(\frac{d\ln p}{dT}\right) = -RT^2 \frac{\Delta p/\Delta T}{p} \text{.....................} (3\text{-}35)$$

熱平衡時，吸附速率＝脫離速率

$$S \cdot J \cdot (1-\theta) = N_s \frac{1}{\tau} \text{...................................} (3\text{-}36)$$

p 很小時 $\theta \to 0$，則

$$S \cdot J = N_s \frac{1}{\tau} , \quad \therefore N_s = \left[S\frac{3.5\times10^{22}}{\sqrt{MT}}\tau_0 e^{E_d/k_B T}\right]p(\text{torr}) \text{...............} (3\text{-}37)$$

$$\theta = \frac{N_s}{N_t} \cong bp , \quad \therefore b = \frac{3.5\times10^{22}}{\sqrt{MT}}\frac{S\cdot\tau_0}{N_t}e^{E_d/k_B T} \text{...........................} (3\text{-}38)$$

p 固定時的 θ-T 圖叫吸附等壓線,如圖 3-6。實線是實際測得的,$\ln\theta$-T 圖近似等軸雙曲線,p 小溫度低易進行物理吸附,溫度升高則可能脫附。高溫易進行化學吸附,但氣壓不足則不穩定,在定壓下溫度低也不易進行化學吸附,因低溫無法獲得活化能 E_A 之故。

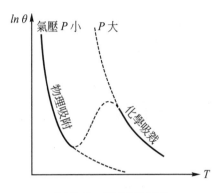

圖 3-6　吸附等壓線

3-6　摻質原子在晶體中的擴散

　　所謂擴散是指分子或原子從高濃度區往低濃度區躍動的現象,驅使原子進行擴散的驅動力(driving force)是熱力學第二定律的熵(entropy),熵是系統的亂度或系統作功能力之量度。宇宙間所有熱之流動都是自發地(spontaneously)由高溫流向低溫,高溫分子與低溫分子自然地混合,一直增加亂度,混到最徹底時,分不出那一個是高溫分子那一個是低溫分子,此時達到平衡,溫度一致,則系統分子最亂(disorder)時熵最大。

　　自發地改變狀態的驅動力來自 Clausius 不等式

$$\oint \frac{dQ}{T} \le 0 .... (3-39)$$

等號表系統在平衡狀態，而不等式的值愈大，則自然改變狀態的能力愈大。熵是狀態函數與路徑無關，只有可逆過程才可定義熵 $dS = \dfrac{dQ_{\text{rev}}}{T}$，其特性為

$$\int_1^2 \frac{dQ_{\text{rev}}}{T} = -\int_2^1 \frac{dQ_{\text{rev}}}{T} \quad\text{.................................(3-40)}$$

假設一封閉迴路由 $1 \to 2$ 是可逆反應，由 $2 \to 1$ 是不可逆過程，則迴路的 Clausius 不等式

$$\oint \frac{dQ}{T} = \int_1^2 \frac{dQ_{\text{rev}}}{T} + \int_2^1 \frac{dQ}{T} \leq 0$$

因此 $\qquad \int_2^1 \dfrac{dQ}{T} \leq \int_2^1 dS$

即 $\qquad TdS \geq dQ \quad\text{...(3-41)}$

定義狀態自發地改變的驅動能為 $dQ' = TdS - dQ \geq 0$。

依熱力學第一定律

$$dU = dQ - pdV = TdS - dQ' - pdV \quad\text{.......................(3-42)}$$

則 $dU|_{\text{s.v}} = -dQ' \leq 0$，故系統自發地降低內能$(dU < 0)$，至平衡時$(dU = 0)$內能最低。而

$$dS = \frac{dU}{T} + \frac{pdV}{T} + \frac{dQ'}{T} \quad\text{...............................(3-43)}$$

$dS|_{\text{u.v}} = \dfrac{dQ'}{T} > 0$，在等溫定容下整個系統的熵一直增大，至平衡時熵為最大。Gibbs 自由能 $G = H - TS = U + pV - TS$，

$$dG = -SdT + Vdp - dQ' \quad\text{...............................(3-44)}$$

$dG|_{T.p} = -dQ' \le 0$，在等溫、等壓下自由能亦會自發地降低，熵自發地增大，平衡時即驅動能消失時($dQ' = 0$)為自由能最低，熵最大。因此在兩個不同雜質濃度的接觸面，有驅使原子自高濃度趨向低濃度區擴散的驅動力，這就是熵，它使系統的自由能降低使分子的亂度增大。

　　要了解擴散的粒子如何在晶格中動，就需介紹擴散動力學，摻雜(doping)粒子在晶體中的擴散，主要經由空位(vacancy)和晶隙(interstitial)兩種途徑運動。晶體內有晶格點空位叫Schottky點缺陷，在週期性排列的晶格點中若有空位則摻質(dopant)粒子佔該空位再跳至下一空位的擴散方式叫置換式擴散(substitutional diffusion)。在晶體中產生Schottky空位的機率為 e^{-E_S/k_BT}，置換式跳動須先克服鄰近晶格之共價鍵才能跳動，若此過程之能障為 E_n，則熱能大於 E_n 之機率為 e^{-E_n/k_BT}。每一晶格位置有四個方向可跳，假設此跳動為獨立事件，則置換式跳動之頻率為 $v = 4v_0 e^{-(E_n + E_S)/k_BT}$，$v_0$ 為晶格振盪頻率。較小的原子插入週期性排列的晶格間隙中叫晶隙式擴散(interstitial diffusion)，插入式摻雜原子從一晶隙需克服兩晶格間的能障 E_m 才能擠入下一晶隙中，其機率為 e^{-E_m/k_BT}，從一晶隙跳至下一晶隙有四個方向可選擇，假設此跳動為獨立事件，則晶隙式跳動之頻率為 $v = 4v_0 e^{-E_m/k_BT}$。

　　鑽石結構每原子有 4 個最鄰近原子，其最鄰近距離為 $d = \frac{\sqrt{3}}{4} a$，a 是晶格常數，摻質在距離 d 的四面體中跳動，每一跳動在各軸的分量都為 $\frac{a}{4} = \frac{d}{\sqrt{3}}$。在圖 3-7 中假設$N_1$、$N_2$為①、②兩層之原子數，則濃度 $C_1 = \frac{N_1}{A \cdot d/\sqrt{3}}$、$C_2 = \frac{N_2}{A \cdot d/\sqrt{3}}$，在此晶格每原子有 4 個鄰居，2 個在此層右側，2 個在左側，故橫過 p 平面的原子淨流量為

$$\frac{\partial N}{\partial t} = \frac{(N_1 - N_2)/2}{1/v} = \frac{v}{2}\frac{Ad}{\sqrt{3}}(C_1 - C_2)$$

而

$$\frac{\partial c}{\partial x} = \frac{C_2 - C_1}{d/\sqrt{3}}$$

故

$$\frac{\partial N}{\partial t} = -\frac{v}{2}\frac{Ad}{\sqrt{3}} \cdot \frac{d}{\sqrt{3}}\frac{\partial C}{\partial x} = -\frac{Avd^2}{6}\frac{\partial C}{\partial x}$$

Fick 的擴散第一定律為通量密度

$$F = \frac{dN/dt}{A} = -\frac{vd^2}{6}\frac{\partial C}{\partial x} = -D\frac{\partial C}{\partial x} \dotfill (3\text{-}45)$$

置換式的擴散係數

$$D_s = \frac{4v_0 d^2}{6} e^{-(E_S + E_n)/k_B T} = D_0\, e^{-E_a/k_B T} \dotfill (3\text{-}46)$$

晶隙式的擴散係數

$$D_i = \frac{4v_0 d^2}{6} e^{-E_m/k_B T} = D_0\, e^{-E_a'/k_B T} \dotfill (3\text{-}47)$$

置換式的擴散活化能 $E_a = E_s + E_n$，晶隙式的擴散活化能 $E_a' = E_m$。

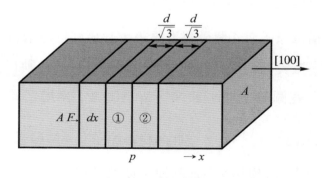

圖 3-7　擴散通量

在圖 3-7 之 dx 兩平面間，跳動原子的聚集率為 $\dfrac{\partial C}{\partial t} A dx$，進入 dx 區的淨通量為

$$AF - A(F + dF) = -AdF$$

所以　　$$A \frac{\partial C}{\partial t} dx = -AdF = -A \frac{\partial F}{\partial x} dx$$

$$\frac{\partial C}{\partial t} = -\frac{\partial F}{\partial x} = -\frac{\partial}{\partial x}\left(-D \frac{\partial C}{\partial x}\right) \simeq D \frac{\partial^2 C}{\partial x^2} \quad\text{.............................} (3\text{-}48)$$

此為 Fick 的擴散第二定律。高溫擴散的本徵(intrinsic)濃度 n_i 很高，若摻質濃度 $C < n_i$，則擴散係數 D 為定值，而摻雜濃度 $C > n_i$ 之擴散係數隨濃度 C 增大，D 非定值叫非本徵擴散(extrinsic diffusion)。

圖 3-8(a) 是各種摻質在矽晶之擴散係數 D 對 $1/T$ 之關係，擴散活化能(activation energy) E_a 愈低擴散愈快，如 Cu、Li、Au，其 $E_a \simeq 1.5$ eV 是晶隙式擴散。B、P、As、Sb 在矽晶是置換式擴散其 $E_a = 3 \sim 4$ eV。氧在矽晶作置換加晶隙之 Frenkel 擴散，其 E_a 介於兩者之間。

半導體的擴散都分 2 步驟，首先以固定表面濃度 C_s，將摻質預積擴散(predeposition diffusion) 於晶片表層，然後在較高溫度將預積之固定量摻質驅入晶片內部叫驅入擴散(drive-in diffusion)。本徵擴散之 $\dfrac{\partial C}{\partial t} = D \dfrac{\partial^2 C}{\partial x^2}$

1. 預積擴散之起始條件 $C(x,0) = 0$，邊界條件為 $C(0,t) = C_s =$ 定值和 $C(\infty,t) = 0$，一般 C_s 為該摻質之固態溶解度(solid solubility)，解得摻質擴散濃度之分佈為

$$C(x,t) = C_s \left[1 - \text{erf}\left(\frac{x}{2\sqrt{Dt}}\right)\right] = C_s \, \text{erf} \, C\left(\frac{x}{2\sqrt{Dt}}\right) \quad\text{....................} (3\text{-}49)$$

以固定 C_s 之 P 型摻質擴散入 N 型晶片，晶片之濃度為 C_N，形成 P-N 接面(junction)，則晶片內任一點之有效摻質濃度分佈為

$$C(x,t) = C_s \operatorname{erf} C\left(\frac{x}{2\sqrt{Dt}}\right) - C_N \dots\dots\dots\dots\dots\dots\dots (3\text{-}50)$$

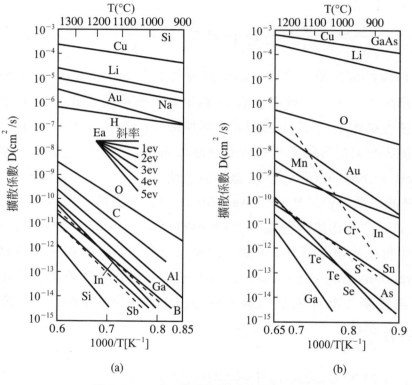

(a)   (b)

圖 3-8　(a)各種雜質在矽晶之擴散係數

(b)各種雜質在 GaAs 之擴散係數 (3)

在 $C(x_j,t) = 0$ 處為 P-N 接面邊界，即接面在擴散深度 x_j 處，

$$x_j = 2\sqrt{Dt}\,\operatorname{erf} C^{-1}\left(\frac{C_N}{C_s}\right)\dots\dots\dots\dots\dots\dots\dots (3\text{-}51)$$

2. 驅入擴散之起始條件爲 $C(x,0) = C_s \, \mathrm{erf}\, C\left(\dfrac{x}{2\sqrt{Dt_{預積}}}\right)$ 和預積擴散量

$S = \int_0^\infty C(x,t)_{預積} dx$，而邊界條件爲 $C(\infty, t_{驅入}) = 0$,和 $\left. \dfrac{\partial c}{\partial x}\right|_{(0,t)} = 0$，

S 是預積擴散時每單位面積的摻質原子總量

$$
\begin{aligned}
S(t) &= \int_0^\infty C(x,t)dx = \int_0^\infty C_s \, erf C\left(\frac{x}{2\sqrt{Dt}}\right) dx \\
&= 2\sqrt{Dt}\, C_s \int_0^\infty erf C\left(\frac{x}{2\sqrt{Dt}}\right) d\left(\frac{x}{2\sqrt{Dt}}\right) \\
&= 2\, C_s \sqrt{\frac{Dt}{\pi}} \simeq 1.13\, C_s \sqrt{Dt_{預積}} \quad\text{..} (3\text{-}52)
\end{aligned}
$$

解得驅入擴散之摻雜濃度爲高斯分布

$$
C(x,t) = \frac{S}{\sqrt{\pi Dt}}\, e^{-x^2/4Dt} \quad\text{...} (3\text{-}53)
$$

擴散深度

$$
x_j = \left[4Dt \ln \frac{S}{C_N \sqrt{\pi Dt_{驅入}}}\right]^{1/2} \quad\text{...} (3\text{-}54)
$$

圖 3-9(a)是預積擴散之摻質濃度分布，(b)是驅入擴散之摻質濃度分布。

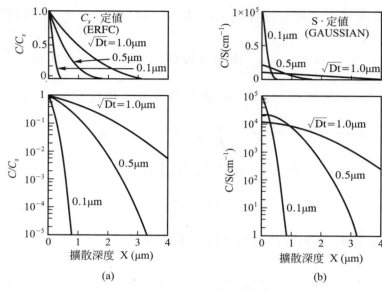

圖 3-9　(a)預積擴散之摻質濃度分布
　　　　(b)驅入擴散之摻質濃度分布

◼ 3-7　表面擴散與薄膜間的互擴散

　　在一定溫度下沈積薄膜時，附加原子在基板表面上熱運動找強鍵結位置，即基板上的吸附原子需進行表面擴散，才易形成優質薄膜。表面擴散是藉原子與鄰近的缺陷間之位置交換，空位周圍之任一原子都能依靠熱運動和空位交換來進行擴散。表面擴散與體擴散的主要差異有二：⑴固體中置換式體擴散在其鄰近需先有空位存在，而表面擴散不必有鄰近的空位存在，⑵表面擴散的數學處理是二維的。如一維情況下擴散距離 $<x^2> = 4Dt$，在各向同性固體中，二維的 $<R^2> = <x^2> + <y^2> = 8Dt$。同樣擴散時間且各向同性的擴散係數中，二維的均方根(rms)距離是三維之均方根距離的 $\sqrt{2/3}$ 倍。

體擴散係數

$$D = D_0 e^{-\Delta G/k_B T} \approx \lambda^2 v e^{-\Delta G/k_B T}$$

而表面擴散係數

$$D_s = \lambda^2 v_s e^{-E_a/k_B T} = \lambda^2/\tau_D \quad\cdots\cdots\cdots\cdots\cdots\cdots\cdots\cdots\cdots\cdots\cdots\cdots\cdots (3\text{-}55)$$

附加原子在基板表面的滯留時間為(3-23)式 $\tau_d = \dfrac{1}{v_s} e^{E_d/k_B T}$，擴散活化能 E_a 小則 D_s 大，附加原子易表面擴散，E_d 大則附加原子在表面的滯留時間長較易長薄膜。查矽晶的晶格自擴散，空位形成能為 3.9 eV、表面原子遷移能 約 0.4 eV，原子跳躍距離 $\lambda \approx 10^{-8}$cm，晶體振動頻率 $v \approx 10^{13}$Hz，表面擴散係數 $D_s = \lambda^2 v e^{-0.4/k_B T}$，而體擴散係數 $D = D_0 e^{-4.3/k_B T}$。若 $T =$ 550℃，$t = 1$ hr，則表面擴散 $\sqrt{4D_s t} \approx 0.227$cm，體擴散 $\sqrt{4Dt} \simeq 2.68 \times 10^{-13}$cm。因此 550 ℃時矽晶沒有體擴散，但表面擴散卻不小，足夠大的表面擴散有利於優良薄膜之形成。

　　在表面沈積的許多吸附原子，一直在進行表面擴散，它們除了在表面粗糙處，如台階(steps)、頸結(kink)位置鍵結外，也會相互結合以減少自由鍵數目。這種原子群集體以二維方式成長的叫生長島，以三維方式聚集的叫原子團(cluster)，這些島或原子團成長時也被看作是提供高結合能的位置。在沈積過程中原子團逐漸長大，最後原子團與原子團聚合，再填縫長成薄膜。一般自晶棒切片時，都對晶軸方向有一個很小的錯切割角，拋光片表面將形成許多具有一定週期間距的台階、頸結位置。表面上有台階、頸結等有利薄膜成長的位置如圖 3-10。

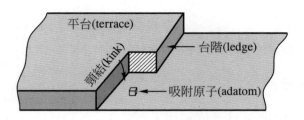

圖 3-10　表面上有台階、頸結是有利薄膜成長的位置

例 3-2　銅是FCC晶體，其結合能$E_V = 80.7$Kcal/mole $= 3.50$ eV/atom。產生表面空位需$E_A = \frac{3}{4}E_V = 2.625$ eV/atom。銅的鍵能$\varepsilon_b = \frac{1}{6}3.5 = 0.584$ eV/bond，附加原子在銅基板上，基板平台與附加原子間有一鍵 $E_d = 0.584$ eV，即此吸附原子獲得0.584 eV 可脫離表面。吸附原子靠在台階有二鍵，$E_d = 1.17$ eV，吸附原子在頸結位置有三鍵 $E_d = 1.75$ eV，吸附原子在表面擴散之表面能 $E_a \leq \frac{1}{4}E_V = 0.875$ eV，吸附原子在銅基板平台上 $E_d = 0.584$ eV 比 E_a 小，故銅單一原子在平台上不易長膜，若動到頸結位置最有利於薄膜成長。

　　物理吸附的原子擴散到台階等活性位置就轉為化學吸附。定義吸附原子在基板表面居留期間的跳動數

$$N = \frac{\tau_d}{\tau_D} = e^{(E_d - E_a)/k_B T} \quad\text{.. (3-56)}$$

則 $N \geq 1$ 表示原子有足夠時間擴散到台階位置並在表面成鍵，若 $N \leq 1$ 表示將發生脫附過程。沈積系統的氣體流入率 $J = \frac{3.51 \times 10^{22} p(\text{torr})}{\sqrt{MT}}$，在基板上單位面積的吸附原子數

$$N_s = J\tau_d \dots\dots\dots\dots\dots\dots\dots\dots\dots\dots\dots\dots\dots\dots\dots\dots\dots (3\text{-}57)$$

吸附原子的表面擴散速率

$$v_D = \frac{N_s}{\tau_D} = J\frac{\tau_d}{\tau_D} = Je^{(E_d - E_a)/k_B T} \dots\dots\dots\dots\dots\dots\dots\dots (3\text{-}58)$$

因此薄膜沈積速率

$$v = J \cdot \theta \cdot e^{(E_d - E_a)/k_B T} \dots\dots\dots\dots\dots\dots\dots\dots\dots\dots\dots (3\text{-}59)$$

$e^{(E_d - E_a)/k_B T}$ 是基板表面特性，J是人為控制量。若 $e^{(E_d - E_a)/k_B T}$ 很大則吸附原子有足夠時間找有利成長的位置，薄膜結構受氣體入射通量 J 與表面覆蓋度 θ 之影響不大。若氣體入射通量 J 遠大於 $e^{(E_d - E_a)/k_B T}$，則一原子吸附在基板表面某位置未跑動即被其他入射原子覆蓋，物理吸附僅少數轉為化學吸附，而化學吸附速率強烈依賴表面覆蓋度 θ，表面形貌易形成柱狀晶。

在薄膜中某一物質存在濃度梯度時，該物質就會進行擴散，原子做表面擴散和晶粒邊界擴散遠比體晶格擴散快，其擴散係數大小有下列之關係：$D_S \geq D_b \gg D_\ell$。薄膜中晶粒小時晶界多，其表面積與體積的比值很大，晶粒邊界是原子快速擴散之途徑，低溫時薄膜的擴散主要是沿著晶粒邊界進行的。提高溫度則原子將會穿入與晶粒邊界相鄰的晶粒晶格中，這時晶粒邊界擴散 D_b 和晶體晶格擴散 D_l 都在進行，在高溫區雖然晶界間擴散仍比晶格擴散快，但晶粒邊界的原子很容易跑入晶粒中，致高溫擴散是以晶格擴散為主。

薄膜與基板的結合力若僅是 Van der Waals 力，其附著力較小就可能因為溫度變化而薄膜變質或剝落。若薄膜原子與基板原子相互擴散或固溶，則可能形成一個沒有清楚分界線的擴散層，將有效提高附著力。

而相互擴散過程也可能形成一個化合物中間層而產生附著，這個中間層可能是只含一種化合物的薄層，也可能是多種化合物薄層，其化合物可能是薄膜與基板的成份所形成的，也可能是他們的成份與環境氣氛所形成的化合物，或兩者兼而有之。

　　薄膜間的擴散改變著薄膜的界面結構，將影響薄膜的特性和製成的元件特性。如積體電路中，經常用金屬薄膜與單晶矽接觸，如在矽的窗口上蒸鍍或濺鍍 Pt 或 Ti 薄膜，反應生成金屬矽化物其電阻很低，$TiSi_2$ 或 PtSi 與矽晶片間是良好的歐姆接點，在 PtSi 上沈積相互連通的金屬（如 Al），隨後的熱處理使 Al 和 PtSi 間的蕭特基位壘降低。若 Al 與 Si 直接接觸，由於薄膜與基片間的相互擴散，Al 能減少接觸面上自然氧化的 SiO_2，因在 $400 \sim 500^{\circ}C$ 下熱處理，Si 在 Al 薄膜的固熔度很大，矽原子將從單晶基板中擴散到 Al 膜中，這時 Al 也擴散到矽界面，並延伸到矽晶片中形成 Al 針(spike)，Al 針尖附近電場較強，容易擊穿 Al-Si 之蕭特基二極體，當導線電流密度較大時，電場將造成導體晶粒移動的電移(electromigration)問題，這可能造成導線斷路而影響元件的可靠性。

　　金常被用作元件的導電金屬，但 Au 必須與 Ti、Cr、Ta、Ge 等金屬產生金屬間化合物，以加強 Au 與矽基板之附著力，但不是所有的平衡金屬間化合物都會生長，形成單相化合物是很普遍的。熱處理時晶粒長大，Cr 會從 Au-Cr 層晶粒邊界擴散出來與氧生成大顆粒 Cr_2O_3 而大大提高電阻率。薄的金屬膜常常是沉積為小晶粒，晶粒邊界會有相當快的互擴散，可能使半導體元件遭到破壞，故導電用的金屬膜常做較厚，且一般都使用多層金屬膜並熱處理為合金，以兼顧降低阻障(蕭特基位壘)和提高黏著(降低表面能)的效果。

◼ 3-8　孕核(nucleation)

　　孕核是幾個原子聚成小原子團的過程，反應物分子不在任何表面，而在氣相中任意地暫時相互吸在一起形成許多小核(embryo)，小核相撞而凝爲核團(cluster)的過程叫同質的(homogeneous)孕核。若反應物分子暫時吸附在基板表面爲附加原子(adatoms)小核，小核作表面擴散而凝爲核團的過程叫異質的(heterogeneous)孕核。異質孕核才易長出高品質晶體，如晶種用於單晶成長，拋光晶片作爲磊晶基板都是要提供有利孕核的位置。若基板表面有雜質或結構缺陷，將增不規則表面積則對成核不利，因此晶片須拋光且對拋光片之品質須要求。

3-8.1　同質孕核

　　幾個原子自母相孕核出新相(phase)時會降低體自由能 $\Delta G_V < 0$，而增大表面能 $\gamma > 0$，如圖 3-11。同質孕核中半徑爲 r 之小核其總自由能

$$\Delta G_{\text{hom}} = \frac{4}{3}\pi r^3 \Delta G_V + 4\pi r^2 \cdot \gamma \quad\text{...................................} (3\text{-}60)$$

最低能量時 $\left.\dfrac{\partial \Delta G}{\partial r}\right|_{r=r_C} = 4\pi r^2 \Delta G_V + 8\pi r \cdot \gamma = 0$，故孕核的臨界半徑

$$r_C = \frac{-2\gamma}{\Delta G_V} \quad\text{..} (3\text{-}61)$$

$r < r_C$ 時 $\Delta G > 0$ 核不穩定，小核會變小以降 ΔG。半徑增到 $r = r_C$ 後 ΔG 才隨 r 增大而下降，$r > r_C$ 後核會繼續長大以降 ΔG，在 r_C 處之 $\Delta G_c = \Delta G_{\text{max}}$。

$$\Delta G_C = 4\pi \left(\frac{-2\gamma}{\Delta G_V}\right)^2 \gamma + \frac{4}{3}\pi \left(\frac{-2\gamma}{\Delta G_V}\right)^3 \Delta G_V = \frac{16}{3}\pi \frac{\gamma^3}{\Delta G_V^2} \quad\text{..........} (3\text{-}62)$$

若 n_0 為反應分子濃度，τ 為分子振動週期則孕核速率為

$$R_n = \frac{n_0}{\tau} e^{-\Delta G_C / k_B T} \text{..} (3\text{-}63)$$

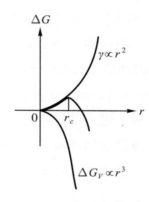

圖 3-11　同質孕核之自由能變化

3-8.2　異質孕核

外來原子掉到基板表面溼潤則在界面上形成一球帽狀小核叫異質孕核，核在準平衡態之表面能關係如圖 3-12。核與氣相、核與表面、表面與氣相的表面能分別為 γ_{NV}、γ_{NS}、γ_{SV}，則 $0° < \theta < 90°$ 的原子團與基板表面成部份溼潤態：

$$\gamma_{NS} + \gamma_{NV}\cos\theta = \gamma_{SV} \text{...} (3\text{-}64)$$

若 $\theta = 180°$ 乃原子團表面能很大與基板表面為未溼潤 $\gamma_{NS} = \gamma_{SV} + \gamma_{NV}$，$\theta = 0°$ 乃原子團表面能很小與基板表面為全溼潤 $\gamma_{NS} = \gamma_{SV} - \gamma_{NV} = 0$。部份溼潤的原子團總自由能為

$$\Delta G = \Delta G_V V_{\text{cap}} + \gamma_{NV} A_{NV} + (\gamma_{NS} - \gamma_{SV}) A_{NS} \text{...............} (3\text{-}65)$$

$$V_{cap} = \int \pi r^2 dz = \int_{a\cos\theta}^{a} \pi(a^2 - z^2)dz$$

$$= \frac{1}{3}\pi a^3(2 - 3\cos\theta + \cos^3\theta) \dotfill (3\text{-}66)$$

$$A_{NV} = \int 2\pi r \cdot a d\theta = \int_{\theta}^{0} 2\pi a^2 \sin\theta d\theta = 2\pi a^2(1 - \cos\theta) \dotfill (3\text{-}67)$$

$$A_{NS} = \pi r^2 = \pi a^2 \sin^2\theta \dotfill (3\text{-}68)$$

將(3-66)、(3-67)、(3-68)式代入(3-65)式得

$$\begin{aligned}
\Delta G_{hetro} &= \frac{4}{3}\pi a^3 \frac{2 - 3\cos\theta + \cos^3\theta}{4} \Delta G_V \\
&\quad + 2\pi a^2(1 - \cos\theta)\gamma_{NV} - \gamma_{NV}\cos\theta\pi a^2 \sin^2\theta \\
&= \left(\frac{4}{3}\pi a^3 \Delta G_V + 4\pi a^2 \gamma_{NV}\right)\left(\frac{2 - 3\cos\theta + \cos^3\theta}{4}\right) \\
&= \Delta G_{homo}\frac{(2 + \cos\theta)(1 - \cos\theta)^2}{4} < \Delta G_{homo} \dotfill (3\text{-}69)
\end{aligned}$$

故異質成核較同質成核容易。

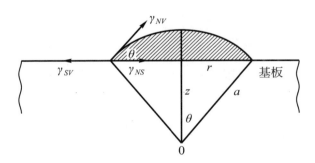

圖 3-12　異質孕核的表面能平衡

$dG = Vdp - SdT$，在等溫下做氣相磊晶，若固態表面的飽和蒸汽壓為 P_∞，則

$$\int_{g^v}^{g^s} dG = \int Vdp = \int_{p}^{p_\infty} \frac{Nk_B T}{p} dp = -Nk_B T\ln\frac{p}{p_\infty} \dotfill (3\text{-}70)$$

單位體積的自由能

$$\Delta G_V = G^S - G^V = -n k_B T \ln \frac{p}{p_\infty} \quad\text{...} \text{(3-71)}$$

臨界半徑的核濃度

$$n_C = \frac{N}{\frac{4}{3}\pi r_c^3} = n_0 e^{-\Delta G_C / k_B T} \quad\text{...} \text{(3-72)}$$

過飽和值 P/P_∞ 大則$|\Delta G_V|$ 大且 ΔG_C 小，其 n_C 大且成核率 R_n 快。但 CVD若反應物濃度過飽和，易發生氣相同質成核然後掉到晶片上，則微粒大小不一薄膜的品質不佳。

3-8.3 表面台階成核

假設在平坦表面上的平衡氣壓為 p_0，反應室內氣體濃度為 $n(\text{cm}^{-3})$，則入射到基板表面的原子凝聚速率

$$J_C = n \cdot v_a = \frac{p_0}{k_B T} \sqrt{\frac{3 k_B T}{m}} \quad\text{...} \text{(3-73)}$$

v_a 是氣相中原子的均方根速率。

而脫附過程之原子昇華速率為：

$$J_s = N_s v_0 e^{-E_d / k_B T} = N_s / \tau_o \quad\text{...} \text{(3-74)}$$

N_s 是平坦表面上單位面積吸附的原子數(原子/cm²)，熱平衡時(3-73)、(3-74)兩式相等，J 的單位是 $\text{sec}^{-1} \cdot \text{cm}^{-2}$。

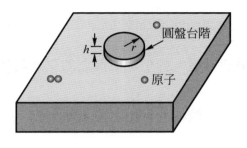

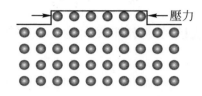

(a) 在基板表面形成圓盤之孕核過程　　　　　(b) 在圓盤側面受到壓力

圖 3-13

　　圖 3-13 是在基板表面上形成一個半徑為 r、原子層高度為 h 的圓盤台階，假設這圓盤是磊晶在平坦的表面上，圓盤與基板間的界面能可忽略，圓盤表面之自由能不變，但增加圓盤側面的表面能

$$E = 2\pi rh\gamma \dots\dots (3\text{-}75)$$

對圓盤側面施加的壓力為：

$$p = \frac{1}{A}\frac{dE}{dr} = \frac{2\pi h\gamma}{2\pi rh} = \frac{\gamma}{r} \dots\dots (3\text{-}76)$$

若 u 是原子體積，在這壓力下圓盤中每原子增加的能量為

$$pu = \frac{\gamma \cdot u}{r} \dots\dots (3\text{-}77)$$

因為增加這能量，圓盤中所有原子都比基板表面的原子容易昇華。昇華速率增加為 $J_s' = N_s v_0 e^{\left(\frac{-E_d}{k_B T} + \frac{\gamma u}{r k_B T}\right)}$，因此

$$\frac{J_s'}{J_s} = \exp\left(\frac{\gamma \cdot u}{r k_B T}\right) \dots\dots (3\text{-}78)$$

在定溫下 J 正比於氣壓，故

$$\frac{p}{p_0} = \exp\left(\frac{\gamma u}{r k_B T}\right) \dots\dots\dots\dots\dots\dots\dots\dots\dots\dots\dots\dots (3\text{-}79)$$

成核時會增加表面能，在圓盤上的平衡氣壓大於平坦表面上的平衡氣壓 p_0。

這個半徑 r、台階高度 h 之圓盤，在成核過程中之能量改變為：

$$\Delta G = 2\pi r h \gamma - \pi r^2 h \Delta G_V \dots\dots\dots\dots\dots\dots\dots\dots\dots\dots\dots (3\text{-}80)$$

核的臨界半徑

$$r_c = \frac{\gamma}{\Delta G_V} \dots\dots\dots\dots\dots\dots\dots\dots\dots\dots\dots\dots\dots\dots\dots\dots\dots (3\text{-}81)$$

臨界自由能

$$\Delta G_C = 2\pi h \gamma \cdot \left(\frac{\gamma}{\Delta G_V}\right) - \pi h \Delta G_V \left(\frac{\gamma}{\Delta G_V}\right)^2$$
$$= \pi h \gamma^2 / \Delta G_V = \pi h \gamma \cdot r_c \dots\dots\dots\dots\dots\dots\dots\dots\dots (3\text{-}82)$$

圓盤半徑 $r \leq r_c$ 時將以縮小半徑來降低能量，而 $r \geq r_c$ 核將長大以降低能量。當氣壓為 p 的圓盤增加了它的半徑，則昇華速率 J_s' 下降，但凝聚速率 J_c 保持不變，因此圓盤將長大。

臨界半徑與氣壓的關係由(3-79)式得

$$r_c = \frac{\gamma \cdot u}{k_B T \ln(p_{\text{crit}}/p_0)} \dots\dots\dots\dots\dots\dots\dots\dots\dots\dots\dots\dots (3\text{-}83)$$

臨界自由能

$$\Delta G_C = \pi h \gamma \cdot r_c = \frac{\pi \gamma^2 h \cdot u}{k_B T \ln(p_{\text{crit}}/p_0)} \dots\dots\dots\dots\dots\dots\dots\dots (3\text{-}84)$$

單位面積的臨界晶核數

$$N_c = J_s \tau_0 e^{-\Delta G_C/k_B T} = J_s \tau_0 e^{-\left(\frac{\pi h \gamma \cdot r_c}{k_B T}\right)} \quad .... \text{(3-85)}$$

合理的成核密度約每 μm^2 有一個成核位置，因原子的擴散長度也是這個數量級，以這個成核密度($10^8 cm^{-2}$)代入(3-85)式，知對應核的臨界半徑 r_c 很小、p_{crit}/p_0 值很大且 ΔG_C 也很低。過飽和度 $[p_{crit}/p_0] - 1$ 愈大，ΔG_C愈小因此愈容易成核，即系統能量降為最低的趨勢提供了晶核生長的驅動力。

3-9　原子團的生長與聚合

在一定溫度下，原子總是有逃逸原子團的概率，從原子團逃逸出的原子通量大小取決於原子團本身的尺寸，通常小原子團上的氣壓大於大原子團上的氣壓，故原子經過表面擴散的淨趨向是從小原子團流向大原子團。在附著到大原子團的過程中，氣壓差保持不變，因來自小原子團的原子不斷地供給而保持其高氣壓，這種原子輸送結果將小原子團逐漸變小，大原子團隨時間逐漸長大。

現在考慮一個半徑為 r 的原子團，假設橫跨彎曲表面的壓力增強 Δp，此時膨脹所作的功必等於表面能的增加，即

$$\Delta p dV = \gamma dA \quad .... \text{(3-86)}$$

一球體的

$$\frac{dA}{dV} = \frac{8\pi r dr}{4\pi r^2 dr} = \frac{2}{r}$$

因此　　$$\Delta p = \frac{2\gamma}{r} \quad .... \text{(3-87)}$$

吉布斯自由能變化 $dG = Vdp - SdT$，等溫過程

$$dT = 0 \quad \therefore dG = Vdp \dots\dots\dots\dots\dots\dots\dots\dots\dots\dots\dots (3\text{-}88)$$

理想氣體為 $PV = RT$，若一個原子的體積為 u，則

$$pu = k_B T \dots\dots\dots\dots\dots\dots\dots\dots\dots\dots\dots\dots\dots\dots\dots\dots (3\text{-}89)$$

一個原子產生的自由能變化 $dG = k_B T \dfrac{dp}{p}$，則原子團的自由能

$$G = k_B T \ln\left(\frac{p}{p_0}\right) \dots\dots\dots\dots\dots\dots\dots\dots\dots\dots\dots (3\text{-}90)$$

p 是半徑為 r 的原子團上的氣壓，p_0 是不存在原子團的平衡氣壓，乃沈積材料表面平直($r\to\infty$)時之氣壓。在半徑 r 的球體表面上吉布斯自由能 $G = u\Delta p = \dfrac{2\gamma u}{r}$，因此(3-90)式為

$$p = p_0 e^{\frac{2\gamma u}{r k_B T}} \dots\dots\dots\dots\dots\dots\dots\dots\dots\dots\dots\dots\dots (3\text{-}91)$$

r 小時壓力大，此式叫Gibbs-Thomson方程式。這種由不同尺寸原子團上的氣壓差建立起來的濃度梯度是原子表面擴散和原子團生長的主要驅動力。若平直表面 p_0 氣壓所對應的表面吸附原子濃度為 N_0，則半徑為 r 之原子團所吸附的表面原子濃度(cm^{-2})，可由(3-91)式改寫為 $N_r = N_0 e^{\frac{2\gamma u}{r k_B T}}$。

若表面擴散係數 D_S 是濃度函數，則 Fick 的第二擴散定律為

$$\frac{\partial N}{\partial t} = \frac{\partial}{\partial x}\left(D_S \frac{\partial N}{\partial x}\right) + \frac{\partial}{\partial y}\left(D_S \frac{\partial N}{\partial y}\right) + \frac{\partial}{\partial z}\left(D_S \frac{\partial N}{\partial z}\right) \dots\dots\dots (3\text{-}92)$$

若以 $x = R\cos\theta$，$y = R\sin\theta$，轉換為圓柱座標則

$$\frac{\partial N}{\partial t} = \frac{1}{R}\frac{\partial}{\partial R}\left(D_S R \frac{\partial N}{\partial R}\right) + \frac{1}{R^2}\frac{\partial^2(D_S N)}{\partial \theta^2} \dots\dots\dots\dots\dots\dots (3\text{-}93)$$

薄膜生長速率很低時，可適用穩態擴散 $\dfrac{\partial N}{\partial t} = 0$，若在表面對稱擴散可

忽略 θ 項，則穩態擴散爲：

$$\frac{1}{R}\frac{d}{dR}\left(D_S R\frac{dN}{dR}\right)=0 \dotfill (3\text{-}94)$$

(3-94)式的解爲：

$$N(R)=K_1\ln R+K_2 \dotfill (3\text{-}95)$$

K_1，K_2 爲待定常數，$N(R)$ 是半徑 R 之局部表面原子濃度。(3-95) 式的邊界條件爲 $R=r$ 之 $N(R)=N_r$ 和 L 是原子團半徑的倍數，$R=Lr$ 時恢復到平衡濃度 $N(R)=N_0$，因此

$$N(R)=\frac{1}{\ln L}\left[N_r\ln\frac{L\cdot r}{R}-N_0\ln\frac{r}{R}\right] \dotfill (3\text{-}96)$$

在基板表面上原子團有濃度梯度則表面擴散使原子團長大，表面擴散通量 $j_S=-D_S\dfrac{\partial N}{\partial R}$，$j_S$ 單位爲 $\text{sec}^{-1}\cdot\text{cm}^{-1}$。每秒流入或流出周長爲 $2\pi r$ 之原子團的原子數爲 q，則

$$\frac{dq}{dt}=-2\pi r\cdot D_S\frac{\partial N}{\partial R}\bigg|_{R=r}=\frac{2\pi D_S}{\ln L}(N_r-N_0) \dotfill (3\text{-}97)$$

而 $N_r=N_0\,e^{2\gamma u/rk_B T}$，對 $r\geq 5\text{nm}$ 之原子團其指數值很小，則

$$\frac{dq}{dt}=\frac{2\pi D_S}{\ln L}N_0\frac{2\gamma u}{rk_B T} \dotfill (3\text{-}98)$$

半徑爲 r 的半球形原子團中的原子數爲 $q=\dfrac{2}{3}\pi r^3\cdot n=\dfrac{2}{3}\pi r^3/u$，$n$ 是單位體積的原子數，則 q 隨時間之變化

$$\frac{dq}{dt}=\frac{2\pi r^2}{u}\frac{dr}{dt} \dotfill (3\text{-}99)$$

$(3\text{-}98) = (3\text{-}99)$ 式，$\dfrac{D_S}{\ln L} N_0 \dfrac{2\gamma \cdot u}{r k_B T} = \dfrac{r^2}{u} \dfrac{dr}{dt}$，因此

$$r^4 = \frac{8 N_0 \gamma u^2 D_S}{k_B T \ln L} t = Kt \dotfill (3\text{-}100)$$

K是由材料性質決定的常數。在實際情況中，原子團大小取決於材料性質、所處溫度、表面擴散或脫附等因素限制。由於擴散是限制原子團生長的一個因素，因此原子團生長激活能與表面擴散的激活能具有相同數量級，但在生長過程中的總趨勢都是小原子團逐漸變小，大原子團以 $t^{1/4}$ 的速率長大。

　　假設兩個半徑爲 R_1 之半球體，聚合成半徑爲 R_T 之新半球體，兩原子團聚合時質量守恆，因此

$$2 \times \frac{2}{3} \pi R_1^3 = \frac{2}{3} \pi R_T^3$$

$$\therefore 新原子團半徑\ R_T = 2^{1/3} \cdot R_1 \dotfill (3\text{-}101)$$

原來的總表面能

$$E_S = 2 \times 2\pi R_1^2 \cdot \gamma \dotfill (3\text{-}102)$$

新原子團的表面能爲

$$E_S(T) = 2\pi R_T^2 \gamma = 2\pi \cdot 2^{2/3} R_1^2 \gamma \dotfill (3\text{-}103)$$

新、舊原子團的總表面能比值爲：

$$\frac{E_S(T)}{E_S} = \frac{2\pi \cdot 2^{2/3} \cdot R_1^2 \gamma}{4\pi R_1^2 \gamma} = \frac{2^{2/3}}{2} < 1$$

兩個小原子團合併成一大原子團，則新原子團表面積減小、總表面能也降低有利薄膜生長。實際上不是所有原子團都是半球形，而是原子團與

基板表面有溼潤角 θ，如圖 3-12。$\theta = 90°$ 時為半球形，實驗證明既使原子團不是半球形，原子團成長與聚合機制仍適用。

兩原子團的結構若一個是(111)晶體，另一個是(100)晶體，則兩者合一後，須經再結晶使新晶粒具備最低自由能的方向作為其穩定結晶方向，若沒再結晶則聚合為多晶會有晶界(grain boundary)。各個晶粒不斷吸附原子或併吞小晶粒使系統自由能下降，晶粒持續增大且晶粒與晶粒間距離一直拉近。結果接觸的大晶粒間有縫道，表面擴散將陸續填滿這些縫隙而形成薄膜，接著薄膜沈積便往增加厚度的方向繼續進行。一般在薄膜形成的初始階段，當小島還很小時它是完美的單晶。長大到彼此接觸則晶界與晶格缺陷就出現於薄膜中，除非它們再結晶為單晶，既使兩個初始晶核有完全不同取向，也常被觀察到它們在成膜的早期階段，甚至在多晶膜中，都可能不斷地進行著再結晶過程。結果出現單位面積的晶粒數遠少於起始晶核數，但這些晶粒結合形成薄膜時有很多缺陷嵌入其中。

3-10　薄膜的結構與缺陷

薄膜的組織有非晶(amorphous)結構、多晶結構和單晶結構等三種類型。在非晶結構中有無定形和類無定形兩種結構，無定形結構是原子的排列近程有序、遠程無序，例如非晶矽半導體薄膜、二氧化矽薄膜等，這種結構有時叫做玻璃態。類無定形結構是由無序排列的微小晶粒(< 2 nm)所組成，這種薄膜之晶粒太微小，致X-射線或電子束繞射都遭嚴重散射，其圖案似無定形結構，如碳類鑽薄膜的 sp^3 相很強時，就有可能在 TEM 觀察到超微的奈米晶粒(nanocrystal)，但 XRD 圖仍似非晶形結構。

　　多晶薄膜是由許多微晶排列組成的，由於薄膜厚度很小，其晶粒線度約 $10 \sim 100$ nm 而已，而晶粒線度小於 10 nm 的薄膜被稱爲超微粒薄膜。在多晶薄膜中按其微粒的排列是否相互有序，而分爲無序多晶薄膜和晶粒擇優取向(prefer orientation)薄膜。低熔點金屬薄膜屬於前者，而擇優取向的薄膜有其優異性能，壓電薄膜即是一例，在一維取向中，若各微晶的壓電極化軸相同取向越多，則其壓電性能越佳，薄膜晶粒的擇優取向，可在成膜之初出現，有可能在成長階段到某厚度時出現，也可能長好的薄膜經退火後才出現。

　　單晶結構的薄膜多用磊晶技術製成，除了各種半導體磊晶薄膜外，還有超晶格薄膜。在單晶基板上，週期性地生長兩種或兩種以上成份不同的單晶薄膜而形成超晶格結構，它每個子層的厚度小於電子在材料中的平均自由行程，但大於材料的晶格常數，在薄膜生長方向疊加一維的週期性原子，所以稱其爲超晶格乃透過子層的成份與厚度改變，薄膜的晶格週期不是取決於材料的晶格常數，而是取決於交替子層的週期性厚度(約 10 nm)。由兩種晶格常數幾乎相等的材料，調整週期性的摻雜濃度變化如：$GaAs/Al_xGa_{1-x}As\cdots\cdots GaAs/Al_xGa_{1-x}As$ 的沈積薄膜叫摻雜調制超晶格。由晶格失配的材料組成超晶格薄膜如：Ge_xSi_{1-x}/Si、GaAs/GaP 等，是依晶格彈性形變的大小週期性地相互緩衝來補償失配，這稱爲應變超晶格薄膜。

　　薄膜中晶體的晶格常數，常與塊材中同樣晶體的晶格常數不同。其原因有三：一是薄膜原材料的晶格常數與基板的晶格常數不匹配，二是它們的熱膨脹係數不同，三是薄膜有較大表面張力。由於晶格不匹配，在薄膜與基板的界面附近，薄膜的晶格將發生畸變，如原爲立方晶(cubic)將變爲四方晶(tetragonal)，以便與基板相結合。若基板的膨脹係數 α 比薄膜大，則由沈積製程冷卻至室溫時，薄膜將受壓應力。

假設在基板上有一半球形晶粒，其半徑爲 r，則表面張力 γ 使晶體表面受到壓力 $\Delta p = \dfrac{2\gamma}{r}$，而晶格體積變化爲：

$$\frac{\Delta V}{V} = 3\frac{\Delta a}{a} = -\frac{P}{B} = -\frac{2\gamma}{B \cdot r} \dotfill (3\text{-}104)$$

薄膜的表面張力將產生晶格常數變化比爲：

$$\frac{\Delta a}{a} = -\frac{2\gamma}{3B \cdot r} \dotfill (3\text{-}105)$$

B 是薄膜原材料的體彈性係數，由(3-105)式看出晶粒越小的晶格應變越大，故薄膜中微小晶粒的晶格常數不同於塊材的晶格常數，膜愈薄晶格常數差別愈大。

因爲薄膜的製作過程多屬非平衡狀態，且受基板的影響很大，所以薄膜的結構不一定和相圖符合，現在把與相圖不符的結構統稱爲異常結構或叫介穩態結構。最常見的介穩態結構有非晶無定形薄膜、同質異形結構薄膜、化合物成份偏離化學計量比的薄膜如 $SiO_x(0 < x \leqq 2)$ 等。在適當條件下(如熱處理)，薄膜的晶體結構可能從非晶轉爲結晶，或發生同質異形轉變，從介穩態轉爲穩態，或從一種穩態轉變爲另一種穩態。

薄膜的表面結構受多種因素影響，其中影響較大的是基板溫度、基板表面粗糙度、眞空室氣壓和薄膜的組織結構等。由於在沈積過程中入射原子無規律性會導致薄膜表面有一定的粗糙度，若入射原子吸附到基板後就在原處不動，則膜厚會各處不均，若薄膜的平均厚度爲 d，則膜厚的偏差值爲 $\sqrt{\dfrac{\Sigma\, \Delta d_i^2}{n}}$，$n$ 是統計次數，因此薄膜的表面積將隨厚度的均方根值增大。當基板溫度低，入射原子在基板的表面運動能力很小時，在這種情況表面積隨膜厚成線性增大，且在沈積過程中，在基板表面優先長出許多錐狀微小晶粒，其陰影效應使很多局部表面難受到氣相原子的入射，致這種薄膜是多孔結構，能吸附氣體的內表面積很大。實際上入射原子吸附到晶片後會作表面擴散，基板溫度愈高原子愈易動，入射原子將佔薄膜生長層中的一些空位，因此表面擴散會使表面粗糙度降低，使薄膜表面積減小，表面能下降。但表面擴散若導致薄膜晶粒的某些晶面優先發展（特別是低指數晶面），則生長最快的晶面將消耗些生長較慢的晶面，又導致薄膜粗糙度增大、表面積增大，這種情況在基板溫度較高下更易出現。若是在低真空下沈積薄膜，氣壓過高會使入射原子先在氣相凝結成微粒，才掉到基板形成薄膜，這種不是在基板成核的薄膜也是多孔性，有很大內表面積，因氣相凝結的微粒入射基板時難以表面擴散重新排列，基板溫度較高時這種同質成核的薄膜將以形成柱狀晶為主。

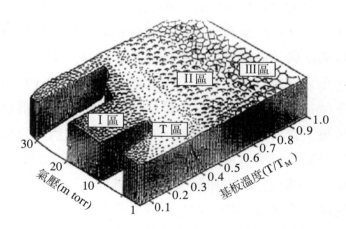

圖 3-14　不同溫度、氣壓下濺鍍薄膜的結構差異 (6)

　　薄膜組織結構與選用的薄膜沈積技術、沈積時的氣壓和基板溫度等關係密切。例如圖 3-14 是濺鍍方法的不同氣壓和基板溫度的薄膜組織差異，圖 3-14 中各區有不同程度的擇優取向，Ⅰ區的基板溫度低於 0.2 T_M，T_M 是熔點，此區形成圓帽錐形晶粒並排構成的薄膜，晶粒與晶粒間有很多孔洞(voids)，薄膜密度比塊材密度低，薄膜晶粒中差排和畸變較多，晶粒會傾向氣流傳輸方向成長。$0.2 < T/T_M < 0.5$ 為 T 過渡區，薄膜是纖維晶粒組成，晶粒間孔洞較少，纖維粗細與溫度和表面擴散有關。$0.5 < T/T_M < 0.7$ 的 II 區是純柱狀晶(columnar grains)，此區以晶粒間擴散為主，溫度愈高柱狀晶粒越粗大，此區的薄膜密度與塊材密度已很接近。III 區的基板溫度在 $0.7 < T/T_M < 1$ 是等軸晶，此區的薄膜會發生再結晶，晶粒大小與體擴散有關。

　　薄膜中晶粒的大小取決於多種因素，其中影響較大的是材料本質、薄膜厚度、基板溫度、退火溫度和沈積速率。在基板和薄膜原材料一定下，薄膜晶粒線度與各參數的關係如圖 3-15。圖中顯示的一個共同特點是，隨著薄膜沈積參數的變化，晶粒尺寸都會趨於飽和值。以薄膜厚度為沈積變量時，晶粒尺寸趨向飽和值是表示薄膜達到一定厚度後，在原晶粒上又生長出新晶粒，新晶粒之形成可能是在原晶粒上已形成污染層，致不能在原晶粒繼續生長，也可能是原晶粒的生長表面已經成為近於完美的封閉堆積面，新來的原子很難再進入其中，只好重新開始形成新的晶核。隨著基板溫度和退火溫度升高，薄膜的粒度都變大，基板溫度升高則沈積原子在基板表面上活動能力大，有利於生長大晶粒以減少晶界面積，降低薄膜的總自由能，提高退火溫度，將使原子重排加速晶粒擴散長大。晶粒尺寸隨沈積速率變化較小，薄膜沈積一般有臨界沈積速率，低於臨界速率之晶粒尺寸與沈積速率無關，超過臨界速率後，入射原子來不及進行擴散就被後續原子層所掩埋，因此晶粒尺寸反而隨沈積速率增大而減小。

　　基板溫度越低，薄膜中所形成的點缺陷，特別是空位密度越高。在薄膜內存在著雜質和應變，所以空位的狀態不一，既使薄膜保持在室溫下，空位有可能在慢慢遷移或消失中。因此薄膜的電阻率有可能隨著時間而逐漸發生變化,在空位的產生、遷移過程中,會合併為雙空位、三空位或更大的空位則稱為孔洞,這些缺陷在PVD薄膜中常見到。在薄膜生長過程中,由於環境氣氛混入薄膜的雜質原子也是點缺陷,混入的惰性氣體可能透過擴散由薄膜表面釋放出,也可能形成微小的氣隙(pin hole)存在於晶粒邊界間。若點缺陷的遷移能力差,則可能形成空位聚集或雜質原子聚集體的小缺陷團。

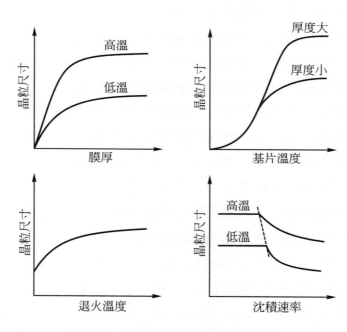

圖 3-15 晶粒大小與沉積參數之關係

薄膜中的差排密度常高達 10^{10} cm^{-2},在薄膜形成過程中,以電子顯微鏡觀察發現,絕大多數差排是在兩島結合時溝道填補和孔洞形成階段發生的。當基板和薄膜的晶格常數不同時,兩島都有晶格不匹配的應變,兩島長大結合時,將因此而產生差排。當兩個小島的晶格彼此略微轉向時，這兩小島結合後形成由差排構成的次晶界，當含缺陷堆的小島相互結合時，在連續薄膜中必有部分差排連接這些缺陷堆。在薄膜形成過程中既使溝道已被填充，仍有一些小孔洞(直徑 10～20 nm)留在其中，薄膜中的內應力和其塑性應變，常在孔洞邊緣產生差排，一個孔洞邊緣可以含有多個起始差排，薄膜中的差排容易發生相互糾纏成網，最後貫穿薄膜到表面，通到表面的差排，若要在表面運動，所需的能量很高，它處於被釘扎(pinned)的狀態。薄膜中的差排比塊材中的差排難運動，故較難以退火方式消除，由此導致薄膜的抗拉強度比塊材略高。

習題

1. 以電漿輔助使氫氣反應為 $H_2 \rightarrow H + H$，做氫原子吸附在金表面的實驗，得位能圖如圖 3-16，說明 E_1、E_2、E_3、E_4、E_5，各能量之物理意義，此實驗結果 Au-H 會鍵結嗎？理由？

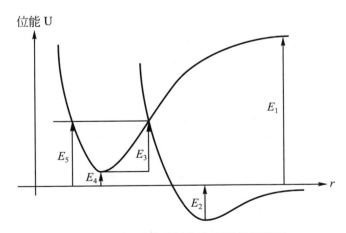

圖 3-16　氫原子吸附在金表面的位能圖

2. 在基板表面上有一小液滴，在下列三種情況下畫液滴形狀和接觸角大小：① $\gamma_{LV} = \gamma_{SV}$，② $\gamma_{LV} > \gamma_{SV} = \gamma_{SL}$，③ $\gamma_{LV} > \gamma_{SV} > \gamma_{SL}$。

3. ①Ni在熔點的表面張力為 1780 erg/cm^2，$d\gamma/dT = -1.2$ erg/cm$^2 \cdot$ ℃，計算 300°K時Ni的表面張力。②已知Ni的熔點是 1453 ℃，在矽晶片上沉積鎳會形成均勻黏附層嗎？

4. ①銅是 f.c.c 結構，密度為 8.93 g/cm^3，原子量為 63.55 g，求銅的原子密度 n (atoms/cm^3)，晶格常數 a 和(100)面的原子密度 (cm^{-2})。②若量得銅的表面能 $\gamma_{SV} = 1700$ erg/cm^2，則 $\gamma_{SV} = ?$ eV/atom，銅的結合能 $E_V = ?$ eV/atom。

5. 矽單晶是鑽石結構其晶格常數 $a = 5.43$Å，①求矽晶的共價鍵長度及其四角錐夾角，②寫出鑽石晶胞的八個晶格原子位置，求矽晶的裝填率(packing factor)，寫出矽晶胞的八個晶隙位置，③求矽晶之原子密度(cm^{-3})，Si(100)面之密度(cm^{-2})。

6. 水蒸氣分子量 $M = 18$ g/mole，水分子直徑 $d = 4.68$Å，溼度 50％之空氣中約含 4％水汽，水的吸附熱 $E_a = 1$ eV/分子，分子振盪頻率 $v = 10^{12}e^{-E_a/k_BT}$：①室溫下水汽停留在器壁表面之時間多久？②以 440°K烘烤則器壁水分子脫離率是多少Å/sec？③在 440 °K下幫浦抽到 20 mtorr 時，水分子在器壁之入射率是多少 分子/cm^2-sec。④若水分子在器壁緊密堆積則單層水分子密度 $n_s = ?$ cm^{-2}。⑤烘烤時水汽不易吸附，若其吸附係數是 10^{-3}，則吸附單層水汽薄膜之速率是多少Å/sec？烘烤效果如何？

7. 在一個金做的圓盤上面，蒸鍍一層 ^{198}Au同位素金薄膜，把它升溫到 900℃，同位素原子開始向圓盤內擴散，一小時後把它焠火(quench)，在圓盤內深 80μm 處，同位素原子的濃度與圓盤金原子之濃度比為 1.3×10^{-4}。求：①金的擴散係數是多少？②若擴散活化能是 1.84 eV 則指數前因子 D_0 是多少？

8. 已知在 $T = 800°K$，$t = 1200$ sec，薄膜沉積得原子團半徑 $r = 1$ μm，①求在溫度不變下需多長時間的原子團半徑 $r = 0.5$ μm，②假設表面擴散的激活能 $E_a = 1.5$ eV，求在 $T = 1200°K$，$t = 1200$ sec 的原子團半徑。

9. 假定在表面上由 35 個水分子組成的原子團近似為半球形，已知 $\gamma = 73.05$ dyne/cm，氣壓 $= 3.13 \times 10^{-2}$ atm，密度 $= 0.99$ g/cm^3，分子重量 $= 18.02$ g/mole，求在 25℃ 下該原子團表面的氣壓。

10. 舉例說明 entropy 的意義。說明預積擴散如何維持表面濃度 C_s 固定？驅入擴散時如何將預積量完全往晶片內擴散？

▣ 參考資料

1. C. Kittel, Introduction to solid state physics, 7th ed, Wliey, New York, 1986.

2. J.R.Waldman, The Theory of Thermodynamics, Cambridge University press, Cambridge, 1989.

3. J.W. Mayer and S.S. Lau, Electronic Materials Science, Macmillan, New York, 1990.

4. L. Eckertova, Physics of Thin Films, 2nd ed, Plenum press,New York 1986.

5. King-Ning Tu , J.W.Mayer , L.C.Feldman , Electronic Thin Film sciences , For Electrical Engineers & Material scientists , Macmillan college publishing company , Inc. 1992.

6. Jone L, Vossen, Werner Kern,Thin Film processes, Princeton, New Jersey, 1978.

Chapter *4*

薄膜製作技術

　　半導體元件製作需使用多種不同性質的薄膜，如在矽晶片上長熱氧化層會耗晶片原子的叫薄膜成長，而元件製程中的磊晶層、介電層和導電層都不耗用基板原子，但吸附外面導入的原子在晶片表面擴散，經孕核、成長、聚合、溝道填補等逐漸形成薄膜的過程叫薄膜沉積。若在矽晶片表面已有任何薄膜，就無法以熱氧化法長SiO₂絕緣層，而需以薄膜沉積技術製作氧化層，薄膜沉積分物理汽相沉積(PVD)和化學汽相沉積(CVD)兩類各有多種實用技術。

　　積體電路的積集度增加，晶片表面就無法提供足夠面積來製作各元件間的內連線，因此在完成電晶體主體後，薄膜沉積便是工作的重心，多重內連線的製作，除了要沉積薄膜外，還配合微影與蝕刻完成立體迴路。兩金屬層間必以絕緣層隔離，使各金屬層的載子傳輸不會彼此干擾，要連接上下兩金屬層則使用金屬插栓導通。

　　平坦化和金屬化是多重內連線製程的重要工作，剛完成的元件表面高低不平，做第二層金屬前必須做介電層平坦化，否則影響微影工作的曝光解析度和蝕刻的精確性，旋塗玻璃(SOG)和化學機械研磨(CMP)都是進行全面性平坦化的不錯方法。元件各電極與金屬層的接點窗插栓和連接上下不同金屬層的介電層插栓(Via-plug)做法都是先沉積一黏著層，以促進插栓金屬對其他材質的附著力，接著進行LPCVD插栓金屬毯覆式沉積，沉積後使用CMP或乾蝕刻去除介電層表面的金屬，剛才在晶片上的黏著層充當回蝕的終點，因此薄膜製作技術除了熱氧化、薄膜沉積外，還配合微影、蝕刻和平坦化的工作。

4-1　熱氧化 (thermal oxidation)

　　用高溫爐在矽晶片表面長SiO₂薄膜叫熱氧化，氧化爐與擴散爐裝置相同，有水平式和垂直式兩種爐管，一般氧化溫度在900℃～1200℃之間，乾式熱氧化通 $O_2 + N_2$ 氣，濕式熱氧化通 $O_2 + H_2$ 氣，以 MFC 控制氣體流量。直徑較大的晶片大都使用直立式、較易控制晶片彎曲度(bow)，且石英舟以升降方式進出爐管，不與石英管接觸，較不受微塵污染，一般爐管都維持在 650℃～700℃ 之間，晶片放到定位後以 10～15 ℃/min 升溫至 900℃ 以上，確認溫度後才通氣體，Si 的膨脹係數比 SiO_2 大，冷卻時氧化膜受壓縮應力，若冷卻太快晶片彎曲大，甚至薄膜會龜裂。

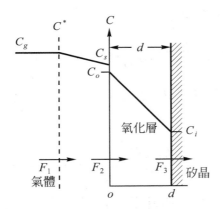

圖 4-1　熱氧化機制

　　圖 4-1 是 Deal 和 Grove 提出的熱氧化動力學，將熱氧化分三步驟進行：①傳輸反應氣體到氣體-氧化層界面，②反應氣體擴散過氧化層，③氧氣在矽晶表面反應。氣體濃度 C_g 以 h_g 速率輸送至氣體與氧化層界面的表面濃度 C_s 則氧氣流通量

$$F_1 = h_g(C_g - C_s) \dotfill (4\text{-}1)$$

在界面的氧化物固溶度為 C_0，P_s 為在 SiO_2 表面的氣壓，亨利定律

$$C_0 = HP_s \dotfill (4\text{-}2)$$

1000℃、1 atm 的水汽在 SiO_2 的 $C_0 = 3 \times 10^{19}$ 分子/cm^3，乾氧在 SiO_2 的 $C_0 = 5.2 \times 10^{16}$ 分子/cm^3，表面的氣體有濃度梯度，若在梯度界面的平衡濃度 $C^* \approx C_g$，則

$$C^* = HP_g \dots\dots\dots\dots\dots\dots\dots\dots\dots\dots\dots\dots\dots(4\text{-}3)$$

理想氣體

$$C_g = \frac{P_g}{k_B T} \; , \; C_s = \frac{P_S}{k_B T}$$

因此
$$F_1 = \frac{h_g}{k_B T}(P_g - P_s) = \frac{h_g}{H k_B T}(C^* - C_0) = h(C^* - C_0) \dots\dots\dots\dots(4\text{-}4)$$

氧化劑擴散過氧化層厚度 d，在 SiO_2-Si 界面的濃度為 C_i，則氧到達 Si 界面的通量為：

$$F_2 = -D \frac{\partial C}{\partial X} = D \frac{C_0 - C_i}{d} \dots\dots\dots\dots\dots\dots\dots\dots\dots(4\text{-}5)$$

在 SiO_2-Si 界面消耗的氧通量正比於 C_i

$$F_3 = K_s C_i \dots\dots\dots\dots\dots\dots\dots\dots\dots\dots\dots\dots\dots\dots(4\text{-}6)$$

而矽與氧的反應速率 $K_s = K_0 e^{-E_a/k_B T}$，溫度高則反應快。

穩流狀態下 $F_1 = F_2 = F_3 = F$，(4-4)式的 $C_0 = C^* - \frac{F}{h} = C^* - \frac{K_S}{h} C_i$，

(4-5)式的 $C_i = C_0 - \frac{d}{D}F = C^* - \frac{F}{h} - \frac{d}{D}F = C^* - C_i \left(\frac{K_s}{h} + \frac{K_s d}{D} \right)$，因此

$$C_i = \frac{C^*}{1 + \dfrac{K_s}{h} + \dfrac{K_s d}{D}} \dots\dots\dots\dots\dots\dots\dots\dots\dots(4\text{-}7a)$$

$$C_0 = \frac{\left(1 + \dfrac{K_s d}{D}\right) C^*}{1 + \dfrac{K_s}{h} + \dfrac{K_s d}{D}} \dots\dots\dots\dots\dots\dots\dots\dots(4\text{-}7b)$$

而 $C_0 - C_i = \dfrac{d}{D}F$，故氧氣通量

$$F(\sec^{-1}\cdot cm^{-2}) = \frac{K_s C^*}{1 + \dfrac{K_s}{h} + \dfrac{K_s d}{D}} \quad\text{.............................(4-8)}$$

SiO_2 的密度 $C_1 = 2.3\times10^{22}$ 分子$/cm^3$，熱氧化層的成長速率

$$v = \frac{dx}{dt} = \frac{F}{C_1} = \frac{K_s C^*/C_1}{1 + \dfrac{K_s}{h} + \dfrac{K_s d}{D}} \quad\text{.............................(4-9)}$$

$$C_1 \int_{d_i}^{d}\left(1 + \frac{K_s}{h} + \frac{K_s x}{D}\right)dx = K_s C^* \int_0^t dt$$

SiO_2 原始厚度 $d_i \approx 30\text{Å}$

$$\left[C_1\left(1 + \frac{K_s}{h}\right)x + \frac{C_1 K_s}{2D}x^2\right]_{d_i}^{d} = K_s C^* t$$

一般 $h \approx 10^3 K_s$，令

$$B = \frac{2DC^*}{C_1}\ ,\ \ \frac{B}{A} = \frac{C^*}{C_1\left(\dfrac{1}{K_s} + \dfrac{1}{h}\right)} \approx K_s\frac{C^*}{C_1}\ \ \text{與}\ \ \tau = \frac{d^2 + Ad_i}{B}$$

則　　　$$\frac{d^2}{B} + \frac{d}{B/A} = t + \tau \quad\text{...(4-10)}$$

即

$$d = \frac{-A/B + \sqrt{\left(\dfrac{A}{B}\right)^2 + \dfrac{4}{B}(t+\tau)}}{\dfrac{2}{B}} = \frac{A}{2}\left(\sqrt{1 + \frac{t+\tau}{\dfrac{A^2}{4B}}} - 1\right)\text{.....(4-11)}$$

熱氧化較薄時 $t + \tau \ll \dfrac{A^2}{4B}$，則

$$d \approx \frac{B}{A}(t+\tau) \approx K_s\frac{C^*}{C_1}(t+\tau) \quad\text{...........................(4-12)}$$

比較薄的熱氧化受反應常數 K_s 控制為線性成長。

熱氧化較厚時 $t + \tau \gg \dfrac{A^2}{4B}$，則

$$d^2 \approx B(t + \tau) \approx 2D\frac{C^*}{C_1}(t + \tau) \dots\dots\dots\dots\dots (4\text{-}13)$$

熱氧化比較厚時受擴散係數 D 控制為拋物線成長。

氧化初期原始氧化層受壓縮應力，氧在 SiO_2 內的擴散係數 D 甚小，$A = \dfrac{2D}{K_s} \approx 0$，則 (4-10)式中 $d^2 + Ad = B(t + \tau) = Bt + d_i^2$，因此氧化物初期 d-t 為拋物形

$$d^2 - d_i^2 = Bt \dots\dots\dots\dots\dots\dots\dots\dots\dots\dots\dots\dots (4\text{-}14)$$

SiO_2 增厚則壓縮應力減小，D 漸回復到沒應力的擴散常數值後，(4-10)式的 Deal 和 Grove 氧化機制才適用。

實驗發現，乾氧、濕氧要打破 (111) 和 (100) 的 Si-Si 鍵能都需要 $E_a \approx 2.0$ eV。乾式和濕式氧化都顯示(111)比(100)晶片的 B/A 大，乃(111)面比(100)面的原子密度大，有較多的矽原子與氧反應為 SiO_2，如圖 4-2。拋物氧化常數 $B \propto D$，濕氧比乾氧的擴散活化能小，如圖 4-3，即水汽比乾氧易在 SiO_2 中擴散，B 與晶片的方向無關乃氧化劑在非晶形的 SiO_2 層裏擴散是亂跳的，不管在線性或拋物氧化時段，同溫度的氧化都濕氧比乾氧的氧化速率快，乃水汽比乾氧在 SiO_2 的固熔值高。

因 $B \propto DC^* \propto DP$，一般在定溫下氧化擴散係數 D 為定值，故 $B \propto P$ 在高蒸汽壓下氧化速率較快。為了減小前製程的摻質擴散移動，元件的隔離場氧化區(field oxide)都用低溫、高蒸汽壓的濕式氧化。閘氧化層內的電荷 Q_{ox} 會改變 MOS 元件的啟始電壓 V_{th}，它也會降低 MOS 的崩潰電壓、縮短元件壽命，因此熱氧化後應量介電強度，介電強度劣化(TDDB)等，以了解閘氧化層的電性可靠度。

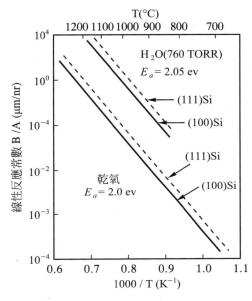

圖 4-2　乾式和濕式氧化的線性成長[2]　　圖 4-3　乾式和濕式氧化的拋物成長[2]

📁 4-2　物理汽相沉積
(physical vapor deposition，PVD)

　　純以能量、動量傳輸原子、分子或離子，沒有化學反應的薄膜沉積技術叫物理汽相沉積，主要的PVD技術有分子束磊晶(MBE)、蒸鍍、濺射沉積、離子束沉積等，後兩者的能量轉移原理詳見第二章的電漿物理，前兩者是熱分子束在超高真空中似理想氣體 $PV = Nk_BT$。在真空腔內氣壓 P、溫度 T，則腔內氣體分子濃度

$$n(分子／cm^3) = N/V = \frac{P}{k_B T} = 9.66 \times 10^{18} \frac{P(torr)}{T°K} \quad\text{............ (4-15)}$$

單位時間熱分子碰撞晶片表面的機率叫分子投射率 J (分子/cm²-sec)

$$J = \frac{1}{4}n\bar{v} = \frac{n}{4}\sqrt{\frac{8k_BT}{\pi m}} = \frac{P}{k_BT}\sqrt{\frac{k_BT}{2\pi m}} = \frac{P}{\sqrt{2\pi m k_BT}}$$

$$= 3.51\times10^{22}\frac{P(\text{torr})}{\sqrt{M(g)T(^\circ K)}} \text{.............................(4-16)}$$

晶片的表面原子密度 N_s 與結晶方向有關，長單層膜的時間 $t = \frac{N_s}{J}$，單分子層的分子直徑 d，則薄膜沉積速率

$$v_G = \frac{d}{t} = \frac{d}{N_s}J = \frac{d}{N_s}3.51\times10^{22}\frac{P(\text{torr})}{\sqrt{MT}} \text{.................................(4-17)}$$

從分子源向晶片投射的分子並非完全沉積在晶片上，打到晶片的分子到達率與分子源到晶片的幾何位置有關。

4-2.1　蒸鍍(evaporation)

在高眞空中將金屬或其他材料在高溫下蒸發出原子，原子跑到離蒸發源上方不遠的基板上進行薄膜沉積。使原子蒸發的方法有用熱燈絲、電子束和離子束(請見 4-2.4 節)等，若以高能量電子束爲蒸發熱源，則叫電子束蒸發薄膜沉積技術。

電子束蒸鍍裝置是由眞空系統、電子束蒸發熱源(圖 4-4)、晶片行星運轉系統(圖 4-5)和水、電、氣控制系統等組成。電子束熱源是由三個獨立電源組成，0～6 VAC供應電子槍的燈絲加熱，5～10 kV D.C.之高電壓源用以加速電子，磁透鏡電源使電子轉彎 270°並聚焦控制電子束大小。系統接地電阻需小於 10Ω，以免高電壓發生火花。抽到高眞空後加熱基板，將基板迴轉，蒸發爐床水冷後供應蒸發源電力，調整磁力使電子聚焦於蒸發爐床上方小幅掃描後，慢慢加高電壓以免發生爆裂式熔融(穩定蒸發才打開檔板)。蒸發速度與材質的熔點、材料的形狀、大小及爐床大小、電子束大小都有關，不同蒸發材料的最佳穩定條件不同。快

速電子撞爐床會產生X-射線，輻射能會穿透元件各層，並在界面產生阻陷電荷改變電性，故完成薄膜沉積後應加適當熱處理，除了消除輻射缺陷並可改善表面電阻。

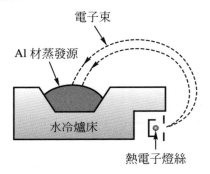

圖 4-4　電子束蒸發熱源

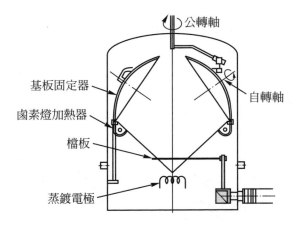

圖 4-5　晶片行星運轉系統

　　圖 4-6(a)中，若蒸發爐床的表面熔融質量 m 為一小平面其表面積 ds_1，自平面的一面蒸發，則垂直於此平面 ϕ 角方向的一立體角 $d\omega$ 內的質量

$$dm = \frac{m}{\pi}\cos\phi \, d\omega \ .... (4\text{-}18)$$

圖4-6(a)中若蒸發的分子流與晶片表面 ds_2 的法線夾 θ 角，則 $d\omega = \dfrac{ds_2\cos\theta}{r^2}$，即小平面蒸發的質量

$$dm = \frac{m\cos\theta\cos\phi}{\pi r^2}ds_2 \quad\text{(4-19)}$$

若材料密度為 ρ、膜厚為 t，則 $dm = \rho t ds_2$，故 ds_1 蒸發源在 ds_2 晶片表面的膜厚

$$t = \frac{m}{\pi\rho}\frac{\cos\theta\cos\phi}{r^2} \quad\text{(4-20)}$$

圖 4-6(b)中，蒸發源在檔板下，切於球形的固定平面，晶片在此半徑 R 的球面切線上接受分子，則

$$\cos\theta = \cos\phi = \frac{r/2}{R} \quad\text{(4-21)}$$

面蒸發源的膜厚

$$t = \frac{m}{\pi\rho}\frac{\cos\theta\cos\phi}{r^2} = \frac{m}{4\pi R^2\rho} \quad\text{(4-22)}$$

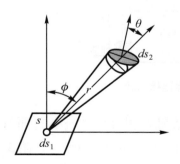

(a) 蒸發源與基板表面之夾角關係

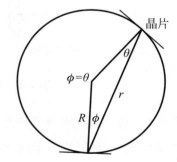

(b) 晶片放在半徑 R 的球面切線上

圖 4-6　面蒸發源之膜厚控制

晶片放在可自轉又公轉的行星運轉盤上(圖 4-5)，其公轉的球面半徑 R，沉積膜厚 t 與晶片放在位置 r 無關，故在球面上任何位置的晶片沉積膜厚都一樣。

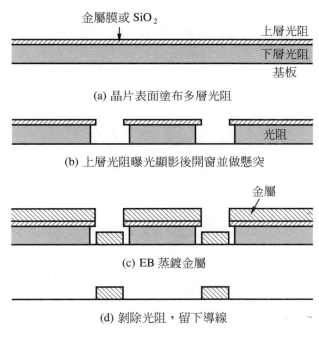

金屬膜或 SiO_2

上層光阻

下層光阻

基板

(a) 晶片表面塗布多層光阻

光阻

(b) 上層光阻曝光顯影後開窗並做懸突

金屬

(c) EB 蒸鍍金屬

(d) 剝除光阻，留下導線

圖 4-7　以剝除法蒸鍍導線

蒸鍍除了做導電層，平板電容器和光電系統的抗反射膜，抗靜電膜外，最重要的是以剝除(lift-off)技術做單石微波積體電路(MMIC)的很細傳輸線，Schottky 接點、歐姆接點和閘極導線等。剝除技術的金屬線沉積步驟如圖 4-7，①在晶片表面塗布多層光阻，中間層可用金屬或介電層，底層光阻較厚②使用光罩曝光上層光阻③顯影最上層光阻，開窗後蝕刻中間層薄膜④在底層光阻做出底切懸突⑤ EB 蒸鍍金屬⑥剝除光阻，留下金屬線。製作懸突部分是要避免蒸鍍的金屬蓋到與凹槽側壁相

連，故剎除製程的蒸發入射角設計如圖4-8

$$\alpha = \tan^{-1}\left(\frac{D/2}{R}\right) \dots\dots\dots\dots\dots\dots\dots\dots\dots\dots\dots\dots\dots\dots (4\text{-}23)$$

D 是晶片的直徑，R 是公轉的球面半徑。為改善金屬的附著力、減小界面能障、降低片電阻，一般都臨場(in-situ)鍍多層不同金屬後退火為合金。

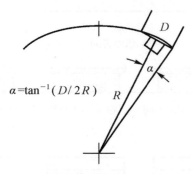

圖 4-8　蒸發入射角

4-2.2　脈衝雷射沉積(PLD)

目前用來做脈衝雷射沉積的有Nd^{3-}：YAG和準分子(excimer)雷射。Nd^{3-} 離子摻雜於 YAG 棒是四能階的固態雷射系統，如圖4-9，用閃光燈即可激發YAG為在高能階的電子數比基態的電子數多(population inversion)，每脈衝輸出能量高達 2 joul/pulse，脈衝頻率上限約 30 Hz，頻寬約數微微秒(10^{-12} sec)，Nd^{3-}：YAG雷射的基本波長為 1064 nm，使用非線性晶體可使約 50％功率的頻率加倍，則以 532 nm 的波長混入 1064 nm 輸出，頻率可再加倍混入再減半的波長，但頻率愈高輸出功率愈小。

　　一般氣體雷射是找兩種有相同能階的分子，將較易被激發的 A 分子
提高能量，則混合的 A 與 B 分子彈性碰撞時就轉移能量激發 B 分子，
如 He-Ne 雷射，CO_2 雷射的 CO_2-N_2-He 混合氣中，氣體分子間都只有
物理碰撞，沒有化學反應，如圖 4-10。

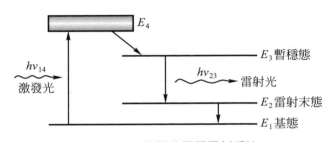

圖 4-9　四能階的固態雷射系統

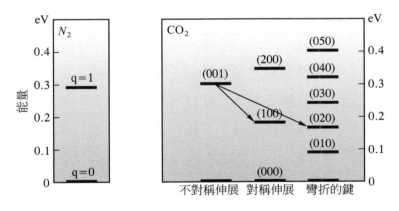

圖 4-10　二氧化碳的氣體雷射系統

　　準分子雷射是灌輸能量(pumping)使混合氣體化學反應為電漿，如

$$Kr + F_2 \xrightarrow{\text{pumping}} KrF^* + F$$ .... (4-24)

或　　　$$Kr + F_2 \xrightarrow{\text{pumping}} KrF^+ + e^- + F$$ .... (4-25)

準分子氣體雷射的波長如下：KrF 的 $\lambda = 248nm$；KrCl 的 $\lambda = 222nm$；ArF 的 $\lambda = 193nm$；XeCl 的 $\lambda = 308mn$；XeF 的 $\lambda = 351nm$。這些準分子氣體的壽命約 2.5 nsec，會隨時自發地發光，需加鹵素氣體，如 He 或 Ne 當安定劑，以延長準分子氣體在暫穩態(metastable state)的時間，提高氣體被激發爲準分子的數量。

整個準分子雷射沈積系統含雷射腔、光學系統、沈積系統和控制雪崩放電的磁開關控制(MSC)電路如圖 4-11，雷射腔上下加放電電極的 MSC 電路用以控制脈衝頻率。雷射腔前後兩面鏡距離 L，兩面鏡需調整到完全平行，光才會來回共振不損耗能量。後面的面鏡 100％反射，雷射輸出的面鏡 ≥99％反射，這叫 Febry-Perot 共振腔，其條件為 $L = m\dfrac{\lambda}{2}$，而 $\lambda = \dfrac{\lambda_0}{n}$，$m$ 爲整數，$\bar{n}$ 爲氣體折射率，即

$$L = \frac{m\lambda_0}{2\bar{n}} \quad\text{...} (4\text{-}26)$$

雷射腔的平面鏡是折射率高低相間的 $\dfrac{\lambda}{4} - \dfrac{\lambda}{4}$ 雙層膜多次重疊爲高反射係數薄膜的面鏡，調整兩面鏡平行度時應請專業人員指導。腔內與管軸夾 Brewster 偏極角的玻璃乃加強平行軸向的光強度，易產生線偏極雷射光束，而偏極角

$$\tan\theta_P = \bar{n} \quad\text{...} (4\text{-}27)$$

MSC 的儲存電容用來啓動 Thyratron 開關，它一開即將能量交給 peaking 電容器，其充電時間常數 $\tau = RC$，RC 都很大、τ 很長則 I 和 dI/dt 就較小、故 Thyratron 壽命就較長。peaking 電容器交給雷射腔電極電壓將產生雪崩放電，每次放電就直接產生雷射光(一般脈衝雷射都使用幾 Hz 而已)，而發光的脈衝寬由 MSC 設定，其固定值約 30 nsec，每次激發脈衝

雷射光已在共振腔內來回10^6次，故調兩面鏡平行對雷射輸出功率影響很明顯。若鹵素安定氣體耗盡則電極將維持高電壓無法下降，需定期注入少量鹵素安定氣體才會重複脈衝交換能量。準分子氣體裝在雷射管下方以鼓風機使氣體流過兩電極間，流出端以熱交換器冷卻，各氣體分子質量不等，需攪拌均勻才會高效率地化學反應為準分子氣體，因此此系統常操作才會維持一定效率，勿停機超過三天工作較順利。

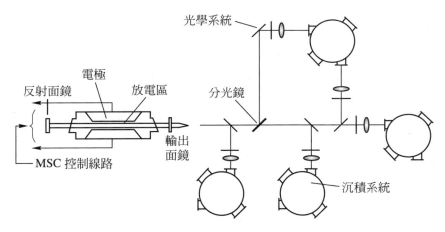

圖 4-11　準分子雷射沈積系統

　　雷射束會被空氣散射，被光學配件吸收，故薄膜沈積腔應儘量靠近雷射源，雷射出口應有檔板，透鏡和視窗要用低吸收、高穿透材質，而穿透係數與波長有關，KrF 準分子雷射的 $\lambda = 248nm$，MgF_2、CaF_2、藍寶石(sapphire)和 UV 級熔融石英都可當視窗，光學配件應沒氣泡、外物、缺陷等。視窗需要求平坦度，調整光學配件應戴手套，每次完成薄膜沈積工作除清理真空系統，需用拭鏡紙擦視窗。

　　脈衝雷射到達靶材表面，其紫外能量易被靶分子吸收。在 nsec 內靶材斷鍵，由固態變成蒸汽，垂直靶表面急速向外擴散，形成一燭光狀的輝光電漿團(plume)，此光團中除中性原子外，因激烈運動，尚有離子、電子或較大的原子團，光團散射出來的粒子似餘弦(cosine)分佈，中央能量最高、外緣最低，光團內粒子沒相互碰撞，光團粒子到達基板前，在某氣壓中似在有阻力的流體中動，氣壓較大則光團前緣的邊界較清楚較亮較集中。氣壓較低則光團粒子較少受氣體碰撞，能量較高但光團較長卻散較開，因此氣壓明顯影響PLD的沈積速率和膜厚均勻性。雷射功率強度需超過某臨界值，薄膜的成份計量比(stoichiometry)和結晶性才會較佳，但PLD沈積的薄膜較難做大面積，且薄膜的表面均勻性較差，故尚未被工業界採用。

4-2.3　濺射沉積(Sputtering Deposition)

濺射系統的構造是由真空系統、冷卻系統、電源供應系統和氣體導入系統等組成，如圖4-12。一般都真空抽到 10^{-6} torr 後，以質流控制器(MFC)導入產生電漿的氬氣和反應氣體。在真空中高能量電子與氣體非彈性碰撞，中性的氣體被激發發光或游離成帶正電離子、電子、分子、原子團(radicals)等組成的電漿粒子。

輝光放電系統中磁控管(magnetron)的陰極若接靶材則做薄膜沈積，若接基板則做乾蝕刻，陽極與真空腔壁接地，系統接地電阻需小於 10 Ω。兩極間維持一高電壓可能用直流也可用射頻(RF)交流，RF 頻率為 13.56 MHz。若加 RF 電源則需調整匹配系統的匹配電容 C_m，使串聯的 LCR 強迫振盪電路，如圖 4-13，達到共振角頻率 $\omega = \sqrt{\dfrac{1}{LC}} = \omega_{RF} = 2\pi \times 13.56 \times 10^6 (s^{-1})$，此時真空腔是純電阻 R，其值與腔內氣壓和溫度有關。若 RF 電能沒完全輸入真空腔，有部分能量被反射($\omega \neq \omega_{RF}$)，則調整阻隔電容 C_B 和 C_m 至反射功率等於零，否則電極接點處會有火花，輸電電纜會發燙。

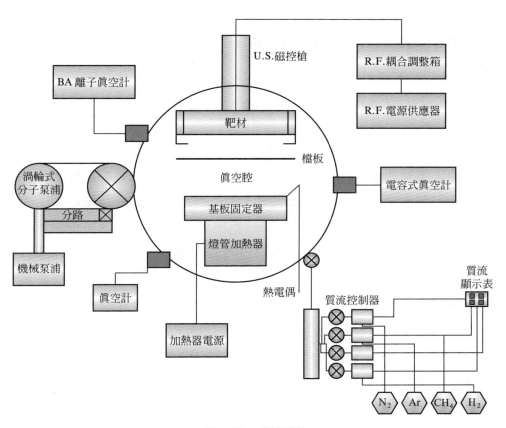

圖 4-12　濺鍍系統

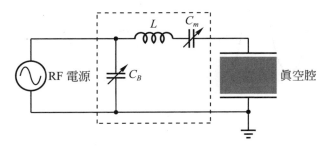

圖 4-13　虛線內是 RF 電源與真空系統匹配調節裝置

電子往陽極跑，正離子往陰極跑，在兩極表面都會有電場暗區(sheath)，真空腔與陽極接地其面積 A_2 很大，故陰極暗區的電場遠大於陽極暗區的電場，因

$$\frac{V_1}{V_2} = \left(\frac{A_2}{A_1}\right)^4 \dots\dots\dots\dots\dots\dots\dots (4\text{-}28)$$

使用 13.56 MHz RF射頻電源，因$v_i \ll v_e$、$j_i < J_e$電子易由接地處流走，故電源輸入電漿內就馬上離子濃度大於電子濃度，而高頻的正離子沒足夠時間穿過陰極暗區電位極性就改變，無法將上週期積存在靶的電子完全中和掉，每週期都有負電荷殘存在系統電容上(絕緣靶的電容或導電靶的阻擋電容)。靶的電位$V(t)$將一直隨時間向負偏移，使更多離子往A_1動，每一次交流相位改變，靶上之直流負偏壓增大，但負電荷增加率漸減，最後達電子通量等於離子通量時，電漿內電場為零。靶表面電位對電漿產生之直流自我偏壓(D.C self-bias)值約$-\frac{1}{2}V_{pp}$，V_{pp}是正到負的電位峰值，即靶上的交流電位將由圖 4-14(a)之 RF 交流電位V_a向負偏移到圖 4-14(b)之V_b，致V_b整個正弦電位變化只有短暫時間是正電位來吸引電漿中之電子，電子電流j_e大作用時間短，靶大部分時間是負電位，正離子對靶的撞擊幾乎是連續的，離子電流j_i小但作用時間長。

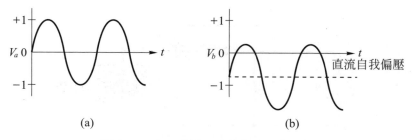

(a)   (b)

圖 4-14　RF 濺射系統的直流自我偏壓

正離子撞向陰極，從陰極濺射出中性原子和電子與離子，被撞出的二次電子又被陰極暗區電場加速，很快又有足夠能量飛向電漿區，撞中性氣體原子使其游離或產生輝光而維持自持性電漿。若陰極放靶材，陽極放晶片，則自靶表面濺射出來的原子沉積到陽極的基板上叫濺射薄膜沉積。若晶片放在陰極上接受離子轟擊，則進行純動量移轉的乾蝕刻叫濺射蝕刻，其非等向性蝕刻很好，但選擇性較差。

　　要提高濺射效率，主要使離子在往靶表面運動時，可獲得足夠的動能，除了要增加陰極板所加電壓，還要降低離子在陰極暗區被撞次數，因此需降低進行濺射的氣壓，但若氣壓降低則電漿裏的離子濃度下降，將使沉積速率變慢，甚至電漿熄火。要在很低的氣壓下提高離子化效率，因此使用磁控管，磁控裝置的構造為中心磁鐵與外圍磁鐵 NS 磁極倒置，則磁力線為封閉迴路，此組合接陰極，中間有冷卻水管路，背後加絕緣墊，外殼為陽極，靶材鎖在磁鐵上方的陰極平板上，表面的磁場 $\vec{B}$ 由 N 指向 S，幾乎與靶表面平行。電場 $\vec{\varepsilon}$ 垂直靶表面，電子的漂流速度

$$\vec{v}_d = \frac{\vec{\varepsilon} \times \vec{B}}{B^2} \quad\text{.. (4-29)}$$

在磁力線隧道中電子作圓周運動，$\vec{v}_d$ 為切線速度在封閉迴路跑道上，但靶的表面附近有磁場梯度和電場梯度，使漂流的電子呈擺線運動，因此磁控管顯著增加電子與氣體分子碰撞次數，可在很低的氣壓下維持電漿濃度，離子化效率很高，且離子馬上撞向陰極暗區產生濺射。跑道中央與 NS 兩極間有磁場梯度，磁鏡(magnetic mirror)使以擺線漂流的電子都會向跑道中央產生跑道寬度，跑道中央的濺射效率最高，因此靶材將在跑道中央附近被濺蝕成環狀凹痕。因靶的表面被離子撞得溫度很高，且

磁控系統電流密度較大，靶材凹痕易產生絕緣物或有微粒跳動造成弧光，既使製程沒中斷，薄膜沉積速率和成分會因凹痕加深而改變，且造成薄膜出現同心圓圖案，因此靶需常拿下磨平或換新。

假設離子質量 m_1、動能 E_0、靶原子質量 m_2，則離子轉移給靶原子的能量為 $\dfrac{4m_1m_2}{(m_1+m_2)^2}E_0$，請見第二章說明。若正離子對靶材撞擊的入射角 ϕ，u_m 是靶材的鍵結能，則每個離子擊出靶材的表面原子數叫濺射產額(sputtering yield) Y：

$$Y=(擊出原子數／入射離子數)=\frac{4m_1m_2}{(m_1+m_2)^2}\frac{E_0}{u_m}\cos^2\phi......(4-30)$$

不同靶材的鍵結能 u_m 不同，而 $E_0\cos^2\phi > u_m$ 就會濺射，u_m 愈小 Y 愈大。鈍氣離子不與靶表面反應，故使用鈍氣的電漿離子濺射效率較高。離子質量和離子動能 E_0 愈大，則靶原子獲得動能愈多。離子垂直入射 $\phi=0°$，離子交給被撞靶原子的能量最大，但此時離子與靶原子作用路徑最短，靶原子獲得總能量最少其 Y 最小，入射角 ϕ 較大離子與靶原子作用路徑較長較易獲得濺射能量，因此為了改善階梯覆蓋和填塞不良問題，而採用似蜂巢的準直器限制 ϕ 角時會降低 Y 值，要沉積預期厚度的薄膜時間需較長。

電功率加在濺射系統的陰陽兩極間產生電漿，其電流密度 $j(A/cm^2)$，陰極暗區以離子電流為主，則 j 的電流密度有 $j \times 6.25 \times 10^{18} Ar^+/sec \cdot cm^2$ 個離子進入陰極暗區。若每個離子以 E_0 動能與靶材正面碰撞，則有 $\dfrac{4m_1m_2}{(m_1+m_2)^2}E_0$ 的能量轉給靶材原子，而離子撞原子核時，不同碰撞參數(瞄準誤差) p 得不同散射角 θ，$\phi=\dfrac{1}{2}(\pi-\theta)$，則離子損失能量與散射角關係為

$$\Delta E(p) = \frac{4m_1 m_2 E_0}{(m_1 + m_2)^2} \sin^2 \frac{\theta(p)}{2} \quad\text{................................} (4\text{-}31)$$

靶材的原子密度 n，則離子受靶材的核阻力

$$\frac{dE}{dx}(\text{eV/cm}) = nS_n \quad\text{..} (4\text{-}32)$$

核停止截面

$$S_n(\text{eV-cm}^2) = \int \frac{4m_1 m_2 E_0}{(m_1 + m_2)^2} \sin^2 \frac{\theta(p)}{2} \cdot 2\pi p\, dp = u_m \sigma(\theta) \text{........} (4\text{-}33)$$

而靶原子核被離子碰撞的截面積為：

$$\sigma(\theta) = \left(\frac{Z_1 Z_2 e^2}{4\pi \epsilon_0 \cdot 2E_0} \right)^2 \frac{1}{\sin^4 \frac{\theta}{2}} \quad\text{................................} (4\text{-}34)$$

輸入的 IV 功率無法完全轉給靶原子，實驗發現 E_0 小於 1 keV 的入射離子，S_n 隨 E_0 增大而線性增大，E_0 增大濺射效率幾乎線性提高，而 E_0 大於 1 keV 的離子與靶原子碰撞的作用時間較短，無法有效轉移能量，E_0 再增大反而 S_n 降低，E_0 大於某臨界值後 S_n 降為 S_n^0 定值。

在離子布植實驗中 Lindhard Scharff Schiott (LSS)等估算

$$S_n^0 = 2.8\times10^{-15} \frac{Z_1 Z_2}{(Z_1^{2/3} + Z_2^{2/3})^{1/2}} \frac{m_1}{m_1 + m_2}(\text{eV-cm}^2)\text{..................} (4\text{-}35)$$

Z_1、Z_2 分別為入射離子與被撞原子的原子序。入射離子與原子核的碰撞是彈性的，核阻力所消耗的能量可能進行離子植入，E_0 愈大愈易離子植入，而被撞原子將有 α 比例產生濺射。濺射產額

$$Y = 粒子射出率(\alpha n v) / 離子入射率(j\times6.25\times10^{18})$$
$$= \frac{4m_1 m_2}{(m_1 + m_2)^2} \frac{E_0}{u_m} \sin^2 \frac{\theta}{2}$$

最大濺射速率

$$v = \frac{j \times 6.25 \times 10^{18} \times Y}{\alpha n} = \frac{4 m_1 m_2 E_0}{(m_1 + m_2)^2} \frac{j \times 6.25 \times 10^{18} \sigma(\pi)}{\alpha \cdot n S_n} \cdots\cdots\cdots (4\text{-}36)$$

j 大則薄膜沉積快，壓力 P 大則濺射原子受碰撞偏向多以致沉積較慢，輸入功率較大則 E_0 較大但濺射比例 α 相對減小，故增大輸入功率，薄膜沉積速率並非線性提高。

　　一般金屬薄膜製作常用直流磁控濺射沉積，而介電薄膜製作則用射頻(RF)磁控濺射沉積，但較易被氧化的金屬，如鎂(Mg)等，最好用射頻磁控濺射工作較順利。

　　磁控濺射的工作原理請複習第二章第五節，其電漿密度較高，濺射系統的薄膜品質可以控制得很好，且藉基板移動可做大面積產品，如大樓的抗 UV 薄膜簾幕玻璃，即以濺射系統製作的。

　　磁控濺射系統有下列缺點，使用時需注意：

1. 磁控系統的靶材表面不是全面被濺蝕，而因電子漂流速度為(4-29)式，靶材表面只有封閉迴路的凹痕，致靶材的利用度很低。

2. 封閉迴路的凹痕軌跡表面濺蝕速率不均勻，至凹痕軌跡兩側的靶材表面似中毒會呈不同顏色，打太久會造成電漿不穩，薄膜厚度不均勻，若使用反應性濺射最好改用脈衝式電源，否則易閃爍(μ-arcing)。

3. 要沉積磁性材料的薄膜，則需增強磁控系統的磁鐵強度，且靶材需較薄，才易順利濺射沉積薄膜。

4-2.4　離子束沉積或蝕刻 (Ion beam deposition or Ion mill)

　　圖 4-15 是離子束薄膜沉積的簡單構造，此系統由①離子源②離子束萃取和控制裝置③使離子束中性化的燈絲和④高真空系統組成。此系統由固態提供足夠離子源最難設計，有 Penning、Kaufman、duoplasmatron 等多種設計。一般在約 10^{-4} torr 的電漿室中，電子被陽極吸引但被磁力限制，其軌跡為螺旋形增加碰撞路徑，快速電子撞原子產生離子被吸至陰極，離子轟擊陰極產生二次電子，再被電場加速為快速電子，提高游離效率。

　　離子源出口有一組屏幕柵極萃取器，加電場使離子加速跑入 $p < 10^{-5}$ torr 的真空腔，在萃取器表面有陰極暗區其 Child-Langmuir 電流密度

$$J = \frac{4\,\epsilon_0}{9} \sqrt{\frac{2q}{m}} \frac{V^{3/2}}{d^2} \quad .... (4\text{-}37)$$

萃取柵屏可限制真空氣導，對真空腔產生差動氣壓調節 (differential pumping)。

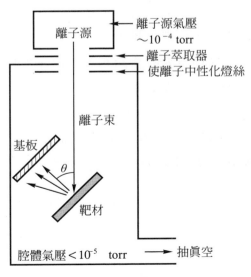

圖 4-15　離子束薄膜沉積示意圖

離子束經 $\vec{\varepsilon} \perp \vec{B}$ 的濾速器，$v_A = \dfrac{\varepsilon}{B}$，則一束平行的正離子束被高電壓萃取進入眞空腔，因離子間的斥力使離子束進入眞空後不再平行，故在靠近離子源出口處放一加熱燈絲，提供電子使離子束中性化，若到達靶或晶片的電子和離子通量相等，則此離子束也不會使靶或晶片帶電。

若離子束直接撞擊晶片，則高能量的離子將使晶片表面濺射出粒子，這叫離子束磨蝕(ion milling)。一般離子束與晶片座間的夾角可調，此晶片座應可轉動提高均勻性，而離子束對光阻和晶片的選擇性蝕刻較差，垂直壁有再沉積和散射的問題較難複製精確圖案。因離子束中性化，故離子束磨蝕比其他各種乾蝕刻的蝕刻速率慢很多。

若離子束撞擊靶將靶材原子濺射到晶片沉積爲薄膜叫離子束濺射薄膜沉積，它與一般濺射系統不同處在基板沒接電極、沒浸在電漿輝光中、薄膜被快速電子撞的機率很小，除了基板加熱器給的溫度，多餘的熱很少，易控制基板溫度。控制離子束的能量、電流和沉積角度比磁控或其他濺射沉積方法容易，且離子源與沉積系統分開，沉積過程不受電漿或氣體分子碰撞。一般濺射系統的入射離子能量幾乎由陰極暗區的電場提供，而離子束能量是由萃取器的加速電壓決定，可調範圍較大。一般濺射系統，從電漿區向靶跑的離子無法控制入射方向，而離子束濺射系統入射角可調，易得較高濺射產額和濺射原子的能量。離子束濺射沉積系統氣壓很低，薄膜幾乎沒氣體污染。

若以電磁鐵控制離子束方向，則圖 4-16 的離子束濺射系統就優於磁控(magnetron)濺射系統。因①離子束濺射系統的靶材背面沒有磁鐵，靶材表面沒有封閉迴路的凹痕軌跡，靶材利用度大於 90%，②離子束可在靶材表面均勻掃描濺蝕，靶材表面沒有毒化的顏色，電漿較穩定，薄膜厚度均勻性易控制，③鐵磁性靶材直接被離子束濺射厚度可較厚，④化合物靶材用離子束濺射比磁控濺射易維持劑量比(stoichiometry)薄膜。

　　圖 4-16 的離子束投射(launch)電磁鐵，控制進入真空腔的離子束投射方向，若離子束往基板投射則它對基板進行清潔工作，若離子束往靶材投射，則它對基板進行濺射沉積，而導引(steering)電磁鐵是引導離子投射那一靶材或投射那些靶材進行共濺射沉積，若離子源平行投射圓柱狀的靶材，如圖 4-17 則可在軟性基板上濺鍍應力很低，附著力很好的均勻薄膜。

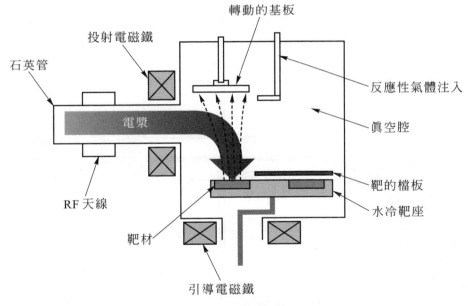

圖 4-16　離子束濺射系統

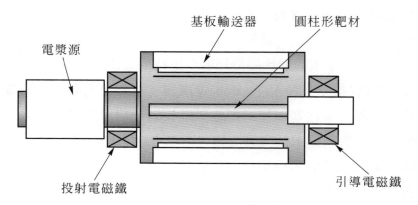

電漿源

基板輸送器　　　圓柱形靶材

投射電磁鐵　　　　　　　　引導電磁鐵

圖 4-17　　線性離子束濺射系統

　　電子束蒸鍍系統較難做好大面積的均勻薄膜，若以電磁鐵引導離子束在真空系統內，掃描坩堝中顆粒到表面熔融蒸發，如圖 4-18，此離子束蒸鍍系統就易做大面積的均勻薄膜。

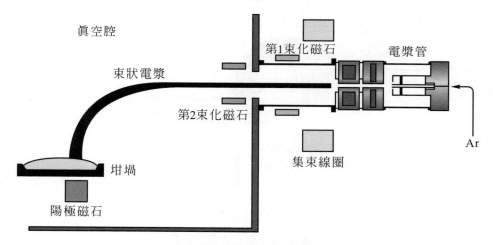

真空腔

束狀電漿

第1束化磁石

電漿管

第2束化磁石

集束線圈

坩堝

陽極磁石

Ar

圖 4-18　　離子束蒸鍍系統

4-3　化學汽相沉積
(chemical vapor deposition，CVD)

　　藉反應氣體間的化學反應產生固態生成物，並沉積在晶片表面的薄膜沉積技術叫化學汽相沉積，我們不希望 CVD 在氣相進行同質孕核，而希望氣體分子在晶片表面擴散進行異質反應，而反應速率取決於CVD動力學中反應較慢的機制。CVD所製作的薄膜其階梯覆蓋性、成分計量比、均勻性都可控制很好。

4-3.1　反應腔中氣體傳送原理

　　任何流體的傳輸都會涉及到熱能的傳遞、動量及質量的傳遞，熱能的傳遞有傳導、對流及輻射等三種方式，真空中以鹵素燈藉輻射熱來加熱晶座，而晶片放在被加熱的晶座是藉熱傳導來加熱晶片，對流是最複雜的傳熱方式，因它涉及流體的流動形式，如層流或擾流會影響到熱對流，若因溫度所產生的流體密度差所導致的對流叫自然對流，若因流體內部有壓力梯度而形成的流動叫強迫對流。

　　CVD藉流體的動量傳遞來進行反應，流體的流速和流向都很平順者叫層流(laminar flow)。基本上，流體流經管路轉彎，或流體的流速太快都易造成擾流(turbulent flow)，擾流的流線不均、方向不一致，習慣上流體力學以雷諾係數(Reynolds' number)Re來評估流體流動的形式，Re ＜ 2000為層流，Re ＞ 3000則為擾流。氣體密度低則 Re 較小，但CVD反應腔若氣壓很低，則氣體分子平均自由路徑很可能大於反應腔的半徑，這時流體的行為叫分子流，CVD 製程較少使氣體處於分子流狀態，因分子流的氣體分子彼此間很少碰撞，進行化學反應較慢，一般都使在反應腔的氣體以黏滯性的層流來進行CVD反應，穩定性較高。

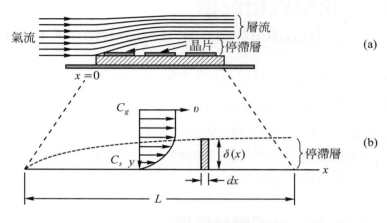

圖4-19　CVD反應氣體傳輸機制

　　承載氣體帶反應物以一定速率 平行基板流動，由於摩擦致基板附近的氣流速率甚低，產生一停滯層 $\delta(x)$，如圖4-19。化學反應使晶片表面的氣體濃度 C_s 比從層流傳來的氣體濃度 C_g 低，濃度差使反應物氣體藉擴散通過停滯層 $\delta(x)$，若 h_g 是氣相質量傳送係數其單位為 cm/sec，則它向晶片傳送的通量為：

$$F = h_g(C_g - C_s) \dots\dots\dots\dots\dots\dots\dots\dots\dots\dots\dots\dots\dots\dots (4\text{-}38)$$

層流氣體平行於放晶片的平板流動、平板長度 L，離平板較遠的層流氣體流速 υ 為定值，η 是黏滯係數，則靠近晶片的氣體每單位面積受黏滯力

$$\frac{F_f}{A} = \eta \frac{\partial \upsilon}{\partial y} \dots\dots\dots\dots\dots\dots\dots\dots\dots\dots\dots\dots\dots\dots (4\text{-}39)$$

若垂直紙面的板寬 ℓ，氣體的密度為 ρ，則使氣體減速的黏滯力

$$F_f = ma = \rho \ell \delta(x) dx \frac{d\upsilon}{dt}$$

因此　　　$\eta \dfrac{\partial v}{\partial y} \ell dx = \rho \ell \delta(x) dx \dfrac{dv}{dt}$

整理得　　$\eta \dfrac{\partial v}{\partial y} = \rho \delta(x) v \dfrac{\partial v}{\partial x}$

即　　　　$\eta \dfrac{v-0}{\delta(x)-0} = \rho \delta(x) v \dfrac{v-0}{x-0}$

得

$$\delta(x) = \sqrt{\dfrac{\eta x}{\rho v}} \qquad\qquad\qquad\qquad\qquad\qquad\qquad\qquad\text{(4-40)}$$

而 $\mathrm{Re} = \dfrac{Lv\rho}{\eta}$，整個板長 L 的平均停滯層厚度

$$\bar{\delta} = \dfrac{1}{L} \int_0^L \delta(x) dx = \dfrac{2}{3} \sqrt{\dfrac{\eta L}{\rho v}} = \dfrac{2}{3} \dfrac{L}{\sqrt{\mathrm{Re}}} \qquad\qquad\qquad\text{(4-41)}$$

反應物擴散過 $\bar{\delta}$ 到晶片表面的通量

$$F = -D \dfrac{\partial C}{\partial y} = -D \dfrac{C_s - C_g}{\delta} \qquad\qquad\qquad\qquad\qquad\text{(4-42)}$$

D 是反應物在氣體的擴散係數，而 $F = h_g (C_g - C_s)$，因此

$$h_g = \dfrac{D}{\bar{\delta}} = \dfrac{3}{2} D \sqrt{\dfrac{v\rho}{\eta L}} = \dfrac{3}{2} \dfrac{D}{L} \sqrt{\mathrm{Re}} \qquad\qquad\qquad\text{(4-43)}$$

距氣體入口愈遠的 L 愈長，則 $\bar{\delta}$ 愈大且氣體向晶片傳送速率 h_g 愈小，其薄膜厚度愈薄，需適當傾斜晶片支撐板以減小 $\partial v / \partial y$，使經各晶片表面的氣體流量爲定值，沉積膜厚才均勻。

4-3.2　CVD 動力學

反應物由層流區擴散到晶片表面所消耗的氣體通量爲

$$F_1 = h_g (C_g - C_s)$$

在晶片表面化學反應所消耗的反應物氣體通量為

$$F_2 = K_s C_s \text{.. (4-44)}$$

在表面的化學反應速率

$$K_s (\text{cm/sec}) = K_o e^{-E_a/k_B T} \text{... (4-45)}$$

穩態沉積時

$$F_1 = F_2 = F = h_g\left(C_g - \frac{F}{K_s}\right)$$

即

$$F = \frac{h_g C_g}{1 + h_g/K_s} = \frac{C_g h_g K_s}{h_g + K_s} \text{... (4-46)}$$

CVD 薄膜沉積速率

$$v = \frac{F(\text{atoms/cm}^2\text{-sec})}{C_a(\text{atoms/cm}^3)} = \frac{C_g}{C_a}\frac{h_g K_s}{h_g + K_s} \text{................... (4-47)}$$

C_a 是基板的原子密度，Si 的 $C_a = 5\times10^{22} \text{cm}^{-3}$、GaAs 的 $C_a = 4.4\times10^{22}$ cm^{-3}，在低溫反應時 $K_s \ll h_g$，則

$$v = \frac{C_g}{C_a}\frac{K_s}{1 + K_s/h_g} = \frac{C_g}{C_a} K_0 e^{-E_a/k_B T} \text{.................................. (4-48)}$$

因此低溫反應 A 區的薄膜沉積速率受動力 K_s 控制。
在高溫反應時 $K_s \gg h_g$，則

$$v = \frac{C_g}{C_a}\frac{h_g}{1 + h_g/K_s} = \frac{C_g}{C_a} h_g \text{... (4-49)}$$

高溫反應 B 區的薄膜沉積速率受質量傳送速率 h_g 控制。

　　汽相磊晶(VPE)是在 h_g 控制區反應的高溫 CVD，其鐘罩式反應腔 (barrel reactor)的氣體由上向下流，氣流平行晶片表面似水平式反應腔，如圖4-20，其傾角用以減小氣體停滯層，使下方晶片增加氣體接受量，以達均勻薄膜沉積。

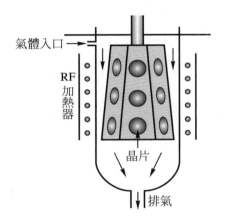

氣體入口

RF
加熱器

晶片

排氣

圖 4-20　鐘罩式 CVD 反應腔

　　圖4-21是以CVD沉積的Si薄膜，反應氣體的質量愈輕則沉積速度愈快 $v \propto \dfrac{1}{\sqrt{分子量}}$，故 $v_{SiH_4} > v_{SiH_2Cl_2} > v_{SiHCl_3} > v_{SiCl_4}$，A區是動力控制區，溫度升高則吸熱反應速率 $K_s = K_o e^{-E_a/k_B T}$ 增快，若溫度不穩則膜厚變化大，因此不易在低溫區長磊晶薄膜。B區是受 h_g 控制的高溫反應，此區沉積速率幾乎為定值，易控制薄膜厚度。

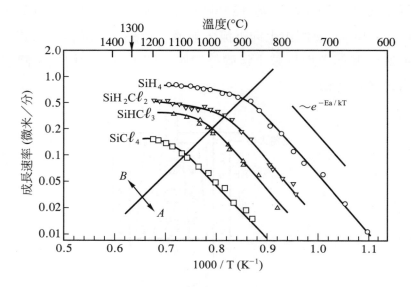

圖 4-21　以 CVD 沈積的 Si 薄膜

4-3.3　CVD 反應系統

　　CVD系統一般含一氣體反應腔，一組質流控制器，製程控制系統及排氣系統等。CVD使用許多危險氣體可能有毒、爆炸性、可燃性、腐蝕性等集各種危險大成，需格外注意安全對策，用靈敏偵測警示系統，廢氣除以沉澱方式經微粒過濾器淨化，殘存的可燃氣體則需加廢氣引燃系統以斷絕危險發生。CVD 薄膜沉積方式有常壓或稍低壓化學汽相沉積(APCVD或SACVD)，低壓化學汽相沉積(LPCVD)和電漿輔助化學汽相沉積(PECVD)等。

1. 在 850℃ 以上高溫區的 APCVD 或 SACVD 是受 h_g 控制，一般是鐘罩型冷壁式反應器較不受器壁污染，主要做矽磊晶膜和化合物半導體，如 GaAs、InP 等磊晶薄膜，是屬於汽相磊晶(VPE)。若將晶圓放在輸送帶上，反應氣體由中央通入，二端以惰性氮氣氣幕罩住，加熱器在輸送帶下方，以對流方式加熱，可在 300～450℃ 低溫區受 K_s 控制，沉積速率快但易汽相均質成核後掉到晶片上，階梯覆蓋性較差，只宜做含磷玻璃(PSG)等元件保護層。

2. 金屬有機化學汽相沉積(MOCVD)，常用來生長Ⅲ-Ⅴ族汽相磊晶薄膜，也用於鐵電、介電層、金屬阻障層、和銅及鋁薄膜沉積等。MOCVD 熱解沉積的薄膜可以用快速退火(RTA)改善品質，在高溫導入氣體處理，可降低電阻係數、並降低 H、C 和 O 的含量。

    MOCVD 系統如圖 4-22，若要沉積 AlGaAs 則用三甲基鎵(TMGa)或三乙烷基鎵(TEGa)以提供鎵，三甲基鋁(TMAl) 提供鋁，氫化砷(AsH₃)提供砷，二乙基鋅(DEZn)做 P 型摻質用，氫氣當作載氣，以感應線圈加熱晶片基座，化學反應式為：

$$x(CH_3)_3Al + (1-x)(CH_3)_3Ga + AsH_3$$
$$\rightarrow Al_xGa_{1-x}As + 3CH_4 \quad (4\text{-}50)$$
$$(CH_3)_3Ga + AsH_3 \rightarrow GaAs + 3CH_4 \quad (4\text{-}51)$$

    MOCVD沉積銅薄膜的反應系統如圖4-23，其前驅物(precursor)為一價的銅、六氟乙醯丙酮(hfac)、三甲基乙烯基矽烷(tmvs)，而 cu hfac (tmvs)是液態前驅物，需以液體專用的 MFC 直接控制流量較準，經 MFC 的液體再以蒸發器加熱汽化，氣體經淋浴板噴向晶圓，在晶圓上異質反應而沉積銅薄膜。

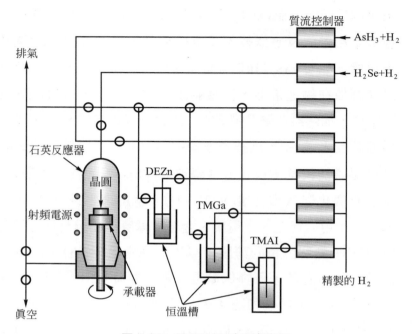

圖 4-22　MOCVD 系統示意圖

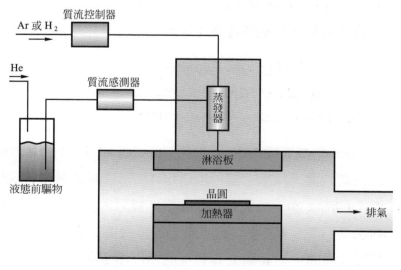

圖 4-23　沈積銅薄膜之 MOCVD 反應系統

3. LPCVD 的設備比 APCVD 多一組真空系統，反應氣壓約數 torr 到 100 mtorr，溫度在 400～850℃，氣流在 100～1000 sccm 間，較不會氣相均質成核，其反應速率受 K_s 限制，對溫度敏感，但溫度容易控制，薄膜階梯覆蓋性佳。6 吋以下晶片都採批量式爐管反應器，如圖 4-24，爐管式 LPCVD 有三具加熱器是熱壁式反應器，爐管需定期清洗，氣體以 MFC 從爐管前端送入，廢氣則先經過濾器，再由真空系統排氣，此真空系統應可耐酸、鹼。晶片放在晶舟進出爐管的方式與擴散做法相同，每一晶片的表面溫度都可控制很均勻，但反應氣體濃度由入口至出口遞減，為了使每一晶片沉積均勻厚度，則將氣體入口區溫度調降，出口區溫度較高約 25～40℃，以彌補氣體濃度下降的沉積速率差，但溫度梯度會導致電阻係數分布不均，故需控制摻雜均勻性的矽多晶不適用此法，應設法改善進氣方式。

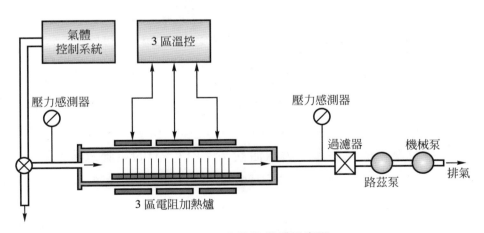

圖 4-24　LPCVD 裝置示意圖

8吋以上晶圓則採單一晶片 LPCVD 反應器，如圖 4-25，單一晶片反應器是冷壁式設計，反應腔較清潔，而新的設計在薄膜沉積後會自行以電漿乾蝕清洗反應器，此 LPCVD 系統的氣體經由一布滿細孔的淋氣頭從上方傳送到晶片表面，以增氣體散佈均勻性，以機械手臂於真空系統中傳送晶片，氣體到達放在晶座加熱的晶片進行表面擴散沉積薄膜其均勻性甚佳。

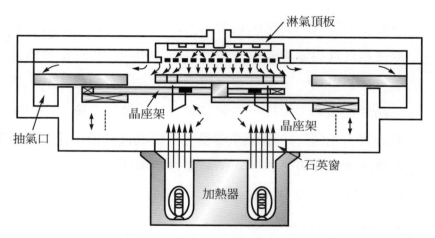

圖 4-25　單一晶片 LPCVD 反應器

4. 電漿輔助化學汽相沉積(PECVD/PACVD)的傳統構造為二金屬電極板，其中之一加 13.56MHz 射頻電源，另一板放晶片、加熱器並接地，如圖 4-26，兩板間的自由電子藉 RF 交流振盪，不斷碰撞反應室的氣體產生大量活性基。PECVD 的氣體游離率約 10^{-6}～10^{-4}，電子的溫度約 10^4～10^{6}°K，電漿的維持主要決定於氣體壓力和電極板間距之乘積。PECVD 使用熱能又受電漿中高能量活性基碰撞幫助化學反應沉積，因此反應溫度都低於 400℃，8吋以上晶圓採用圖 4-25 之單一晶片 PECVD 反應器，RF 射頻電源加在輸入氣體的淋氣頭頂端。PECVD 薄膜的階梯覆蓋很好，附著性佳，但高能量活性基的碰撞使沉積薄膜的成份計量比較差，且常含其他原子。高密度電漿系統可分別控制離子濃度(流量)與離子能量。感應耦合電漿（ICP）和電子迴旋共振（ECR）是屬於低離子能量，低工作氣壓(約 1〜10 mtorr)之高密度電漿。ICP 電漿是 RF 電源接於似蚊香圈狀的感應線圈，並加一介質窗與電漿分隔，系統中另加一 RF 電源對基板偏壓，如圖 4-27，高頻交流在線圈內有磁通量變化，此磁通量變化率產生封閉迴路之感應電場平行於晶片表面，此感應電場對電子或離子之加速使導入之氣體充分解離而不傷晶片表面，加大輸入之 RF 電功率則磁場、電場都會增強，可產生相當高的電漿密度，故系統操作溫度可更低，易得較低應力、階梯覆蓋性和附著性佳的薄膜。在低氣壓系統中氣體的平均自由路徑比高氣壓系統中大，分子碰撞機率小，故 ICP-RIE 系統中離子向基板方向加速時較少被撞，易進行垂直方向之蝕刻。

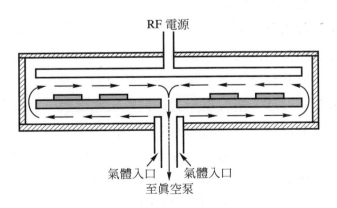

圖 4-26　傳統平板式 PECVD 構造

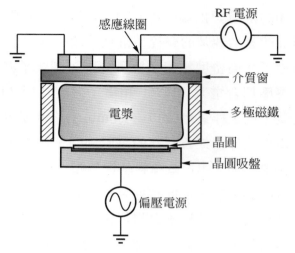

圖 4-27　ICP 系統簡圖

5. 微波電漿化學汽相沉積(MPCVD)和電子迴旋共振化學汽相沉積
(ECRCVD)。MPCVD 的構造如圖 4-28(a)，微波是由磁控管
(magnetron)產生，其最大輸出功率約 2kW，以長方形波導傳送
2.45GHz 的 TE_{100}振盪模式微波，先經過循環器(circulation)再經
一組二維方向的調諧器(tuner)調整微波反射功率，接著利用微波
模式耦合器(coupler)把 TE_{100}的微波轉換成圓波導的 TM_{100}微波，
最後由腔體周圍的線形狹隙天線(slot antenna)，透過石英玻璃進
入圓柱形共振腔，在共振腔內微波將氣體游離產生電漿，此電漿
凝聚似一火球，基板移至火球前緣沉積薄膜。MPCVD 的操作條
件如圖 4-28(b)，需適當調整微波功率和氣壓，若微波功率低，氣
壓太高則電漿易熄滅，在操作區中若氣壓太高也易形成柱狀晶，
甚至氣體分子在半空中均質成核才掉到基板，薄膜表面較粗糙。
若微波功率高、氣壓太低，則電漿易脫離火球跑到視窗。 MPCVD
火球前緣的溫度很高，薄膜的結構和表面均勻性都易控制，但薄
膜多少還有電漿污染物。

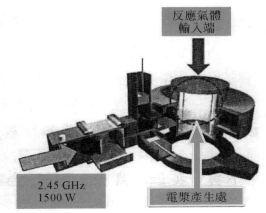

圖 4-28(a)　微波電漿化學汽相沉積(MPCVD)系統

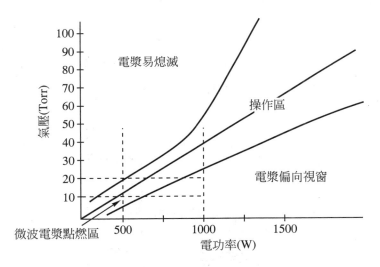

圖 4-28(b)　MPCVD 的操作條件

　　電子迴旋共振化學汽相沉積(ECRCVD)是以 2.45 GHz 微波導入 CVD 系統，外圍加線圈提供磁場 B_Z，則帶電粒子將做圓周運動 $\vec{\omega} = -\dfrac{q}{m}\vec{B}$，電子迴轉頻率等於導入的微波頻率時，微波的能量將被電子共振吸收，滿足此共振吸收的磁場是 875 高斯。ECR 系統中電子質量輕、轉速快，一直碰氣體維持高濃度電漿，ECR 在 10^{-5} 到 10^{-3} torr 氣壓就有很高濃度的活性電漿。離子質量大會下沉，其 ω 比較小，故離子以螺旋軌跡跑到基板。電漿的溫度很高，可使難鍵結的分子順利孕核，若電漿產生區與基板在同一真空室，較易同質孕核，薄膜較不平。

若將電漿區與 CVD 反應區分開為兩空間，如圖 4-29(a)，產生電漿的氣體注入電漿反應腔，進行化學反應的氣體注入晶片室，而磁場需改為梯度，以萃取電漿流入化學反應腔，如圖 4-29(b)在晶片平台產生一負電位。ECR電漿的高能量電子受到磁矩和磁場梯度的作用，將造成電子和離子有相同的加速度

$$\frac{F_i}{M} = \frac{F_e}{m} \dotfill (4\text{-}52)$$

即沿電漿室到晶片室間的電漿流滿足電中性時，產生一向下之靜電場 使電子減速，且使離子向晶片加速。

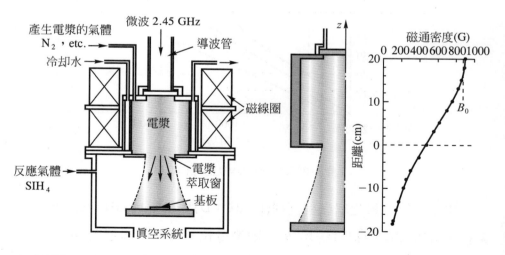

(a) 電漿區與 CVD 反應區分開薄膜品質較佳　　(b) 磁場梯度使電漿流入 CVD 反應區

圖 4-29　有磁場梯度的 ECR (7)

電子的 $\vec{\omega}$ 與 $\vec{B}$ 都指向 $+Z$，ECR 的電子磁矩

$$\mu = iA = \frac{e}{2\pi/\omega}\pi r^2 = \frac{1}{2}e\omega r^2 \dotfill (4\text{-}53)$$

而 $\vec{\mu}$ 與 $\dfrac{d\vec{B}}{dz}$ 都指向 $-Z$，在磁場梯度中電子受到 $+Z$ 方向的力

$$\vec{F}_e = -\vec{\mu}\frac{d\vec{B}}{dz} - e\vec{\varepsilon} \dotfill (4\text{-}54)$$

螺旋線離子的磁矩甚小，在電漿流中離子受 $-Z$ 方向的力

$$\vec{F}_i = e\vec{\varepsilon} \dotfill (4\text{-}55)$$

電子在電漿室內的磁能

$$E_0 = -\vec{\mu}\cdot\vec{B} = \mu B_0 \dotfill (4\text{-}56)$$

(4-52)式使電漿流向晶片室時滿足電中性，因此磁場梯度產生電場

$$\vec{\varepsilon} = -\frac{d\phi}{dz} = \frac{-\dfrac{\mu}{e}\dfrac{dB}{dz}}{\left(1+\dfrac{m}{M}\right)} = \frac{\dfrac{-E_0}{eB_0}\dfrac{dB}{dz}}{\left(1+\dfrac{m}{M}\right)} \dotfill (4\text{-}57)$$

$B < B_0$ 且 $m \ll M$，故 $\displaystyle\int_0^\phi d\phi = \frac{E_0}{eB_0}\int_{B_0}^B dB$，因此電子在磁場梯度產生的電位差爲

$$\phi = \frac{E_0}{eB_0}(B-B_0) = \frac{-E_0}{e}\left(1-\frac{B}{B_0}\right) \dotfill (4\text{-}58)$$

在基板附近 B 最小，負電位值最大，離子以 $e\vec{\varepsilon}$ 靜電力沉積到基板，階梯覆蓋性很好。若在被隔離的晶片平台下接一 RF 偏壓，則做 ECR 乾蝕刻時不僅可挖深，側壁垂直度也很好。

■ 4-4 導電薄膜和介電薄膜製作

　　元件的導電部份有電極的歐姆接點、Schottky接點、插栓金屬、電容器金屬板、信號傳輸線等。而金屬要與晶片或介電層接觸良好，需考慮到易黏著、熱穩定性佳、還要導電係數高。例如矽晶元件中要濺鍍鋁合金前需加 Ti 幫助附著力，加 TiN 阻障層阻止金屬擴散，又當金屬的抗反射層，以免金屬反光影響下一製程的微影曝光準度。GaAs 元件的歐姆接點金屬，一般為AuGe共晶，需加 Ni 提高附著力，而AuGeNi的電阻係數較高，需加一較厚的金覆蓋層，此層一般為了提高導電係數，金覆蓋層或當電容器金屬板或傳輸線用，當然還需黏著和阻障層，因此整個覆蓋層為TiPtAu，它可用濺鍍或蒸鍍法做，若用蒸鍍法一般都用光阻剝除(lift-off)技術留下金屬。

　　矽晶和 GaAs 的 Schottkey 接點，一般都用高溫金屬矽化物，如 $TiSi_2$ 或 WSi_2，它們可用濺鍍或 LPCVD 法製作，LPCVD 反應為

$$2WF_6(g) + 7SiH_4(g) \xrightarrow{300\sim400℃} 2WSi_x(s) + 3SiF_4(g)$$
$$+ 14H_2 \dots\dots\dots\dots\dots\dots\dots\dots\dots\dots\dots\dots\dots\dots (4\text{-}59)$$

壓力在 $0.3\sim1$ torr 間，WSi_x 的 x 值在 $2.6\sim2.8$ 間是矽含量較高的矽化鎢，其 ρ 約 $700\sim900$ $\mu\Omega$-cm，但回火後可變為多鎢的矽化鎢，x 值約為 $2.2\sim2.3$，ρ 降至 70 $\mu\Omega$-cm 以下。

　　多重內連線間都做介電孔金屬插栓連接，矽元件的插栓金屬有W、Al、Cu等，III-V族半導體元件的插栓都是用Au。插栓做法以微影乾蝕刻將介電層開窗後，先在內壁以濺鍍法沉積黏著層和阻障層，若要做鎢插栓則以SACVD進行毯覆式沉積鎢如

$$WF_6 + SiH_4 \xrightarrow[\rho < 100torr]{300\sim550℃} W(s) + SiF_4 + 2HF + H_2 ...(4\text{-}60)$$

接著以 CMP 或乾蝕刻法去除介電層表面的鎢，以早先沉積在晶片上的阻障層為回蝕終點完成插栓，要做上一層金屬前先沉積 Ti/TiN 以提高附著力。鋁插栓一般以濺鍍法在 400℃ 下完成沉積厚度後，臨場在 400～450℃ 間進行鋁層熱流提升填塞能力。銅插栓則以 MOCVD 法沉積，銅易擴散，黏著層和阻障層應做好，以 CMP 法去除介電層表面的銅後應馬上加阻障層才做上一層金屬。為提高導電係數，III-V 族半導體元件的傳輸線，電容器的金屬板都將金覆蓋層改用電鍍的方式較經濟，因蒸鍍法或濺鍍法都會有大量的金沉積在晶片外，為了散熱和減少傳輸線的阻抗(impedance)，完成前面製程後晶片背後需磨薄至約 0.004 吋，才從背後做介電層穿孔蝕刻，最後在背面電鍍金，則此金插栓貫穿晶片前後黃金層，背面的黃金平面供晶塊焊接及接地散熱用。

　　半導體元件的介電薄膜有 MOS 元件的閘氧化層、隔離場氧化層、電容器的介電層、多重內連線間的絕緣層和元件外表的保護層等。SiO_2 在矽晶元件的應用很廣，以熱氧化法的品質最佳，但都在 900℃ 以上氧化，MOS元件的閘氧化層、隔離場氧化層都是用熱氧化法製作的。矽晶元件的多重內連線間之隔離介電層都是 SiO_2 或 Si_3N_4，隔離層的要求需介電常數低，介電強度(崩潰電場)高，在兩金屬層間的介電層其實構成電容器，因此介電層應做較厚使電容趨於零，且勿用高頻以免兩金屬層間漏電。SiO_2 或氮化矽的多重內連線間隔離層做法，可用 LPCVD，也可用 PECVD，例如有機矽化物 TEOS 為主的 LPCVD 反應得 SiO_2

$$Si(OC_2H_5)_4 \xrightarrow[1\sim10torr]{650\sim750℃} SiO_2(s) + 4C_2H_2 + 2H_2O ....(4\text{-}61)$$

TEOS 在 1 atm、室溫下爲液體，需先加熱至40～70℃再以蒸氣方式導入 LPCVD 反應室。以 LPCVD 沉積的 Si_3N_4爲：

$$3SiH_2Cl_2(g) + 7NH_3(g) \xrightarrow{\text{700～800℃，0.1～1 torr}}$$

$$Si_3N_4(s) + 3NH_4Cl + 3HCl + 6H_2 \text{.......................................(4-62)}$$

SiH_2Cl_2室溫下也是液體，使用時需對盛SiH_2Cl_2容器加熱，且輸送管件也需貼加熱帶以利輸送氣態SiH_2Cl_2。

以 PECVD 沉積氮化矽的反應式爲：

$$SiH_4(g) + NH_3 \xrightarrow{\text{RF + N}_2} SiN_x : H(s) + 3H_2 \text{.....................(4-63)}$$

反應溫度250～400℃、壓力約1～5 torr 間，氫原子在沉積反應時分別與未飽和鍵結的矽原子和氮原子形成 Si-H 和 Si-N 鍵，H 含量和 χ 值與操作的 RF 功率、溫度、壓力有關。

　　要電容值 $C = K\epsilon_0 \dfrac{A}{d}$ 較大，需找介電常數 K 較大的介電材料，膜厚d需很薄，但不可有針孔，材料較難找，一般還是以 SiO_2 和Si_3N_4爲主，很薄的 Si_3N_4 兩側包 SiO_2 可提高 C 值，閘氧化層即如此做的。GaAs 等 III-V 族半導體用 PECVD 或濺鍍做很薄的 SiO_2、Si_3N_4 或 SiN_x：H介電層於兩金屬層間只能當電容器用。通信頻率都GHz級，需要藉蝕刻方法和離子布植法將主動元件區和被動元件區隔離，主動元件做在平台(mesa)上，而被動元件做在絕緣基板上，例如在平台的FET元件之源極、汲極傳輸金屬做好後，沉積介電層再將閘極傳輸墊作在絕緣基板上，然後藉光罩微影的閘極傳輸線連在傳輸墊上，則元件的電流在FET通道中因寄生電容流向閘極的分量可忽略。

4-5　磊晶技術(epitaxial technology)

　　沉積在基板上的薄膜可能是單晶、多晶或非晶形。在單晶拋光片上沉積出單晶薄膜叫磊晶(epitaxy)，此拋光片的晶體結構是磊晶層的晶種，控制薄膜應力與磊晶速率則磊晶層的品質都比基板晶片佳，且藉薄膜沉積可調整磊晶層的適當電阻係數和導電型，因此元件常做在晶片磊晶層上。磊晶技術有三種(a)汽相磊晶(VPE)是用化學汽相沉積技術磊晶，VPE製程溫度高，薄膜均勻性佳，若沉積速率太快則易造成氣相孕核才掉到基板，而變成多晶。(b)液相磊晶(LPE) 似單晶成長原理，一般摻雜由液態凝為固態的偏析係數 $K = \dfrac{C_s}{C_l} < 1$ 決定，若磊晶速率太快也會在基板界面堆積摻雜物而變成多晶，單晶成長的熔液溫度比晶棒高，而液相磊晶的溶液溫度比晶片低。(c)分子束磊晶(MBE)是物理汽相沉積技術，MBE在超高真空下，製造溫度低易控制到單原子層的品質，但設備昂貴產能低。

4-5.1　鹵化物系 VPE 同質磊晶

　　在矽晶片上磊晶矽薄膜，在 GaAs 晶片上磊晶 GaAs 薄膜叫同質磊晶，矽晶磊晶層是在質量傳輸(h_g)控制區反應的 VPE，一般用鐘罩式反應腔(barrel reactor)，氣體由上向下流平行晶片表面似水平式，其傾角用以改善氣體停滯層，增加下方晶片接受反應氣體的流速，如圖4-20。(111)面的晶片磊晶速率應比(100)面慢，且(111)面的錯切角需較大，否則磊晶易產生似橘子皮的小平面(facet)缺陷。氧化物使磊晶易失效，故反應腔達 1200℃後，以乾燥氫氣烘烤 10 分鐘，以去除晶片上的天然氧化物，再以乾燥 HCl 氣蝕刻清洗晶片表面。將鹵化物 $GaCl_2$、As_4和氫氣通入反應腔進行 VPE，則得 GaAs 同質磊晶層，其操作觀念與矽晶磊晶層做法相同。

　　SiHCl$_3$ 的磊晶溫度在 1100～1200℃，溫度較高則原子的表面遷移率大、磊晶品質較佳，但在高溫進行磊晶時晶片原子會向磊晶層擴散，磊晶層原子也會向晶片擴散，即磊晶界面間一直在交互向外擴散(outdiffusion)，造成界面摻雜濃度重分布，直到足夠厚度後才達穩定平衡值。在微影開窗的晶片上做磊晶層，因外擴散可能發生窗口位置偏移(pattern shift)或窗口大小改變(pattern distortion)，甚至窗口消失(washout)。降低磊晶溫度和降低沈積速率都可減少圖案變形，而(111)晶片的錯切角起碼需 3°以減少圖案變形。若改用 20～200 torr 的 LPCVD 則低壓下磊晶溫度可降 100～200℃，再增大反應物流速可減少 H$_2$ 被吸附在晶片表面，如此可減少界面之外擴散，且改善磊晶層的摻雜均勻性，但其真空系統和氣體輸送系統管路需考慮耐蝕並加強維護。

　　進行磊晶時除了所加摻雜物外，可能來自反應室器壁、晶片支撐器、高摻雜的晶片邊緣或背後跑出的雜質摻入磊晶層中叫自動摻雜(auto-doping)，它使磊晶層需有最低摻雜量。一般磊晶層電阻係數 $\rho > 10\Omega$-cm 已算低摻雜，低溫磊晶薄膜的雜質重分布都以自動摻雜為主，愈易揮發的元素其自動摻雜愈嚴重，現在的設備若腔體和晶片夠乾淨，則在 0.005～0.01Ω-cm 電阻係數的銻摻雜 Sb(n$^+$) 矽晶片上，沈積$\rho \cong 100\Omega$-cm 的磊晶層 n-Si 已沒問題。

4-5.2　Ⅲ-Ⅴ族半導體異質磊晶

　　在 GaAS 晶片上沈積不同 E_g 的磊晶薄膜如 AlGaAs、InGaAs 等叫異質磊晶。Ⅲ-Ⅴ族光電元件如高亮度發光二極體(LED)、量子井雷射二極體等都以異質結構提高電子-電洞再結合數量，且異質結構的折射率差異提供波導共振腔提高光的強度。異質磊晶要求各層薄膜的晶格失配度

很小，基板材料的熱膨脹需很低。製作異質結構的磊晶薄膜一般以MBE
和 MOCVD 技術為主。

　　分子束磊晶是量子井雷射二極體和有應力的高電子遷移率電晶體
(pseudomorphic high electron mobility transistor，PHEM)微波元件製
作異質多層膜的重要設備，如圖 4-30，PHEM 是異質的金屬-半導體場
效電晶體(MESFET)。MBE 是 PVD 技術，熱分子束在10^{-10} torr 高真空
中似理想氣體，熱分子以 $PV = N\,k_B\,T$ 運動到達基板表面沈積薄膜，
MBE系統上加鈦昇華幫浦以達超高真空，加液態氮冷凝板以吸附反應室
內的水汽和CO、CO_2等，並裝殘餘氣體分析儀以掌控高真空的殘氣量，
且MBE系統上裝有歐傑電子光譜儀(AES)直接分析薄膜成份，有反射式
高能量電子繞射儀(reflection high energy electron diffraction,RHEED)
直接偵測表面晶體結構以控制磊晶成長速率，有石英振盪晶體直接測膜
厚，MBE 的分子噴出爐(Kundsen cell)都用耐高溫氮化硼製成，一般以
電子束蒸發器提供元素蒸汽。

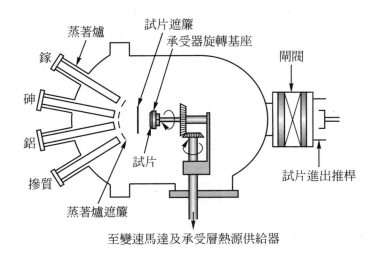

圖 4-30　MBE 磊晶系統

　　金屬有機物也可用於 MBE 系統，透過開關閥和精密電子質流控制(MFC)，將 AsH_3、PH_3、TEAl、TEGa 等送入反應爐，提供 As、P、Al、Ga 等的高純度分子束。摻雜系統似離子布植機有獨立真空系統，其離子選取似質譜儀可直接控制摻雜量和分布均勻性。晶片垂直地安裝在一加熱的鉬(Mo)塊上，以銦(In)焊牢，晶片座可轉動，一般溫度維持在 400-750℃，換晶片時有晶片交換防漏(load lock)裝置，此雙重真空室可減少抽真空時間。進行 MBE 前應先以濺射蝕刻系統做臨場晶片表面清潔工作，各系統的動作和整個製程都自動化。

　　高亮度發光二極體或異質結構雙載子電晶體(heterojunction bipolar transistor，HBT)的 AlGaAs、InGaAs 異質磊晶薄膜，若以 MOCVD 技術磊晶叫 MOVPE。以 MOCVD 法成長(Ga、In、Al) N 的磊晶，主要反應物為三甲基鎵(TMGa)、三甲基銦(TMIn)、三甲基鋁(TMAl)，另外加氨氣(NH_3)乃提供氮原子的來源。早期先在藍寶石(sapphire，Al_2O_3)基板上低溫成長一層氮化鋁(AlN)作為緩衝層，然後在高溫(約 1000°C)成長氮化鎵。LED的n type是摻雜Si，其反應物是Methy Silane(MeSiH)，而 p type 是摻雜 Mg，其反應物採用 Bicyclopentadienyl(CP_2Mg)做為Mg原子來源。1991 年中村修二先生捨棄AlN緩衝層，提出圖4-31的雙流MOCVD系統，主要氣流攜帶TMGa、TMIn、TMAl、NH_3和H_2，從平行於基板的方向進入，另一氣流是使用 N_2和 H_2氣從基板正上方垂直進入，目的在於將反應物壓制在基板上，不會因高溫成長時的熱對流造成反應不均勻，因此能抑制三維島狀結晶形成，減少晶格錯位產生，增加載子遷移率，提高磊晶薄膜品質，這種雙流MOCVD技術已成為製作高亮度發光二極體異質結構的主流技術。

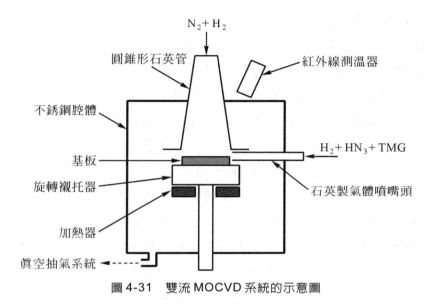

圖 4-31　雙流 MOCVD 系統的示意圖

🔲 4-6　微影製版術(lithography technology)

　　微影製版術是將設計的圖案製作成光罩，再利用曝光技術將圖案轉移到晶片上。曝光的方式有紫外光、X-射線、電子束、離子束等多種技術，目前電子束製版術都以製作光罩為主，而將光罩之圖案轉移到晶片上都以紫外光之光微影製版術為主，限於篇幅本節僅介紹光微影技術。

　　VLSI 曝光機光源大都使用 230 atm 高壓水銀蒸氣的放電弧光燈，其光譜在 $350\sim450$ nm 的紫外波長範圍，有較亮的 I 線(365 nm)、H 線(405 nm)和 G 線(436 nm)等。而 ULSI 微影製版術則選用 KrF(249 nm) 或 ArF(193 nm)之準分子雷射(excimer laser)為光源。水銀弧光燈功率很高($200\sim1000$ W)需有散熱裝置，以免燈泡輸出之光譜偏移、曝光機之投影光程改變、甚至光罩尺寸也膨脹。使用濾光片選用曝光之波長和頻寬，燈泡、聚光元件都會隨時間老化，即使相同燈泡在不同曝光機的曝光強度也不見得相同，為確保每次曝光都有相同能量，需使用曝光表，隨時調輸出功率和曝光時間，以適合光阻之曝光條件。

因光阻對波長λ>0.5 μm的光波不敏感，因此微影製程都在無塵的黃光室進行，無塵室需控制單位體積的灰塵微粒大小，微粒總數和室內溫度、溼度等。1000級清淨度乃0.5 μm 大小的微粒每 ft^3空間少於1000粒，一般VLSI在一百級進行微影，而次微米ULSI在清淨度1級之空間進行，不僅要求微粒少於一顆，微粒大小小於0.1 μm，因若微粒落在圖案附近則可能造成該處電流密度較大，若橫在兩導體間則會造成短路，明顯影響製程良品率，因此無塵室清淨度之維持很重要。

光微影製版術之基本製程是①在基板上塗佈光阻②利用光罩使光阻選擇性曝光③洗掉未被感光的光阻使圖案顯現叫顯影(develop)，等三大步驟，但為了加強圖案轉移的精確性和可靠性，須先將晶片做去水烘烤，塗底工作、曝光前後對光阻軟烤、硬烤和晶片蝕刻，最後去除光阻等步驟。光微影製程的解析度(resolution)受下列因素影響①光阻材料的光學性質②曝光設備硬體限制，如光繞射、透鏡像差、系統的機械穩定性等③微影製程各步驟的穩定性如軟烤、曝光、顯影、硬烤、蝕刻等各步驟都會影響微影解析度。

4-6.1　光阻材料

光阻主要是由樹脂，感光劑和溶劑三種混合而成，樹脂的功能是作為黏合劑(binder)，感光劑是光活性極強的化合物，它與樹脂在光阻內的含量相當，兩者一起溶在溶劑裏以液態的形式存在，若光阻本身難溶於顯影劑，但遇光後光阻會解離成可溶於顯影液的結構時，這種光阻會直接顯示光罩的圖案叫正光阻。若光阻遇光會產生高分子交互鍵結的連鎖反應，分子量變重，結構加強，不溶於顯影劑，這種光阻叫負光阻，顯影後得到負片，如圖 4-32，因負光阻經曝光後在進行顯影時，顯影液會滲入已鍵結的負光阻分子內使體積膨脹(swell)，導致顯影後的負光阻圖案，其解析度和附著力都變差。

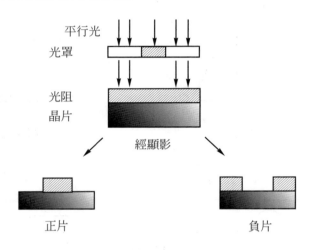

平行光
光罩

光阻
晶片

經顯影

正片　　　　　　　　　　　　負片

圖 4-32　正光阻與負光阻

　　光阻的主要功能有二，①精確轉移圖案②蝕刻時保護基材。光阻材料對曝光能量的敏感度與對比值，決定曝光與顯影步驟之品質。圖 4-33 說明光阻的對比參數 r，未曝光之正光阻在顯影液也會溶掉某定量，曝光能量增大則光阻溶解率增大，使光阻完全溶掉的能量定義為 E_{th}(threshold energy)，E_{th} 是正光阻的靈敏度，以 E_{th} 劃切線交於 100 %光阻厚度所對應之能量 E_1，則正光阻之對比參數 r 定義為 $r = \left[\log_{10} \left(\dfrac{E_{th}}{E_1} \right) \right]^{-1}$，光能小於 E_1 時光阻溶解率很低，光能大於 E_1 時光阻溶解率才大增，E_1 越接近 E_{th} 則 r 越大，其成像較清晰(shaper)。光阻液之感光材料是光活性化合物 (photoactive compound)簡稱 PAC，PAC 之活性很高，若光阻曝露在光或熱的環境下，都可能使PAC反應而降低其感光能力，因此光阻劑應裝在黑色容器，存放於冰箱，以減低PAC之老化(aging)速率。

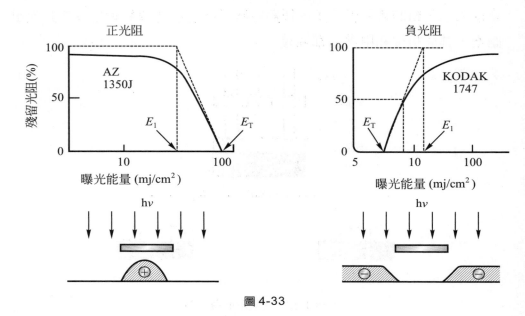

圖 4-33

　　負光阻曝光能量小於E_{th}前光阻會完全溶於顯影液，$E > E_{th}$曝光顯影後會留下光阻，$E > 2E_{th}$負光阻就幾乎不溶於顯影液，負光阻的靈敏度定義為在曝光時，保留原光阻厚度50 %所需之能量，在50 %厚度劃切線，交100 %光阻厚度所對應之能量為E_1，其對比$r = \left[\log_{10}\left(\dfrac{E_1}{E_{th}}\right) \right]^{-1}$。繞射會使光罩下部分曝光，正光阻部分被洗掉，負光阻也因部分感光而留下部分光阻膜。光微影曝光法的靈敏度以光強度乘時間$\left(\dfrac{power}{A} \times time = mjoul/cm^2\right)$表示，電子束曝光法之靈敏度以電流密度乘時間$(J \cdot t = \mu coul/cm^2)$表示。靈敏度值越低則產量越高，光阻對比$r$值越大則像越清晰。

4-6.2　紫外光曝光技術

　　選擇曝光裝置一般需考慮三要素①解析度(resolution)②對準精度(registration)③產能(throughput)。解析度是曝光機能高傳真地轉移圖案於晶片光阻上的最小尺寸。對準度是在晶片上連續多次使用光罩，每次對前次圖案對準的容許誤差大小。設備的產能是指對某一光罩，每小時能曝光的晶片數。

　　較常用的投射曝光技術有兩種①接近法(proximity)②投影法(optical projection)。接近法是光罩與晶片光阻間僅留 $10\sim50\ \mu m$ 間隙，如圖4-34，幾乎平行的紫外光透過光罩使光阻曝光，曝光時繞射光在光罩邊緣產生條紋而降低解析度。

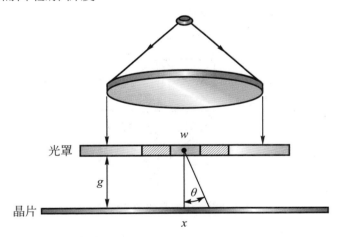

圖 4-34　接近法曝光

若光罩透光寬度 w、繞射 x，則 Fresnel 繞射為

$$w\sin\theta=\lambda \dotfill (4\text{-}64)$$

$$w\cdot\frac{x}{g}=\lambda\ ,\ \frac{w}{x}=\frac{w^2}{g\lambda}\simeq1\ ,\ \lambda\ll g\simeq\frac{w^2}{\lambda}$$

故成像最小線寬$w \cong \sqrt{g\lambda}$.. (4-65)

使用短波長光源，調低間隙 g，以提高解析度。

投影曝光法是光罩固定在晶片和物鏡鏡頭上方，晶片可在平面上二維移動，使鏡頭對準某晶塊(chip)位置曝光後，再移動晶片到另一晶塊位置重新聚焦曝光，如圖4-35，這種投影方式叫步進(step and repeat)法。步進法一般以放大率$m = \frac{1}{5}$或$m = \frac{1}{10}$的縮影曝光以提高精度，若不縮影的精度也可接受，則 $m = 1$的光罩製作較容易，也較易對準，步進法作多次曝光克服了晶片平坦度問題，但對準時間需較長。

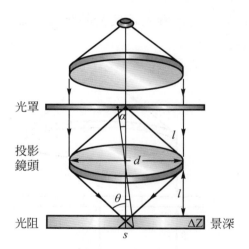

圖 4-35　光學投影曝光

投影曝光法除須考慮解析度，對準精度和產能外，還需要求曝光機景深較長，使一定厚度的光阻完全曝光。圖4-35中，物距為 l，物鏡收集自晶片表面反射的的錐形光束夾角為2θ時，集中光束的能力叫數值孔徑(numerical aperture)

$$NA = \sin\theta$$.. (4-66)

d 是物鏡的光圈直徑，光經透鏡繞射的 Rayleigh 準則為

$$d\sin\alpha = 1.22\lambda \quad\text{.. (4-67)}$$

所謂成像解析力的 Rayleigh 準則是相鄰兩光源經透鏡成像，光源 1 的第一最亮點，恰與光源 2 的第一最暗點重疊，這是可分辨這相鄰光點的最小距離 s，如圖 8-2。

定義光圈數值(focus number)$F = \dfrac{\text{焦距}}{\text{光圈直徑 } d}$，則

$$NA = \sin\theta \cong \tan\theta = \frac{d/2}{f} = \frac{1}{2F} \quad\text{... (4-68)}$$

(4-67)式經圖 4-35 轉換，約 $2l\sin\theta \cdot \dfrac{s}{l} = 1.22\lambda$

故 Rayleigh 解像力 $s \cong \dfrac{0.61\lambda}{NA} = 1.22\lambda F$ .... (4-69)

成像視野景深(DOF)$\Delta Z = \dfrac{s}{\tan\theta} \cong \dfrac{0.61\lambda}{(NA)^2} = 2.44\lambda F^2$ .... (4-70)

其實 $\tan\theta \neq \sin\theta$，曝光系統表示解析度 $s = \dfrac{K_1\lambda}{NA}$，

$$\text{DOF } \Delta Z = \frac{K_2\lambda}{(NA)^2}，K_1 \simeq 0.65，K_2 \simeq 1.0$$

F 調小或 NA 調大則可辨識的線寬較細，即解析力較高，但 NA 調大則透鏡球面像差增大，且 F 調小則景深明顯變淺，故要提高解析力都以使用短波長來實現。

投影系統解析能力的提升需做到①使用較短波長光照射②光源同調性(coherence)可調③使用較大對比 r 值的光阻。圖 4-36 是 m=1 的投影系統成像，若光罩的特徵尺寸(feature size)是等間隔、等線寬 b 的光柵圖案，入射光經過光罩圖案和透鏡後，在光阻上有 $I_{\max}$ 和 $I_{\min}$ 處，因此晶片受光面上的能量變化調變 $M = \dfrac{I_{\max} - I_{\min}}{I_{\max} + I_{\min}}$，若 $I_{\min} = 0$ 則 $M = 1$ 為最大值。

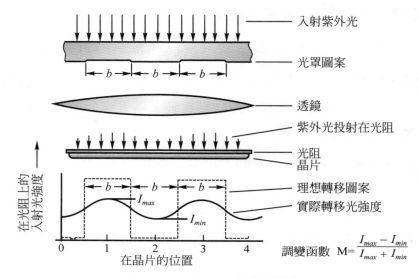

入射紫外光

光罩圖案

透鏡

紫外光投射在光阻

光阻
晶片

理想轉移圖案
實際轉移光強度

調變函數 $M = \dfrac{I_{max} - I_{min}}{I_{max} + I_{min}}$

圖 4-36　投影系統成像之調變

定義曝光系統的調變轉換函數 $MTF = \dfrac{\text{成像平面的 M}}{\text{光罩面的 M}}$，在光罩平面下不透明中心的 $I_{min} = 0$，即 $M_{mask} = 1$，MTF＝成像平面的 M。MTF 是空間頻率 ν(line pair/mm) 的函數，而 MTF 與 ν 的關係與照明系統的同調性有關。同調的程度定義為 $\sigma = \dfrac{\text{光源透鏡的 NA}}{\text{物鏡的 NA}}$，垂直入射的平行光，或光圈很小在焦點之點光源，入射光源的 $NA = 0$，$\sigma \cong 0$，像完全聚焦很清晰，較近似完全同調光。同調光 $\sigma = 0$，線寬 b 的空間頻率 $\nu_c = \dfrac{1}{2b}$，而光柵第一繞射峰 $2b\sin\alpha = \lambda$，物鏡到晶片像點的 $NA = \sin\theta$，因此同調光的最大空間頻率 $\nu_c = \dfrac{1}{2b} = \dfrac{\sin\alpha}{\lambda} \leq \dfrac{\sin\theta}{\lambda} = \dfrac{NA}{\lambda}$ 。

圖 4-37 斜射的非同調光，入射角 i，折射角 α，則光柵第一繞射峰為光程差 $2b(\sin i + \sin\alpha) = \lambda$，$2b \cong \dfrac{\lambda}{2\sin\alpha}$，繞射光的 i、α 都小於 θ，故 $2b \geq \dfrac{\lambda}{2\sin\theta}$。若光源與物鏡的光圈等大，則 $\sigma = 1$，其完全非同調光的最大空

間頻率 $v_0 = \dfrac{1}{2b} = \dfrac{2NA}{\lambda}$ ，因此 $v_0 = 2v_c$ ，圖 4-38 顯示不同 σ 的 MTF 與 v 的關係。同調光的最大空間頻率 $v_c = \dfrac{NA}{\lambda} = \dfrac{1}{2}v_0$ ，在 $v > \dfrac{1}{2}v_0$ 區需用部分同調光得較高 MTF，一般縮影步進機的 $\sigma = 0.7$ ，一倍的步進機其 $\sigma \cong 0.45$ ，一曝光系統的解析極限 MTF $= 0.1$ ，被照的圖案尺寸較大則 MTF 較高，最大 MTF $= 1$ 叫完全成像轉移。

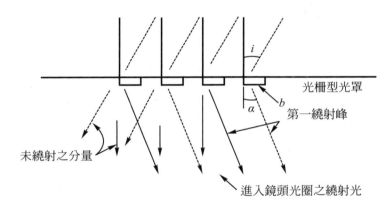

圖 4-37　非同調光調變

　　光阻的臨界 MTF 定義為 $CMTF_{resist} = \dfrac{I_{100} - I_0}{I_{100} + I_0} = \dfrac{10^{1/r} - 1}{10^{1/r} + 1}$ ， I_{100} 是 100 % 光阻厚度被洗掉的最低曝光能量， I_0 是光阻層不被曝光的最高能量。一般正光阻的 $\dfrac{I_{100}}{I_0} \geq 4$ ，即 $CMTF_{resist} \geq 0.6$ ，MTF > 0.6 可得較高空間頻率 v ，成像較清晰，鏡頭失焦 (defocus) 較不敏感，曝光機的 $I_{0.6}$ 代表 MTF $= 0.6$ 的最小線寬。光阻除 r 值影響曝光效果，常因曝光進行時部份沒被光阻吸收的光到達晶片表面後反射與入射光干涉產生駐波，駐波節點間距為 $\dfrac{\lambda}{2n}$ ， n 為光阻折射率，這將導致光阻曝光不均，線寬改變等現象，在曝光後顯影前須做曝光後烘烤，使光阻結構重新排列減少駐波。

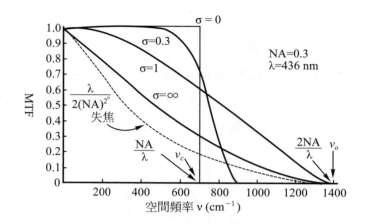

圖 4-38　顯示不同 σ 的 MTF 與 ν 的關係

4-6.3　圖案對準技術

　　要將第二片光罩之圖案重疊在晶片的第一次圖案上，若第一次圖案的成像線寬不準度爲σ_1，第二片光罩圖案的成像線寬不準度爲σ_2，而放第二片光罩於第一次圖案上的覆蓋對準誤差(overlay uncertainty)爲σ_r，如圖 4-39，則對準容許誤差(registration tolerance)

$$T(3\sigma) = 3\left[\left(\frac{\sigma_1}{2}\right)^2 + \left(\frac{\sigma_2}{2}\right)^2 + \sigma_r^2\right]^{1/2} \quad\text{...............................} (4\text{-}71)$$

對一物理量做重複多次量測，其數據大多呈高斯分佈，每次之量測值 X 與平均值$\overline{X}$的實際誤差爲 $d_i = X_i - \overline{X}$，統計之量測標準差

$$\sigma = \left[\sum_{i=1}^{n} \frac{d_i^2}{n}\right]^{1/2} \quad\text{...............................} (4\text{-}72)$$

$\overline{X} \pm 3\sigma$ 間的數據佔全部數據的 99.6%，因此一般都以 3σ 的大小表示量測準確度，σ 越小準確度越高。

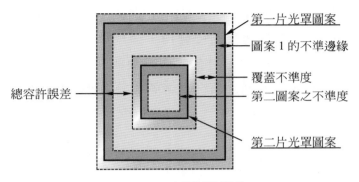

圖 4-39　光罩對準誤差

　　每片光罩都在角落做對位記號(aligning key)，可能是相互垂直的交叉線條，或是不同半徑的圓，若第一光罩在晶片或晶塊(dice)上，有兩個相互垂直的對準記號，每一個都對晶片平台x、y運動方向各夾45°，若在第二片光罩上有兩個較大且較粗的相互垂直記號，其像投影在晶片上，光罩影像與晶片的對準記號重疊後，被反射到曝光機的主光學元件上，然後進入顯微鏡光軸上，顯微鏡成像被聚焦於監視器螢幕上，從螢幕的水平掃描線與45°的對準記號，可得 x 和 y 的對準資料，送至計算機分析以決定兩影像的對準誤差。

4-7　蝕刻技術(etching technology)

　　經過薄膜沉積、微影、蝕刻的流程，重複製作便可一層一層地在基板上構成元件，完成微影製程後，晶片表面的薄膜部分被光阻保護，可以藉化學反應或物理撞擊，對未被光阻覆蓋的部份進行蝕刻，以達到轉移光罩圖案於薄膜上面的目的。蝕刻的方法分濕式蝕刻和乾式蝕刻兩大類，濕式蝕刻是利用蝕刻液進行化學反應而移除被浸蝕的薄膜，乾式蝕刻是利用電漿做物理轟擊或將反應氣體分子解離，然後氣體離子對薄膜或基板乾蝕刻,若薄膜遭受每一方向等量蝕刻,則蝕刻後的截面輪廓,發現在光阻底下的部份薄膜被侵蝕掉,這現象叫底切(undercut),若薄膜幾乎只受垂直向下蝕刻,沒有底切現象叫非等向性蝕刻(anisotropic ething),如圖4-40,蝕刻之執行需考慮非等向性、選擇性、蝕刻速率和均勻性等。

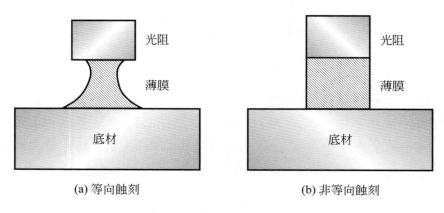

(a) 等向蝕刻　　　　　　　　　(b) 非等向蝕刻

圖 4-40　兩種不同的蝕刻輪廓

4-7.1　濕式蝕刻

　　濕式蝕刻是薄膜或基材與蝕刻液化學反應,所產生的氣態或液態生成物來執行結構分子的移除。濕式蝕刻進行化學反應沒有特定方向是等向性蝕刻,濕式蝕刻進行時首先是溶液的反應物利用擴散通過一層厚度很薄的邊界層到達薄膜的表面,接著反應物與薄膜表面的分子產生化學反應,其生成物也利用擴散再經過邊界層回到溶液,隨著溶液被排除。

　　控制濕式蝕刻反應的主要參數有,溶液濃度、反應溫度、蝕刻時間和溶液的攪拌方式等四項,溶液濃度越濃、溫度越高則薄膜被移除的速率也越快,但蝕刻速率較快其底切現象較嚴重,當然蝕刻速率較慢,則蝕刻的時間就較長，這三項參數相互關聯。適當的攪拌將使反應物往薄膜表面進行質量傳輸時不再完全依賴擴散，攪拌提供的溶液對流會減小邊界層厚度，提升反應物輸往薄膜表面的能力，使用氣泡或超音波震盪攪拌，可適度減輕底切現象，即攪拌方式的設計與控制，對濕式蝕刻的效果影響很大。

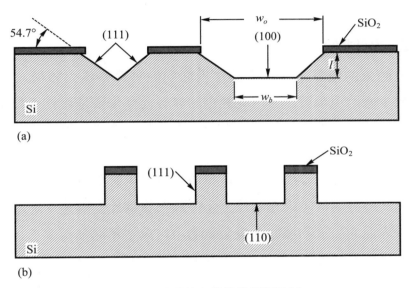

圖 4-41　矽晶片上做微機電濕蝕刻

　　矽晶是鑽石結構，其(111)面比(100)面原子密度高，分子力較大較不易被斷鍵，故(111)面比(100)面蝕刻速率低，例如矽晶以 KOH＋H₂O＋異丙醇(IPA)溶液，在 80℃的蝕刻速率比值為(100)：(110)：(111)＝100：16：1，圖 4-41 是在矽晶片上長熱氧化薄膜後以光罩開窗(a)在(100)矽晶片上若窗口較窄，蝕刻時間稍長，則得(111)面與(100)面夾 $\theta = \cos^{-1}\dfrac{1}{\sqrt{3}} = 54.7°$ 之 V 型槽，若窗口較寬，蝕刻時間稍短，則蝕刻出梯形之 U 槽，底面為(100)面，側面為(111)面，窗口寬為 W_0，蝕刻深度 l，則梯形底面寬$W_b = W_0 - 2l\cos 54.7° = W_0 - \sqrt{2}l$。圖 4-41(b)在(110)矽晶片上微影開窗後，則蝕刻出{111}面垂直於(110)面的垂直側壁。圖 4-41 的蝕刻技術大都應用在微機電(micro-electro mechanical system，MEMS)元件製造上，這是應用不同結晶面有不同蝕刻速率所得到的微結構。若採用乾蝕刻技術則圖 4-41(b)可用(100)晶片得到垂直壁。

4-7.2 乾蝕刻

乾蝕刻的優點是在垂直晶片表面的蝕刻速率遠大於橫向的蝕刻速率，較少底切現象發生。但乾蝕刻的非等向性主要是藉粒子轟擊作用，這種粒子轟擊對裸露出的薄膜與對光阻的蝕刻速率比值較低，即乾蝕刻之蝕刻選擇性較濕蝕刻差。

乾蝕刻進行的步驟分為①電漿與氣體產生蝕刻物②侵蝕物擴散到晶片表面③侵蝕物被吸附在晶片上④侵蝕物與晶片反應⑤反應之生成物脫附晶片表面⑥生成物擴散入電漿氣體中被真空幫浦抽走。

乾蝕刻系統如圖 4-42，真空腔接地為陽極，將 RF 電源與 LCR 耦合電路(matching box)接到輸入電極，調到輸入的反射功率為零，則系統共振吸收，電漿震盪之角頻率為$\omega = \sqrt{\dfrac{1}{LC}} = \omega_{RF} = 2\pi \times 13.56 \times 10^6 (s^{-1})$，真空室內氣體為純電阻 R，如此 RF 電能輸入時電纜才不會發燙，RF 電功率使真空室內原本中性的氣體分子被激發或解離成帶正電離子、電子、分子、分子團(radicals)等組成電漿粒子。在 13.56MHz 高頻下，真空室內來回震盪的離子，大都未達到電極電位就反向，每週期在電極上都留下負電荷，因此 13.56MHz RF 系統在真空室內產生直流自我偏壓，RF 輸入端為陰極，為提高乾蝕刻垂直性可在陰極再加DC負偏壓，若晶片放在陰極接受離子轟擊，則進行純物理動量轉移之乾蝕刻叫濺射蝕刻(sputting ething)，其非等向性很好但選擇性較差。

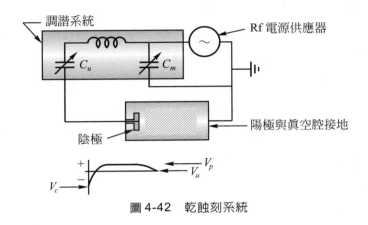

圖4-42　乾蝕刻系統

　　若將晶片放在接地之陽極，調低RF電功率，氣體壓力調到100 mtorr以上，則在晶片表面將進行化學反應的電漿蝕刻(plasma ething)，電漿蝕刻乃將反應氣體分子，解離成對薄膜材質有反應性的離子，然後藉著離子與薄膜間的化學反應，把暴露在電漿下的薄膜反應成揮發性生成物而被真空系統抽離，這種藉電漿與薄膜的化學反應所進行的乾蝕刻選擇性較佳，但似濕蝕刻非等向性較差。其實電漿蝕刻常應用於表面活化和清潔工作，例如用氧電漿去光阻殘渣和用電漿改變表面的親水性。在微機電製程以等向性的電漿蝕刻去犧牲層之應用也很重要。

　　若晶片放在陰極，調高 RF 電功率，但比濺射蝕刻功率低，氣體壓力低於數十 mtorr，則可結合物理和化學兩種去除薄膜的機制，具有濺射蝕刻和電漿蝕刻的雙重優點，這叫反應性離子蝕刻法(Reactive Ionic Etching)簡稱 RIE，它可獲得兼具非等向性和高選擇性的乾蝕刻。

乾蝕刻終點偵測

半導體蝕刻製程中為確保薄膜被確實移除，都在初步蝕刻終了後加上程度不等的過度蝕刻，以彌補薄膜厚度不均或其他因素造成的蝕刻差距，而蝕刻終點與過度蝕刻的程度判斷，就靠蝕刻終點偵測器，終點偵測器主要是使用光譜儀和雷射干涉儀的兩種方法，如圖 4-43 圖(a)是視電漿中某特定氣體的發光光譜強度，當該層完全去除時，光譜強度突然降低，即是蝕刻終點。圖(b)是對晶片上的蝕刻區內某一點以雷射光量其干涉強度變化，進行蝕刻時的薄膜表面反射出的雷射光強度呈週期性變化，每一週期的厚度變化 $\Delta d = \dfrac{\lambda}{2n}$，$n$ 是該層薄膜的折射率，反射光強度停止震盪的時刻便是蝕刻終點。干涉儀法不僅決定蝕刻終點，並連續監測進行中的蝕刻速率。

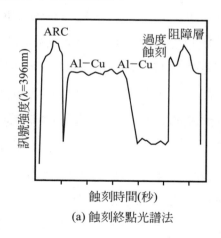

(a) 蝕刻終點光譜法

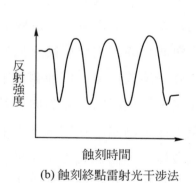

(b) 蝕刻終點雷射光干涉法

圖 4-43

SiO₂的乾蝕刻

利用 CF_4 電漿內產生的含氟氣體，$CF_4 \xrightarrow{\text{電漿}} 2F\,(g) + CF_2\,(g)$ 與 SiO_2 化學反應：$SiO_2 + 4F \rightarrow SiF_4 + O_2$ 或 $SiO_2 + 2CF_2 \rightarrow SiF_4 + 2CO$，生成具

揮發性的 SiF$_4$被真空系統抽走，這種 RIE 乾蝕刻具高蝕刻率，非等向性、高選擇比。

　　若電漿中含適量的氧，則與CF$_4$反應生成CO、CO$_2$或COF$_2$等氣體，消耗電漿內之碳原子，使 CF$_4$電漿的氟原子數對碳原子數的比例上升，即加快對 SiO$_2$的蝕刻率。但CF$_4$電漿中若加入氫氣則氫原子很容易與氟原子生成 HF 氣體，致 CF$_4$電漿中氟原子濃度降低，對 SiO$_2$的乾蝕刻速率下降，如圖 4-44，氧氣越多 CF$_4$＋ O$_2$電漿對 SiO$_2$與 Si 的蝕刻速率都增快，尤其對 Si 的蝕刻速率增很快，但氧氣含量約超過40%後CF$_4$的相對濃度變低，蝕刻速率開始下降。氫氣的含量增加，則CF$_4$＋ H$_2$電漿對SiO$_2$與 Si 的蝕刻速率都遞減，當氫含量高於 40%後，CF$_4$＋ H$_2$電漿對兩者的蝕刻速率都趨近於零，因這時氟原子幾乎已被耗盡。

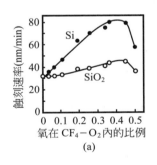
(a)

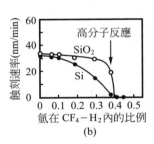
(b)

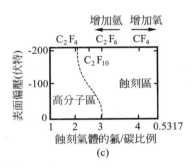
(c)

圖 4-44　SiO$_2$的乾蝕刻

　　蝕刻反應依賴電漿內之氟原子，而高分子反應靠碳原子，即進行乾蝕刻時，蝕刻反應與高分子反應兩者同時並行，故 CF$_4$電漿內的氟原子對碳原子比例簡稱則 F/C 比值，對乾蝕刻有決定性影響，若 CF$_4$中加氧F/C 比值提高將有利於進行蝕刻，反之，若加氫使 F/C 比值偏低 則傾向於形成高分子薄膜有助於非等向性乾蝕刻。

當氟原子對SiO_2進行蝕刻時會產生SiF_4氣體，並釋出氧原子以致接近 SiO_2薄膜的 CF_4電漿因有氧存在，而 F/C 比值較高不易發生高分子反應，而矽的表面因沒有氧原子補充，其 F/C 比值較低易產生高分子薄膜，這層蓋在矽表面的高分子薄膜將可阻止矽被進一步蝕刻，因此 CF_4電漿對 SiO_2/Si 的蝕刻選擇性不錯。

現在大多數的乾蝕刻製程都採用 CHF_3 與鈍氣混合的電漿來蝕刻 SiO_2，加少量氧可提升蝕刻速率，在不犧牲蝕刻速率和均勻性下，非等向性的輪廓不一定要接近90°，配合下一製程的階梯覆蓋性(step coverage)要求，可調整電漿的氣體組成，得到合適的 RIE 後結構輪廓。

◼ 習題

1. 熱氧化反應中晶片提供矽原子，長 SiO_2層時 Si 與 SiO_2介面會向基板內移動，已知矽的分子量為 28g/mole，矽晶密度為 2.33g/cm^3，SiO_2 的分子量為 60g/mole，若SiO_2密度為 2.25g/cm^3，求長 x 厚之 SiO_2 需耗多少 x 厚度之矽原子？

2. 在(110)矽晶片上蝕刻出 1 μm寬的凹槽，其垂直壁是(111)面，如圖 4-45。在此凹槽上以濕式氧化長氧化層，其 $B/A =$ $1.63×10^8$ $e^{-2.05eV/k_BT}$(μm/hr)。其$B = 3.86×10^2 e^{-0.78eV/k_BT}$(μm²/hr)，在1100℃熱氧化，①兩側各長多少厚度 才會填滿整個凹槽？②需花多久長此厚度之氧化層？

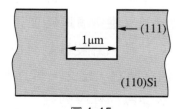

圖 4-45

3. ① Excimer laser 與一般氣體雷射有何不同？

　② 產生雷射須具備什麼條件?雷射系統中 Fabry-Perot mirror 和 Brewster angle 裝置之目的何在？

　③ 以準分子雷射做 PLD 薄膜沉積，說明脈衝雷射如何在靶表面產生輝光？氣壓如何影響輝光形狀？

　④ 何以化合物薄膜以 PLD 系統比 sputter 系統沉積的薄膜較易控制 stochimetry，但膜的 morphology 較濺鍍差？

4. ① RF 電漿如何產生直流自我偏壓？RF 濺射正離子如何持續撞靶？

　② 100 Watt 的 RF 電功率輸給 3"ϕ 靶，若 $j = 5$ mA/cm^2 則電極的有效電壓 $V_{rms} = ?$ Volt，其直流自我偏壓約多少 Volt？Ar$^+$ 離子撞靶的速率 $v_{rms} = ?$ m/sec。

5. ① 用 RIE 乾蝕刻系統，通 CF$_4$ 氣體蝕刻玻璃(SiO$_2$)，在電漿中加適量的氧或氫，分別說明如何影響對玻璃之蝕刻速率？

　② 以電漿放射光譜圖偵測蝕刻終點，到達終點時該光強度應明顯劇降，若你的實驗發現蝕刻終點以某斜率下降，說明發生此問題之可能原因。

6. ① 曝光區的正光阻最後幾百 Å 有時較難被顯影而造成蝕刻之困擾，說明可能之原因與解決之道。

　② 若顯影沒問題，但乾蝕刻後發現側壁並非平整的垂直或稍傾斜面凹槽，而出現不規則的波浪柱狀，可能是何原因？

7. CVD 薄膜沉積速率與溫度的關係如圖 4-46(a)，說明(a)圖中這兩段斜率的物理意義。若你實驗所得的 v-1/T 為(b)圖，何故？這兩圖那個是吸熱，哪個是放熱反應？

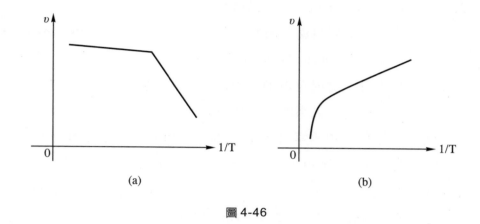

圖 4-46

8. 在 1200℃ 以 SiCl₄ VPE 長矽磊晶薄膜,反應爐中氣體質量傳輸係數 $h_g=5$cm/sec,表面反應係數 $K_s=10^7 e^{-1.9\text{eV}/k_B T}$(cm/sec),氣體濃度 $C_g=3\times10^{16}$ cm⁻³,①求此氣相磊晶的長晶速率,②若爐溫上升 1%則磊晶速率改變多少%?

9. MBE的分子噴出爐口面積 $A=5$cm²,距晶片 $L=12$cm,在 970℃磊晶 GaAs,①算 Ga 到達基板之入射率和 MBE 之 GaAs 磊晶速率,② Sn 的分子量 $M=118.69$ g,Sn 的爐溫為 700℃此溫度之 Sn 蒸氣壓為 $p=2\times10^{-8}$ torr,假設錫可完全摻雜入 GaAs 中,算錫在①的 GaAs 磊晶中之摻雜濃度。

10. 以波長 $\lambda=3650$Å 之 I 線為曝光機光源對折射率 n = 1.7,厚度為 1.12μm 的光阻曝光,則①光阻邊緣可能發生幾個駐波?②微影製程如何消除此駐波?③若 NA = 0.55,則其微影解析度和景深各多大?

11. 若 10：1 的 BOE 對 SiO_2 橫向蝕刻率是縱向的 80%，且縱向蝕刻率是 800Å/min，而 $CF_4 + O_2$ 的乾蝕刻率是 600Å/min①要蝕刻掉 5000Å 厚度的 SiO_2，這兩種蝕刻法各花多少時間？②分別畫出這兩 種蝕刻後圖 4-47 的輪廓尺寸③完成①之蝕刻後再加 30 秒過度蝕刻，則最後的輪廓尺寸各如何？

選擇比 ＼ 方法	$CF_4 + O_2$ 乾蝕刻	10：1 BOE 溼蝕刻
SiO_2/光阻	2	∞
SiO_2/ Si	4	∞

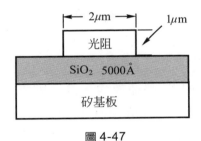

圖 4-47

12. 在 MOS 的 gate oxide 上長 4500Å 厚的矽多晶層後做乾蝕刻洗淨，若均勻蝕去 10% 膜厚時，gate oxide 僅去除 10Å，①此蝕刻選擇性多大？②圖 4-48 中此選擇性的 SF_6：Cl_2 成分比多大？③加 Cl_2 的目的為何？④說明 SF_6 加 Cl_2 時，Cl_2 增加則矽多晶蝕刻率增到 SF_6：Cl_2 = 1：1 後，Cl_2 增加反而蝕刻率下降，但 Si：SiO_2 的蝕刻選擇性仍繼續增大的意義。

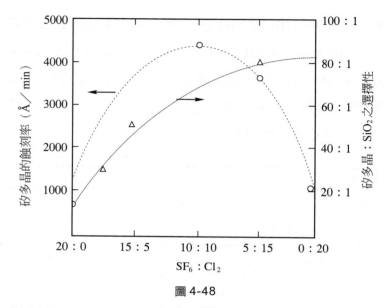

圖 4-48

📖 參考資料

1. 莊達人編著，VLSI 製造技術，高立圖書公司，1995.

2. S. M Sze，VLSI Technology，1988，2nd.ed.，MeGraw Hill.

3. R. Bruckner et al.，Control of dry etch planarization，Solid state Technology，1997.

4. A. Wang et al., Critical drying technology for deep submicron processes，Solid state Technology，1998.

5. D. L. Smith，Thin Film Deposition，McGraw Hill，1995.

6. C. Y. Chang and S. M. Sze，ULSI Technology，McGraw Hill，1996.

7. Klaus K, Schuegraf, Handbook of Thin-Film Deposition processes and Techniques, Noyes publications, Park Ridge, New Jersey 1988.

Chapter 5

磊晶生長與光學薄膜

　　磊晶生長品質取決於表面擴散速率、表面清潔度、表面錯切角、沉積速率和基板溫度等。磊晶層與基板的能隙(E_g)相同者叫同質磊晶，如矽基板上磊晶矽晶薄膜。若磊晶層與基板的能隙不同叫異質磊晶，如 $Al_x Ga_{1-x}As$ 薄膜長在 GaAs 基板上。

　　一般基板溫度若太低，沉積原子的表面擴散速率很小，常形成非晶態薄膜，須進行熱處理使沉積原子重新排列，才可能為磊晶薄膜。夠高的基板溫度，沉積原子有夠大的表面遷移率，在基板表面上應借助台階做磊晶生長，否則薄膜就可能島狀晶態生長。

　　事實上切割單晶棒時，晶片表面總是與原子結晶面之間有一個小傾角，即晶片表面都存在台階。在薄膜生長過程中，表面上總有一定概率的原子在遷移到台階位置前，先成團聚合在一起，這種在擴散的二維原子團也能吸附附加原子(adatoms)，亦可認為是一種台階。若晶片體內原子的差排，在薄膜生長過程中延伸此缺陷，也可成表面的原子台階，磊晶溫度遠低於晶片之熔點，故晶片體內差排變成表面台階之密度很低。

　　一般氣相磊晶(VPE)是採用 CVD 技術，高溫的表面台階磊晶生長是受氣體質量傳輸速率 h_g 控制，請回顧第四章 4-3 節，氣流與晶片表面平行為層流(laminar flow)時，薄膜厚度較均勻。所用的氣體源若是金屬有機物，則此製程叫 MOCVD 或 MOVPE。典型的例子是在加熱到 550℃ 的 GaAs 基板上，由三甲基鎵($Ga(CH_3)_3$)和砷烷(AsH_3)反應，製備 GaAs 薄膜反應式為

$$Ga(CH_3)_3 + AsH_3 \rightarrow GaAs + 3CH_4 \text{（氣體）} \quad \text{...........................(5-1)}$$

　　分子束磊晶(MBE)是採用 PVD 技術，請回顧第四章 4-5 節，在超高真空系統中，安裝分子噴出爐(Kundsen 室)，As 一般以 As_2 和 As_4 的分子束從爐內蒸發出來，撞擊到 GaAs 清潔基板表面，在基板溫度較低和 As/Ga 分子束通量比較高的條件下，形成 As 較多的穩定表面，只要 Ga 夠量 GaAs 薄膜的

磊晶速率由 Ga 分子的到達速率決定。若 MBE 生長室中用 III 族金屬烷基如 Ga(CH₃)₃ 的氣體源代替 III 族元素固體源，以 AsH₃ 氫化物代替 As₂ 分子束，這樣的金屬化合物只有撞擊到基板表面才開始分解、其化學反應比 MBE 系統複雜。MOMBE 生長比 MBE 生長氣壓高，通常在 $10^{-3} \sim 10^{-4}$ torr，MOMBE 不是 CVD 技術，因 CVD 系統中反應物碰撞的平均自由路程較短，且反應源分子是以黏滯流形式到達基板表面。

▣ 5-1　同質磊晶生長模式

在一定溫度、壓力下，反應氣體分子的入射率(impinge rate)

$$J = p/(2\pi M k_B T)^{1/2} = 3.51 \times 10^{22} \frac{p(\text{torr})}{\sqrt{MT}} \quad \text{.......................(5-2)}$$

VPE 系統中 p 為真空反應室氣壓，而在 MBE 系統中 p 是 Kundsen 噴射室的氣壓。J 是每秒通過噴射孔面積為 A 的分子通量，爐口到基板表面的距離為 L，則分子射到基板表面的每秒到達通量為

$$J' = 3.51 \times 10^{22} \frac{p(\text{torr})}{\sqrt{M(g)T(°K)}} \frac{A}{\pi L^2} \quad \text{.......................(5-3)}$$

Burton-Cabrera-Frank(BCF)晶體生長理論中，沉積的原子首先沿著晶體表面的階梯狀平面擴散，然後鍵結在台階位置，控制氣體分子入射率 J 使附加原子做表面擴散，到達台階位置前，不會形成島狀原子團就可順利磊晶。

由單原子層組成的階梯狀平台如圖 5-1 所示，h 是台階高度，f.c.c. 晶體的 $h = a/2$、鑽石晶體的 $h = a/4$，L 是台階間距，a 是晶格常數，θ 是晶片表面與原子結晶面間之錯切割角，因此

$$\tan\theta = h/L \dots\dots\dots\dots\dots\dots\dots\dots\dots\dots\dots\dots\dots\dots\dots\dots(5\text{-}4)$$

若矽晶片的切割公差為 0.1°，則所產生的台階間距約為 80 nm。附加原子在平台上相對於台階位置的運動決定了台階的移動速度 v，每當台階移動通過一特殊點($y=0$)後，另一單原子層即開始生長。圖 5-1 中因 θ 很小，$\sin\theta \sim \theta \sim \tan\theta$，因此垂直於基板表面的薄膜生長速率為：

$$v_G = v\,\frac{h}{L} \dots\dots\dots\dots\dots\dots\dots\dots\dots\dots\dots\dots\dots\dots(5\text{-}5)$$

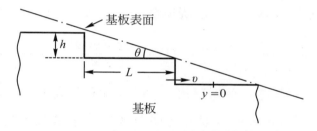

圖 5-1　晶片表面的原子結晶面有階梯狀平台

　　沒有氣體分子入射的情況，N_s 是晶片表面原子密度(cm^{-2})，表面空位激活能 $E_s \approx \frac{3}{4}E_V$，溫度 T 的基板表面空位密度

$$N_0 = N_s\,e^{-E_S/k_BT} \dots\dots\dots\dots\dots\dots\dots\dots\dots\dots\dots(5\text{-}6)$$

E_D 是表面擴散活化能，v_s 是表面原子的震盪頻率，而平均自由路徑 $\lambda \approx a$，則原子的表面擴散係數

$$D_s = \lambda^2 v_s\,e^{-E_D/k_BT} \dots\dots\dots\dots\dots\dots\dots\dots\dots\dots(5\text{-}7)$$

E_d 是表面原子脫附活化能，則原子滯留在基板表面的平均時間

$$\tau_0 = v_s^{-1} e^{E_d/k_B T} \quad\text{...(5-8)}$$

原子在基板表面的擴散長度

$$\lambda_s = (D_s \tau_0)^{1/2} = \lambda \cdot e^{(E_d - E_D)/2k_B T} \quad\text{.........................(5-9)}$$

熱平衡下晶體表面原子脫附率$(\text{cm}^{-2} \cdot \text{sec}^{-1})$

$$J_0 = \frac{N_0}{\tau_0} = N_s v_s e^{-(E_s + E_d)/k_B T} \quad\text{...................................... (5-10)}$$

加氣體分子入射率 J 在基板表面產生額外附加原子，定義過飽和度

$$\delta = (J/J_0) - 1 \gg 1 \quad\text{.. (5-11)}$$

若表面吸附的原子密度爲 N_{ad}，則單位面積、單位時間在表面的淨原子移動率爲：

$$J_N = J - N_{ad}/\tau_0 \quad\text{... (5-12)}$$

表面原子濃度梯度使原子擴散到台階位置，每單位長度、單位時間的原子移動 $J_s = -D_s \partial N_{ad}/\partial y$，$y$ 是相對於台階位置的距離，則穩態時單位面積的原子移動率

$$\partial J_s/\partial y = J_N \quad\text{.. (5-13)}$$

即 $\quad -D_s \partial^2 N_{ad}/\partial y^2 = J - N_{ad}/\tau_0 \quad\text{...............................(5-14)}$

$$-\lambda_s^2 \partial^2 N_{ad}/\partial y^2 + N_{ad} = J\tau_0 = J_0 \tau_0 (1 + \delta) = N_0(1 + \delta) \quad\text{.......... (5-15)}$$

在台階之 $L/2$ 處定爲 $y = 0$，則(5-15)式對單台階之解爲：

$$N_{ad} = N_0 [1 + \delta(1 - e^{-y/\lambda_s})] \quad\text{...(5-16)}$$

對相距爲 L 的週期性台階，表面吸附的原子密度爲

$$\frac{N_{ad}}{N_0} = 1 + \delta \left[1 - \frac{\cosh\left(\dfrac{y}{\lambda_s}\right)}{\cosh\left(\dfrac{L}{2\lambda_s}\right)} \right] \quad\text{.............(5-17)}$$

則表面原子在台階之移動速率為：

$$v = \frac{J_s}{N_s} = \frac{D_s}{N_s} \frac{\partial N_{ad}}{\partial y} \quad\text{.............(5-18)}$$

由(5-16)式得 $\dfrac{\partial N_{ad}}{\partial y} = \dfrac{\delta \cdot N_0}{\lambda_s} = \left(\dfrac{J}{J_0} - 1 \right) \dfrac{N_0}{\lambda_s}$ ；由(5-18)(5-10)式得

$$v = \frac{(J - J_0)}{N_0/\tau_0} \frac{N_0}{\lambda_s} \frac{D_s}{N_s} = \frac{\lambda_s}{N_s} (J - J_0) \quad\text{.............(5-19)}$$

附加原子沿結晶面作表面擴散，故這裏的台階速度方向與原子表面擴散方向相反。一般磊晶製程 $J \gg J_0$ 故表面擴散速度為：

$$v \approx \frac{\lambda_s}{N_s} J \quad\text{.............(5-20)}$$

而薄膜之沉積速率為

$$v_G = \frac{\lambda_s \cdot J \cdot L}{N_s \cdot h} \quad\text{.............(5-21)}$$

原子擴散到台階位置前不許有兩個或多個原子形成島狀物存在，這需 $\lambda_s > L$ 即原子走一台階 L 的時間小於原子表面擴散的時間 λ_s/v，由(5-20)式得

$$\frac{L^2}{2D_s} < \frac{N_s}{J} \quad \text{或} \quad J < \frac{2D_s N_s}{L^2} \quad\text{.............(5-22)}$$

氣體分子入射速率需控制低於(5-22)式之臨界值，否則就會形成島狀原子團引起不完美的磊晶。沉積速率低的磊晶品質較佳，但真空系統的殘

留氣體相當於雜質一樣，會撞擊和黏附在生長薄膜表面，既使在 10^{-10} torr 眞空下，只要薄膜沉積超過三小時則殘留在眞空系統中的雜質就可形成一個單原子層，因此 MBE 系統眞空度應比 10^{-11} torr 佳，且沉積速率若太低則磊晶薄膜的品質將會變差。

◫ 5-2　異質磊晶的能隙與晶格常數

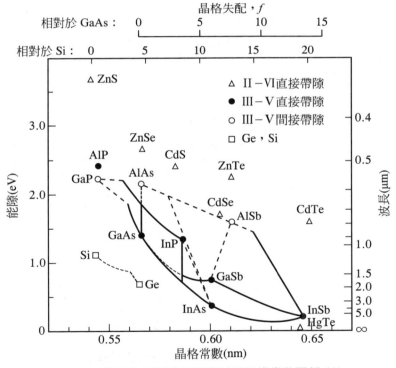

圖 5-2　常見的半導體能隙與材料晶格常數關係 (1)

在光電半導體薄膜技術中，最常見的異質磊晶的例子是生長在 GaAs 上的 $Al_xGa_{1-x}As$ 化合物，GaAs 的 $E_g = 1.424\ eV$、晶格常數 $a = 5.654Å$，

AlAs 的 $E_g = 2.168$ eV、$a = 5.661$Å，Al 和 Ga 都是III價，以 x % 的 Al 置換 Ga 的位置，不影響晶片的電阻係數 ρ，但將調整 $Al_xGa_{1-x}As$ 的能隙大小且改變發光頻率，x 增加則 E_g 增大，但 AlAs 是間接能隙晶體，致 x 大於 0.45 時，則 $Al_xGa_{1-x}As$ 將由直接能隙變為間接能隙半導體。圖 5-2 中列出最常見的幾類半導體材料的晶格常數和能隙關係，同一垂直線上的兩種材料(相同的晶體結構和晶格常數)提供了進行晶格匹配的異質磊晶機會。

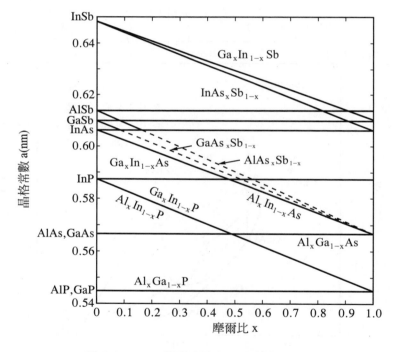

圖 5-3　Ⅲ-Ⅴ族化合物的三元固溶體 (3)

圖 5-3 表示Ⅲ-Ⅴ族化合物的三元固溶體，給二元合金的晶格常數與第三成份 x 之函數關係。在圖 5-3 中假設三元合金的晶格常數是合金中每種純材料晶格常數的線性組合，因此當三元合金的晶格常數線與某種

二元化合物的水平線相交時，在該交點處的成分提供了兩種合金材料在室溫下的晶格匹配。例如 $Al_xIn_{1-x}As$ 在 $x \cong 0.5$ 時與 InP 材料的晶格相匹配，$Al_xIn_{1-x}P$ 在 $x \cong 0.5$ 時與 GaAs 材料晶格相匹配，又 AlAs 與 GaAs 的晶格常數非常接近，因此 $Al_xGa_{1-x}As$ 三元材料在任何 x 值都與 GaAs 的晶格很匹配。

表 5-1

化合物	直接能隙 E_G(eV)
$Al_xIn_{1-x}P$	$1.351 + 2.23x$
$Al_xGa_{1-x}As$	$1.424 + 1.247x$
$Al_xIn_{1-x}As$	$0.360 + 2.012x + 0.698x^2$
$Al_xGa_{1-x}Sb$	$0.726 + 1.129x + 0.368x^2$
$Al_xIn_{1-x}Sb$	$0.172 + 1.621x + 0.43x^2$
$Ga_xIn_{1-x}P$	$1.351 + 0.643x + 0.786x^2$
$Ga_xIn_{1-x}As$	$0.36 + 1.064x$
$Ga_xIn_{1-x}Sb$	$0.172 + 0.139x + 0.415x^2$
GaP_xAs_{1-x}	$1.424 + 1.150x + 0.176x^2$
$GaAs_xSb_{1-x}$	$0.726 - 0.502x + 1.2x^2$
InP_xAs_{1-x}	$0.360 + 0.891x + 0.101x^2$
$InAs_xSb_{1-x}$	$0.18 - 0.41x + 0.58x^2$

註：本表來源於 Casey 和 Panish，1978.

根據 Casey 和 Panish 於 1978 年的報導，$Al_xGa_{1-x}As$ 當 $0 < x < 0.45$ 時能隙 $E_g = 1.424 + 1.247x$ eV，他們並整理出在 $300°K$ 下，某些Ⅲ-Ⅴ族半導體能隙與成分 x 的關係如表 5-1。如果把表 5-1 與圖 5-3 的數據結

合起來，就可繪出圖 5-2 的能隙與晶格常數關係。圖 5-2 中連接二元化合物的線表示三元化合物能隙與晶格常數的函數關係，實線邊界表示直接能隙，虛線邊界表示間接能隙，邊界線以內的面積表示四元合金。從圖 5-2 中可看出 GaAs 與 AlAs 晶格是匹配的，而且沿 GaAs 和 AlAs 間的邊界線上任何 x 的 $Al_xGa_{1-x}As$ 三元固溶體晶格都與 GaAs 很匹配，此三元合金的能隙可由約 1.4 eV 變化到約 2.2 eV。在 InP 上磊晶生長 $In_xGa_{1-x}As$ 只能在 $x = 0.53$ 附近晶格匹配其 $E_g \approx 0.8$ eV。要求晶格匹配的薄膜生長嚴重限制了磊晶材料的組合，如果採用晶格失配長薄膜，則可能增加磊晶材料組合之靈活性，但卻很難生長既無差排又無原子團的平坦異質單晶薄膜。

▣ 5-3 晶格失配的結構

為了獲得具有實用厚度的應變層磊晶薄膜，通常要求薄膜與基板兩種材料的晶格失配度小於 2 ％。晶格失配的異質薄膜結構可以是應變的，也可以是帶有失配差排而未應變的，如圖 5-4。

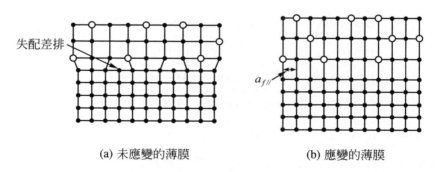

失配差排

$a_{f//}$

(a) 未應變的薄膜　　　　(b) 應變的薄膜

圖 5-4　晶格失配或應變的異質薄膜

圖 5-4 中基板與薄膜都是立方晶，晶格常數分別爲 a_s 和 a_f，磊晶層中平行於界面的晶格常數都必須等於基板材料的晶格常數，由於受平行於生長晶面內的晶格常數限制，晶胞將發生畸變，畸變的大小由柏松比 (Poisson's ratio) 決定，立方結構的晶胞將畸變爲四方體 (tetragonal) 結構的晶胞。如果磊晶材料的晶格常數小於基板的晶格常數，則晶胞在平行於生長面方向是拉長的，而在其高度上是縮短的。

定義生長面內的應變爲：

$$\varepsilon_{//} = \frac{a_{f_{//}} - a_f}{a_f} \quad\text{...} (5\text{-}23)$$

這種有應變的磊晶層叫膺晶體的 (pseudomorphic) 薄膜。若沉積材料的 $a_{f_{//}} = a_s$ 薄膜與基板的晶格失配使生長面產生應變，這種生長面內的應變稱爲連貫的應變 (coherence strain)。

定義垂直於界面方向的應變爲：

$$\varepsilon_{\perp} = \frac{a_{f_{\perp}} - a_f}{a_f} \quad\text{...} (5\text{-}24)$$

大部分薄膜都由立方晶變爲長方晶 $a_{f_{//}} \neq a_{f_{\perp}}$，其四方畸變定義爲：

$$\varepsilon_T = \frac{|a_{f_{\perp}}| - a_{f_{//}}}{a_f} \quad\text{...} (5\text{-}25)$$

在某些條件下，沉積薄膜是可以沒變形的，這種未變形的薄膜與基板都保持它們原有的晶格常數，界面上不再是每個原子都與基板對準。此未變形的薄膜與基板的晶格失配被定義爲：

$$f = \frac{|a_s - a_f|}{a_s} \quad\text{...} (5\text{-}26)$$

生長面的晶格失配差排多半是刃差排，它沿界面均勻分布。在許多情況下，薄膜與基板間不一定全部都是應變的薄膜，或全部非應變的，它們有可能包含部分差排的補償得到最低能量。晶格失配度 f 與失配差排間距 S 之關係為：

$$S = \frac{b}{f} \quad\text{...(5-27)}$$

b 是差排的 Bargers 向量，b 與晶格常數 a 有關，粗略估計 $b \approx a_s$。

例 5-1　基板晶格常數 $a_s = 0.4$ nm，若薄膜晶格失配度 $f = 1$％，則界面的失配差排間距 $S = 40$ nm，其差排密度為 $\frac{1}{(40\text{nm})^2} = 6.25 \times 10^{10}\text{cm}^{-2}$。而 GaAs 單晶體材料的差排間距大於 0.02 cm，即差排密度小於 $2.5 \times 10^3 \text{cm}^{-2}$，因此這薄膜比基板的差排密度大很多，非應變的薄膜中，差排很顯然會嚴重影響元件之電荷傳送。

■ 5-4　異質磊晶層中的應變能

　　我們可借助於熱處理使有應變的薄膜系統的能量達到最小，在現代的磊晶生長技術中，可得到非平衡的薄膜結構，例如，以 MBE 生長的 $Ge_x Si_{1-x}/Si$ 結構就是一個高度應變的系統。而實際上在應變系統中透過差排產生和移動的機制，使系統達到平衡的過程是非常緩慢的，因此這種薄膜是準穩的應變狀態。

　　固態薄膜沉積在基板表面，兩者晶格失配則薄膜受到張應力或壓應力，楊氏應力垂直於薄膜截面，其應力 $\sigma = F/A$、應變 $\varepsilon = \Delta \ell / \ell$，楊氏模量 Y 與兩者的關係為：

$$\sigma = Y\varepsilon \quad\text{...(5-28)}$$

在一個三維的各向同性(isotropic)系統中，雙軸應力如圖 5-5 所示。應力 σ 與應變 ε 的關係式是

$$\varepsilon_x = \frac{1}{Y}\left[\sigma_x - v(\sigma_y + \sigma_z)\right] \quad\text{...............................(5-29a)}$$

$$\varepsilon_y = \frac{1}{Y}\left[\sigma_y - v(\sigma_x + \sigma_z)\right] \quad\text{...............................(5-29b)}$$

$$\varepsilon_z = \frac{1}{Y}\left[\sigma_z - v(\sigma_x + \sigma_y)\right] \quad\text{...............................(5-29c)}$$

v 是畸變柏松比。在薄膜中平面存在應力而 Z 方向沒應力 $\sigma_z = 0$，故

$$\varepsilon_x = \frac{1}{Y}(\sigma_x - v\sigma_y) \quad\text{..(5-30a)}$$

$$\varepsilon_y = \frac{1}{Y}(\sigma_y - v\sigma_x) \quad\text{..(5-30b)}$$

$$\varepsilon_z = \frac{-v}{Y}(\sigma_x + \sigma_y) \quad\text{..(5-30c)}$$

$$\therefore \varepsilon_x + \varepsilon_y = \frac{1-v}{Y}(\sigma_x + \sigma_y) \quad \text{或} \quad \sigma_r = \frac{Y}{1-v}\varepsilon_r \quad\text{..............................(5-31)}$$

平面上的應變 $\varepsilon_x = \varepsilon_y$，(5-30)(5-31)式得垂直平面的應變

$$\varepsilon_z = \frac{-2v}{1-v}\varepsilon_x \quad\text{...(5-32)}$$

而薄膜的切變模量(shear modulus) μ_f 與 Y 的關係為：

$$\mu_f = \frac{Y}{2(1+v)} \quad\text{...(5-33)}$$

單位體積總彈性應變能為：

$$E_\varepsilon = \int (\sigma_x d\varepsilon_x + \sigma_y d\varepsilon_y + \sigma_z d\varepsilon_z) \quad\text{..............................(5-34)}$$

若 $d\varepsilon_x = d\varepsilon_y$，對 h 厚度之薄膜其單位面積的應變能為：

$$E_\varepsilon = \frac{Y \cdot \varepsilon^2 \cdot h}{1-v} = \frac{2(1+v)}{1-v}\mu_f \varepsilon^2 h = B\varepsilon^2 h \quad\text{..............................(5-35)}$$

式中各向同性薄膜的彈性模量

$$B = 2\mu_f \frac{1 + v}{1 - v}$$ .... (5-36)

其實半導體不是各向同性的彈性，B 應該與結晶面有關的較複雜函數。

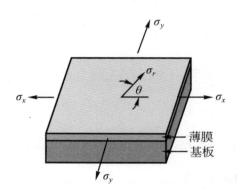

圖 5-5　基板上的薄膜存在二維應力

　　圖 5-6 以薄膜對基板的相對位能比與晶格失配關係說明薄膜生長的三種形態。定義薄膜對基板的相對位能比 $W = 1 - \frac{\gamma_f}{\gamma_s}$，若薄膜與基板的晶格失配度幾乎為零，在適當條件下，就容易長出 Frank-Van der Merve 模式的層狀結構。在同質磊晶中晶格失配度 $f = 0$ 且表面能比 $\frac{\gamma_f}{\gamma_s} \cong 1$ 則易得層狀結構。$\gamma_f < \gamma_s$ 的薄膜材料易與基板濕潤故易得層狀結構，而超晶格結構需 $W \cong 0$ 且晶格失配度 $f \approx 0$。 如果沉積薄膜的 $\gamma_f > \gamma_s$ 則薄膜按 Volmer Weber 模式做團狀生長，像金屬長在絕緣體(如玻璃)上多屬這種模式生長。而像金屬與半導體系統，若 $W > 0$ 會先以層狀生長，但隨著晶格失配 f 增大，即使在 $W > 0$ 也會形成原子團的島狀生長，因此幾層後就不利繼續生長磊晶，而以 Stranski-Krastanov 模式作層狀加島狀生長。通常應變能 與晶格失配 f 的平方成正比，晶格失配度越大則臨界原

子團尺寸越小，薄膜就越容易形成團狀組織，因此要生長晶格失配的贗晶體磊晶薄膜就比長晶格匹配的薄膜難。

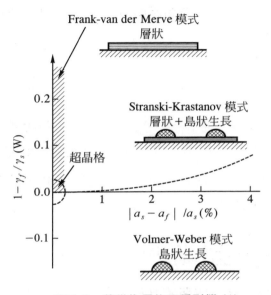

圖 5-6　薄膜生長的三種形態 (1)

5-5　異質磊晶的差排能

單個刃差排每單位長度的能量為：

$$E_d = \frac{\mu b^2}{4\pi(1-v)}\left[\ln\left(\frac{r}{b}\right) + 1\right] \text{.. (5-37)}$$

式中 b 是差排的 Burgers 向量，r 是彈性應力場作用的距離，μ 是切變模量。在一個無應變的晶格失配系統中，單位長度的差排數目為 $1/S$，$S = b/f$ 是差排之間的空間距離，那麼對同一取向的差排陣列，如圖 5-7 (a)，其單位面積的差排能為：

$$E_d' = \frac{E_d}{S} = \frac{fE_d}{b} = \frac{\mu_f bf}{4\pi(1-v)}\left[\ln\left(\frac{r}{b}\right)+1\right] \dotfill (5\text{-}38)$$

定義部分無應變薄膜的差排空間距離 $S = \dfrac{b}{f-\varepsilon_{/\!/}}$，則一維陣列單位面積的差排能量密度為：

$$E_d' = \frac{\mu_f b(f-\varepsilon_{/\!/})}{4\pi(1-v)}\left[\ln\left(\frac{r}{b}\right)+1\right] \dotfill (5\text{-}39)$$

完全應變的薄膜 $\varepsilon_{/\!/} = f$，則 $S \to \infty$ 且單位面積的差排能 $E_d' = 0$。

在圖 5-7(b) 之實際系統中，在 (100) 面上能觀察到差排的交叉陰影陣列，這是兩個互相垂直的獨立方向上釋放應變能而產生的差排。假設兩個方向的刃差排空間距離都是 S，則此差排網絡單位面積的差排能為

$$E_\perp' = 2E_d' = \frac{\mu_f b(f-\varepsilon_{/\!/})}{2\pi(1-v)}\left[\ln\left(\frac{r}{b}\right)+1\right] \dotfill (5\text{-}40)$$

有差排的部分晶格應變薄膜其厚度為 h、差排應力場半徑 r、差排間距 S，如圖 5-8。若 $S > h$ 其應力場作用範圍 r 由 h 來決定，若 $r \cong h$ 則部分無應變的薄膜其應變能與差排能的和為：

$$E_{總} = \varepsilon_{/\!/}^2 Bh + \frac{\mu_f b(f-\varepsilon_{/\!/})}{2\pi(1-v)}\left[\ln\left(\frac{r}{b}\right)+1\right] \dotfill (5\text{-}41)$$

$\dfrac{dE_{總}}{d\varepsilon_{/\!/}} = 0$ 時總能量為極小值，其臨界應變由 (5-36) 式得

$$\varepsilon_{/\!/}^* = \frac{\mu_f b}{4\pi(1-v)Bh}\left[\ln\left(\frac{h}{b}\right)+1\right] = \frac{b}{8\pi(1+v)h}\left[\ln\left(\frac{h}{b}\right)+1\right] \dots (5\text{-}42)$$

臨界應變 $\varepsilon_{\parallel}^{*}$ 可能的最大值是失配度 f，如果 $\varepsilon_{\parallel}^{*} = f$ 則薄膜被應變限制與基底匹配。定義當薄膜的 $\varepsilon_{\parallel}^{*} = f$ 時的厚度為贗晶體應變薄膜的臨界厚度 h_c，則

$$h_c = \frac{b}{8\pi(1 + v)f}\left[\ln\left(\frac{h_c}{b}\right) + 1\right] \quad\text{.....................................(5-43)}$$

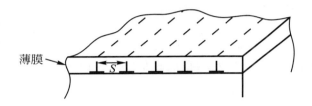

(a) 一維差排陣列

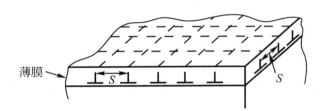

(b) 二維差排網路

圖 5-7　異質磊晶薄膜的差排

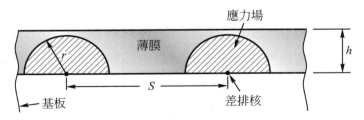

圖 5-8　有差排的部份晶格應變薄膜

例 5-2　在矽晶(100)基板上長晶格失配 $f = 0.01$、柏松比 $v = 0.3$ 的薄膜，矽晶的晶格常數 $a = 0.543$ nm，一般(100)面的 Burgers 向量 $b = \dfrac{a}{\sqrt{2}}$，求應變薄膜產生差排之臨界厚度。

由(5-43)式得

$$h_c = \frac{a}{8\pi\sqrt{2}(1.3)(0.01)}\left[\ln\left(\frac{h_c\sqrt{2}}{a}\right) + 1\right]$$
$$= \frac{a}{0.46}\left[\ln\left(\frac{h_c\sqrt{2}}{a}\right) + 1\right]$$

解得 $h_c/a = 7.2$，即 $h_c = 7.2 \times 0.543$ nm $= 3.9$ nm。

$h < h_c$ 時 $\varepsilon_{//}^* = f$ 為應變薄膜沒有差排，$h > h_c$ 時 $\varepsilon_{//}^*$ 為(5-42)式，在基板與薄膜的界面處產生差排以降低系統的應變能。但 Matthrews 指出，差排不一定被限制躺在界面內，在鑽石立方晶結構半導體的(100)面上長薄膜，常發現差排滑移方向與界面夾 $60°$ 的失配差排，刃差排線的方向與 Burgers 向量都傾向於 $<110>$ 方向，且相互之間夾 $60°$。凡具有高應變($f > 2\%$)的界面，常會在界面附近產生差排，以降低系統應變能繼續沉積薄膜。

▣ 5-6　超晶格應變層與插入差排

超晶格既可以由接近晶格匹配的材料構成，如 AlGaAs/GaAs⋯AlGaAs/GaAs 之週期性交替層，也可以由晶格不匹配的材料構成，它被稱作應變層超晶格，若以 A/B⋯A/B 表示超晶格結構，對於沒有差排的結構，由(5-35)式得超晶格的單位面積彈性應變能為：

$$E_{應變} = n(B_a d_a \varepsilon_a^2 + B_b d_b \varepsilon_b^2) \dotfill (5\text{-}44)$$

式中 B_a、B_b 是子層相應的彈性模量，d_a、d_b 是子層的厚度，n 是超晶格的交替週期數，各子層應變能正比於應變 ε^2。

在 5-5 節中已討論過，失配差排的產生可釋放磊晶層中的應變能，若在平行界面方向上的 Burgers 分量是 $b_{//}$、f 是晶格失配度，則失配差排的間距 $S = b_{//} / f$。通常在應變層超晶格生長前，先沉積一緩衝層，緩衝層 c 的晶格常數介於超晶格子層中 a 和 b 之間，使緩衝層晶格與浮置的超晶格週期性地調整應變，有緩衝層將沒有過剩的應力累積，如圖 5-9(b)。圖 5-9(a) 中沒緩衝層時超晶格的 a 子層晶格與基板的晶格常數相同，子層 a 沒應變，只有 b 子層受到應變限制，而超晶格的厚度增大則應變能累增，當總厚度超過臨界厚度時將出現差排。因此系統中材料處於部分應變，比一半材料處在最大應變狀態之能量低，即緩衝層可達到最小應變能，降低產生失配差排可能性之目的。

在 Hall 的差排理論中，差排線是不會終止在晶體中的，差排可能形成閉合的環結或形成另一個分支差排，就是終止在晶粒間界或晶體表面上。異質磊晶生長常發現除失配差排外，晶體中差排環結的一部份會以插入方式貫穿到薄膜。緩衝層中的高差排密度，將是插入差排產生的驅動力，它會傳播到隨後生長的超晶格層中，因此高品質的基板對磊晶生長相當重要。

在低溫下沉積薄膜時，原子沒有足夠的遷移能量，難以形成差排，就是說物理環境也抑制差排的成核。隨著溫度升高差排成核的過程往往先在自由表面發生，即差排成核起始於表面然後貫穿薄膜延伸到界面，這就產生了一個插入差排。失配差排是結構的特性，在平衡組態中很難避免，然而插入差排是由實驗條件決定的，例如表面清潔度、材料純度、生長速率、溫度等很多因素影響插入差排密度，在所有的異質磊晶應用中，都希望薄膜的插入差排密度最低。

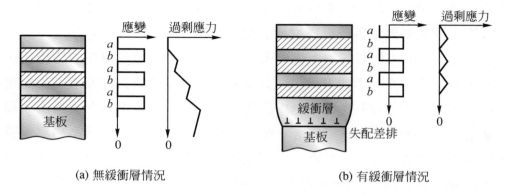

(a) 無緩衝層情況　　　　　　　　　(b) 有緩衝層情況

圖 5-9　緩衝層可降低應變能

5-7　光學薄膜

　　光學薄膜應用很廣，如照相機鏡頭、太陽能電池板吸光面，都要鍍抗反射薄膜以提高透光量。半透膜玻板(beam spliter)將入射光分裂為兩道互相垂直的穿透光與反射光，應用於光學儀器中。高反射薄膜提供雷射系統做 Fabry-Perot 共振腔。玩手機或看電視太久，高亮度 LED 的藍光會造成眼睛的黃斑部病變，故面板玻璃或眼鏡鏡片表面，都有鍍濾藍光薄膜的需求。

　　製作光學薄膜除選用第四章所介紹的 PVD 或 CVD 薄膜沉積技術外，光波在薄膜內與基板表面，除了會有穿透、反射、吸收等現象外，最重要的是必須熟悉薄膜干涉原理，以決定所鍍薄膜的材料與厚度。後面各節將逐一介紹製作光學薄膜的一些基本觀念。

　　電磁波遇到任何界面必發生吸收、反射與穿透三件事。可見光僅是電磁波譜之一小部份，電磁波不靠介質傳遞，它是由法拉第的磁通量變化率產生感應電場

$$\nabla \times \vec{E} = -\mu_0 \frac{\partial \vec{H}}{\partial t}$$ .... (5-45)

和馬克斯威爾的電通量變化率產生感應磁場

$$\nabla \times \vec{H} = \epsilon_0 \frac{\partial \vec{E}}{\partial t}$$ .... (5-46)

兩者交互推進的，在自由空間中行進的電磁波感應電場與感應磁場相互垂直，且電場與磁場同相，其行進波為 Poynting 向量：

$$\vec{k} \equiv \vec{E} \times \vec{H}$$ .... (5-47)

電場最大時磁場也最大，其大小分別為

$$E = E_0 e^{j(\vec{k} \cdot \vec{r} - \omega t)} , \quad H = H_0 e^{j(\vec{k} \cdot \vec{r} - \omega t)}$$ .... (5-48)

$k = 2\pi/\lambda$ 叫波數，電磁波在真空中的波速

$$C = \frac{\omega}{k} = \frac{1}{\sqrt{\mu_0 \epsilon_0}} = 3 \times 10^8 \text{ m/sec}$$ .... (5-49)

電磁波在介質中的波速為：

$$v = \frac{1}{\sqrt{\mu \epsilon}} = \frac{C}{\sqrt{\epsilon_r}} = \frac{C}{n}$$ .... (5-50)

在非磁性介質中，折射率 n 與介電常數 ϵ_r 之關係為：

$$n = \sqrt{\epsilon_r}$$ .... (5-51)

　　電磁場中的電場或磁場在固定方向上振動叫線偏極，其行進波是在固定平面之平面波，例如圖 5-10 中，電場垂直於入射面(XY平面)叫TE偏極波，若是磁場垂直於入射面叫 TM 偏極波。由(5-45)(5-48)式得圖

5-10 之入射波爲：

$$\vec{k}_1 \times \vec{E}_i = \mu_0 \omega \vec{H}_i \quad \dotfill \quad (5\text{-}52)$$

反射波爲：

$$\vec{k}_3 \times \vec{E}_r = \mu_0 \omega \vec{H}_r \quad \dotfill \quad (5\text{-}53)$$

穿透波爲：

$$\vec{K} \times \vec{E}_t = \mu_0 \omega \vec{H}_t \quad 或 \quad \vec{H}_t = \frac{1}{\mu_0 \omega}(\vec{k}_2 + i\vec{\alpha}) \times \vec{E}_t \quad \dotfill \quad (5\text{-}54)$$

　　圖 5-10 中所有垂直入射面的電場都平行於界面，假設電場都指向正 Z 方向，$\vec{H}$ 在 XY 平面，則在平行界面兩側的電場守恒

$$E_i + E_r = E_t \quad \dotfill \quad (5\text{-}55)$$

平行界面的磁場分量應等大

$$-H_i \cos\theta_i + H_r \cos\theta_r = -H_t \cos\theta_t \quad \dotfill \quad (5\text{-}56)$$

$$\frac{1}{\mu_0 \omega}(-k_1 E_i \cos\theta_i + k_3 E_r \cos\theta_r) = -\frac{1}{\mu_0 \omega} K E_t \cos\theta_t$$

而折射率

$$n = \frac{C}{\upsilon} = \frac{Ck}{\omega}$$

$$\therefore -n_1 E_i \cos\theta_i + n_1 E_r \cos\theta_i = -n_2(E_i + E_r)\cos\theta_t$$

即　　　$$E_i(n_1 \cos\theta_i - n_2 \cos\theta_t) = E_r(n_1 \cos\theta_i + n_2 \cos\theta_t) \quad \dotfill \quad (5\text{-}57)$$

TE 波反射振幅比爲：

$$r = \frac{E_r}{E_i} = \frac{n_1 \cos\theta_i - n_2 \cos\theta_t}{n_1 \cos\theta_i + n_2 \cos\theta_t} \quad \dotfill \quad (5\text{-}58)$$

若光由疏入密($n_1 < n_2$)，則 $\theta_t < \theta_i$，反射振幅比 $r < 0$，故 TE 波反射電場與入射電場相差180°，光由疏入密時任何入射角都反射波比入射波落後半波長，反射之電場方向應向負 Z 才 $r > 0$。若 TE 波由光密射入光疏介質($n_1 > n_2$)，則反射電場與入射電場同相，沒相位落後($r > 0$)，若 θ_i 大於等於臨界角 $\theta_c = \sin^{-1}\left(\dfrac{n_2}{n_1}\right)$ 將發生全反射($r = 1$)。

(5-57)式中 $E_r = E_t - E_i$，整理得 TE 波穿透振幅比

$$t = \frac{E_t}{E_i} = \frac{2n_1\cos\theta_i}{n_1\cos\theta_i + n_2\cos\theta_t} > 0 \ \text{.................................} (5\text{-}59)$$

TE 波由光密射入光疏或由光疏射入光密，任何入射角之穿透波都與入射波同相。

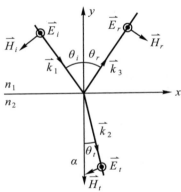

圖 5-10　TE 偏極波

5-8　光在薄膜界面的反射與穿透

TE平面波以 E_0 電場 $\vec{k_o}$ 方向入射圖 5-11 的薄膜表面，假設電場都指向Z軸⊙，入射薄膜與基板界面的電場是 E_i，自界面反射的電場是 E_r，自界面穿透的電場是 E_t，忽略高次反射項，則在界面 a 和 b 的邊界條

件為：

$$E_a = E_0 + E_{r1} = E_{t1} + E_{i1} \quad\text{(5-60)}$$

$$E_b = E_{i2} + E_{r2} = E_{t2} \quad\text{(5-61)}$$

沿 X 軸之磁場

$$B_a = B_0\cos\theta_0 - B_{r1}\cos\theta_0 = B_{t1}\cos\theta_1 - B_{i1}\cos\theta_1 \quad\text{(5-62)}$$

$$B_b = B_{i2}\cos\theta_1 - B_{r2}\cos\theta_1 = B_{t2}\cos\theta_s \quad\text{(5-63)}$$

$B = \dfrac{E}{v} = n\sqrt{\mu_0\varepsilon_0}E$ ，令 $\dfrac{1}{v}$ 分量 $\gamma = n\sqrt{\mu_0\varepsilon_0}\cos\theta$ ，則

$$B_a = \gamma_0(E_0 - E_{r1}) = \gamma_1(E_{t1} - E_{i1}) \quad\text{(5-64)}$$

$$B_b = \gamma_1(E_{i2} - E_{r2}) = \gamma_s E_{t2} \quad\text{(5-65)}$$

E_{i2} 與 E_{t1} 的路程 Δ 相差為：

$$\delta = k_1\Delta = \frac{2\pi}{\lambda_0}n_1 t/\cos\theta_1 \quad\text{(5-66)}$$

因此 $\quad E_{i2} = E_{t1}e^{-i\delta}$ ， $E_{i1} = E_{r2}e^{-i\delta}$

$$E_b = E_{i2} + E_{r2} = E_{t1}e^{-i\delta} + E_{i1}e^{i\delta} = E_{t2} \quad\text{(5-67)}$$

$$B_b = \gamma_1(E_{t1}e^{-i\delta} - E_{i1}e^{i\delta}) = \gamma_s E_{t2} \quad\text{(5-68)}$$

解(5-67)(5-68)式得

$$E_{t1} = \left(\frac{\gamma_1 E_b + B_b}{2\gamma_1}\right)e^{i\delta} \text{ ， } E_{i1} = \left(\frac{\gamma_1 E_b - B_b}{2\gamma_1}\right)e^{-i\delta} \quad\text{(5-69)}$$

帶入(5-60)(5-64)式得

$$E_a = E_{t1} + E_{i1} = E_b\cos\delta + B_b\left(\frac{i\sin\delta}{\gamma_1}\right) \quad\text{(5-70)}$$

$$B_a = \gamma_1(E_{t1} - E_{i1}) = E_b(i\gamma_1\sin\delta) + B_b\cos\delta \quad\text{(5-71)}$$

即

$$\begin{bmatrix} E_a \\ B_a \end{bmatrix} = \begin{bmatrix} \cos\delta & i\sin\delta/\gamma_1 \\ i\gamma_1\sin\delta & \cos\delta \end{bmatrix} \begin{bmatrix} E_b \\ B_b \end{bmatrix} = \begin{bmatrix} m_{11} & m_{12} \\ m_{21} & m_{22} \end{bmatrix} \begin{bmatrix} E_b \\ B_b \end{bmatrix} \dots\dots\dots\dots (5\text{-}72)$$

此轉移矩陣表示電場與磁場在界面 a 與界面 b 間之相位關係。

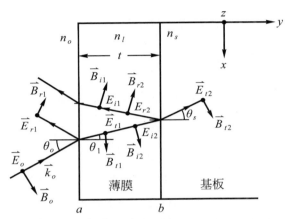

圖 5-11　TE 平面波在薄膜界面的反射與穿透

若有多層薄膜則移轉矩陣爲 $M_T = M_1 M_2 M_3 \cdots M_N$，因 $E_a = E_0 + E_{r1}$，$B_a = \gamma_0(E_0 - E_{r1})$，$E_b = E_{t2}$，$B_b = \gamma_s E_{t2}$。故

$$\begin{bmatrix} E_0 + E_{r1} \\ \gamma_0(E_0 - E_{r1}) \end{bmatrix} = \begin{bmatrix} m_{11} & m_{12} \\ m_{21} & m_{22} \end{bmatrix} \begin{bmatrix} E_{t2} \\ \gamma_s E_{t2} \end{bmatrix} = \begin{bmatrix} m_{11}E_{t2} + m_{12}\gamma_s E_{t2} \\ m_{21}E_{t2} + m_{22}\gamma_s E_{t2} \end{bmatrix} \dots\dots (5\text{-}73)$$

定義反射振幅比 $r = \dfrac{E_{r1}}{E_0}$ 和透射振幅比 $t = \dfrac{E_{t2}}{E_0}$，則 (5-73) 式爲 $1 + r = (m_{11} + \gamma_s m_{12})t$，$\gamma_0(1-r) = (m_{21} + \gamma_s m_{22})t$，解得

$$穿透振幅比\ t = \frac{\begin{vmatrix} 1 & -1 \\ \gamma_0 & \gamma_0 \end{vmatrix}}{\begin{vmatrix} m_{11} + \gamma_s m_{12} & -1 \\ m_{21} + \gamma_s m_{22} & \gamma_0 \end{vmatrix}}$$

$$= \frac{2\gamma_0}{\gamma_0 m_{11} + \gamma_0\gamma_s m_{12} + m_{21} + \gamma_s m_{22}} \dots\dots\dots\dots (5\text{-}74)$$

$$反射振幅比\ r = \frac{\begin{vmatrix} m_{11} + \gamma_s m_{12} & 1 \\ m_{21} + \gamma_s m_{22} & \gamma_0 \end{vmatrix}}{\begin{vmatrix} m_{11} + \gamma_s m_{12} & -1 \\ m_{21} + \gamma_s m_{22} & \gamma_0 \end{vmatrix}}$$

$$= \frac{\gamma_0 m_{11} + \gamma_0 \gamma_s m_{12} - m_{21} - \gamma_s m_{22}}{\gamma_0 m_{11} + \gamma_0 \gamma_s m_{12} + m_{21} + \gamma_s m_{22}} \quad\cdots\cdots\cdots\cdots\cdots (5\text{-}75)$$

若垂直入射則 $\theta_0 = 0$、$\theta_{t1} = 0$ 且 $\gamma_1 = n_1 \sqrt{\mu_0 \epsilon_0}$，而 $m_{11} = \cos\delta$，$m_{12} = \dfrac{i\sin\delta}{n_1\sqrt{\mu_0 \epsilon_0}}$，$m_{21} = i\sin\delta(n_1\sqrt{\mu_0 \epsilon_0})$，$m_{22} = \cos\delta$ 代入(5-75)式得反射振幅比

$$r = \frac{n_0 \cos\delta + \dfrac{n_0 n_s}{n_1}(i\sin\delta) - (in_1\sin\delta) - n_s\cos\delta}{n_0 \cos\delta + \dfrac{n_0 n_s}{n_1}(i\sin\delta) + (in_1\sin\delta) + n_s\cos\delta}$$

$$= \frac{n_1(n_0 - n_s)\cos\delta + i(n_0 n_s - n_1^2)\sin\delta}{n_1(n_0 + n_s)\cos\delta + i(n_0 n_s + n_1^2)\sin\delta} \cdots\cdots\cdots\cdots\cdots\cdots\cdots (5\text{-}76)$$

$$反射係數\ R = r \cdot r^* = \frac{n_1^2(n_0 - n_s)^2\cos^2\delta + (n_0 n_s - n_1^2)^2\sin^2\delta}{n_1^2(n_0 + n_s)^2\cos^2\delta + (n_0 n_s + n_1^2)^2\sin^2\delta} \cdots (5\text{-}77)$$

例 5-3　$n_s = 1.52$ 的玻璃未鍍薄膜時，入射角 $\theta_i = 0$ 之反射係數

$R = \left(\dfrac{1.52 - 1}{1.52 + 1}\right)^2 = 4.26\%$。

$n_1 > n_s$ 之薄膜在界面 b 光是密入疏，反射時相位不變，膜厚

$t = \dfrac{\lambda}{4} = \dfrac{\lambda_0}{4n_1}$ 則自 b 反射再穿透薄膜表面 a 時落後 $\lambda/2$。而入

射波在薄膜表面 a 是疏入密，反射時落後 $\lambda/2$，故自 $\lambda/4$ 奇數

倍膜厚之 $n_1 > n_s$ 薄膜表面反射是建設性反射，R 最大。

$n_1 < n_s$ 之薄膜在界面 b 反射也落後 $\lambda/2$，膜厚 $t = \dfrac{\lambda_0}{4n_1}$ 則自 b

反射再穿透薄膜表面 a 時共落後 λ 波長，而入射波在薄膜表

面 a 反射落後 $\lambda/2$，故自 $\lambda/4$ 奇數倍膜厚之 $n_1 < n_s$ 薄膜表面

反射是破壞性，反射係數 R 最小。

$\theta_i = 0$ 之 $\delta = k_0 n_1 t = \dfrac{2\pi}{\lambda_0} n_1 \dfrac{\lambda_0}{4n_1} = \dfrac{\pi}{2}$，則 $\cos\delta = 0$、$\sin\delta = 1$，故薄膜

厚度為 $\dfrac{\lambda_0}{4n_1}$ 且垂直入射時反射係數

$$R = \left(\frac{n_0 n_s - n_1^2}{n_0 n_s + n_1^2}\right)^2 \quad \text{..} \quad (5\text{-}78)$$

抗反射膜之折射率 $n_1 = \sqrt{n_0 n_s}$ 時 $R = 0$。雷射、LED 等具特定波長的光

電元件，其抗反射膜折射率 $n_1 < n_s$，膜厚為 $\lambda/4$ 奇數倍時 R 最低，如圖

5-12。而照相機鏡頭對白光，則某固定薄膜厚度只對某波長的反射係數

最小，要使可見光範圍的波譜都具最低反射係數，則需使用多層的薄膜

干涉。

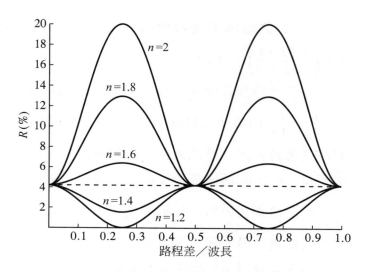

圖 5-12　抗反射膜的反射係數與折射率和厚度有關

■ 5-9　多層抗反射薄膜

多層膜中調整各層間的折射率組合與厚度關係，可彈性得到破壞性薄膜干涉，可使反射最低的適用波譜較寬，多層抗反射膜中相鄰反射線都差 $\lambda/2$，才得破壞性薄膜干涉。

雙層抗反射膜

若薄膜與基板的折射率關係為 $n_s > n_2 > n_1 > 1$，則 $n_1 \cdot n_2$ 的膜厚為 $\dfrac{\lambda}{4} - \dfrac{\lambda}{4}$ 時反射波是破壞性干涉，如圖 5-13(a)。若 $n_1 \cdot n_2$ 與基板的關係為 $n_s < n_2 \cdot n_2 > n_1 > 1$，則 $\dfrac{\lambda}{4} - \dfrac{\lambda}{4}$ 厚度的相位關係不完全抵消，膜厚應改為 $\dfrac{\lambda}{4} - \dfrac{\lambda}{2}$ 反射波才破壞性干涉，如圖 5-13(b)。三層抗反射膜中若 $1 < n_1 < n_2 \cdot n_2 > n_3 > n_s$，則膜厚為 $\dfrac{\lambda}{4} - \dfrac{\lambda}{4} - \dfrac{\lambda}{4}$ 時相位未完全抵消，應改

為 $\frac{\lambda}{4} - \frac{\lambda}{2} - \frac{\lambda}{4}$ 才反射波破壞性干涉，如圖 5-13(c)。

若 n_1、n_2 兩層都 $\lambda/4$ 厚，則 $m_{11} = m_{22} = 0$，$m_{12} = i/\gamma_1$，$m_{21} = i\gamma_1$，其移轉矩陣

$$M = \begin{bmatrix} 0 & i/\gamma_1 \\ i\gamma_1 & 0 \end{bmatrix} \begin{bmatrix} 0 & i/\gamma_2 \\ i\gamma_2 & 0 \end{bmatrix} = \begin{bmatrix} -\gamma_2/\gamma_1 & 0 \\ 0 & -\gamma_1/\gamma_2 \end{bmatrix}$$

(5-75)式之反射振幅比

$$r = \frac{\gamma_0\left(\dfrac{-\gamma_2}{\gamma_1}\right) - \gamma_s\left(\dfrac{-\gamma_1}{\gamma_2}\right)}{\gamma_0\left(\dfrac{-\gamma_2}{\gamma_1}\right) + \gamma_s\left(\dfrac{-\gamma_1}{\gamma_2}\right)} = \frac{\gamma_0\gamma_2^2 - \gamma_s\gamma_1^2}{\gamma_0\gamma_2^2 + \gamma_s\gamma_1^2} \quad\text{................................} (5\text{-}79)$$

若垂直入射 $\theta_1 = 0$，則反射係數

$$R = \left(\frac{n_0 n_2^2 - n_s n_1^2}{n_0 n_2^2 + n_s n_1^2}\right)^2 \quad\text{................................} (5\text{-}80)$$

$R = 0$ 之條件為 $\dfrac{n_2}{n_1} = \sqrt{\dfrac{n_s}{n_0}} = \sqrt{n_s}$。若玻璃之 $n_s = 1.52$，則 $\dfrac{n_2}{n_1} = 1.23$，

n_1、n_2 兩層薄膜都 $\dfrac{\lambda}{4}$ 厚且 $n_s > n_2 > n_1 > 1$，則薄膜表面的反射係數 $R = 0$。

若 n_1、n_2 兩層為 $\dfrac{\lambda}{4} - \dfrac{\lambda}{2}$ 組合，則 $\dfrac{\lambda}{2}$ 厚的 $m_{11} = m_{22} = -1$，$m_{12} = m_{21}$

$= 0$，其移轉矩陣

$$M = \begin{bmatrix} 0 & i/\gamma_1 \\ i\gamma_1 & 0 \end{bmatrix} \begin{bmatrix} -1 & 0 \\ 0 & -1 \end{bmatrix} = \begin{bmatrix} 0 & -i/\gamma_1 \\ -i\gamma_1 & 0 \end{bmatrix}$$

反射振幅比

$$r = \frac{\gamma_0\gamma_s(-i/\gamma_1) - (-i\gamma_1)}{\gamma_0\gamma_s(-i/\gamma_1) + (-i\gamma_1)} = \frac{(\gamma_0\gamma_s - \gamma_1^2)}{(\gamma_0\gamma_s + \gamma_1^2)}$$

故 $\theta_1 = 0$ 則反射係數

$$R = \left(\frac{n_0 n_s - n_1^2}{n_0 n_s + n_1^2}\right)^2 \quad\text{................................} (5\text{-}81)$$

n_2、n_2 兩層為 $\dfrac{\lambda}{4} - \dfrac{\lambda}{2}$ 組合，則 $R = 0$ 之條件為 $n_1 = \sqrt{n_0 n_s} = \sqrt{n_s} < n_2$，且 $n_2 > n_s$。

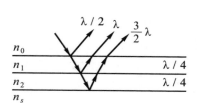

(a)　$n_s > n_2 > n_1 > 1$

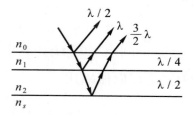

(b)　$n_2 > n_1 > 1$，$n_s < n_2$

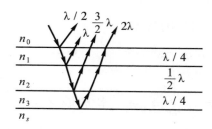

(c)　$1 < n_1 < n_2$，$n_2 > n_3 > n_s$

圖 5-13　多層膜薄膜干涉

例 5-4　照相機或光學元件鏡頭都有 MgF_2 抗反射薄膜其

$$n_1 = 1.38，R = \left(\frac{1.52 - 1.38^2}{1.52 + 1.38^2}\right)^2 = 1.23\%$$

光若經三個組合透鏡即經過六反射面，沒鍍抗反射膜時其穿透係數 $T = (1 - 0.0426)^6 = 77\%$，若鍍 $n_1 = 1.38$ 之抗反射薄膜，則光進入鏡頭之穿透係數 $T = (1 - 0.0123)^6 = 92.8\%$。

三層抗反射膜

1. 若三層薄膜的折射率關係為 $1 < n_1 < n_2$，$n_2 > n_3 > n_s$，薄膜厚度為 $\frac{\lambda}{4} - \frac{\lambda}{4} - \frac{\lambda}{4}$，則

$$M = \begin{bmatrix} 0 & i/\gamma_1 \\ i\gamma_1 & 0 \end{bmatrix}\begin{bmatrix} 0 & i/\gamma_2 \\ i\gamma_2 & 0 \end{bmatrix}\begin{bmatrix} 0 & i/\gamma_3 \\ i\gamma_3 & 0 \end{bmatrix} = \begin{bmatrix} 0 & -i\frac{\gamma_2}{\gamma_1\gamma_3} \\ -i\frac{\gamma_1\gamma_3}{\gamma_2} & 0 \end{bmatrix}$$

反射振幅比

$$r = \frac{\gamma_0 m_{11} + \gamma_0\gamma_s m_{12} - m_{21} - \gamma_s m_{22}}{\gamma_0 m_{11} + \gamma_0\gamma_s m_{12} + m_{21} + \gamma_s m_{22}}$$
$$= \frac{n_0 n_s(-in_2/n_1 n_3) - (-in_1 n_3/n_2)}{n_0 n_s(-in_2/n_1 n_3) + (-in_1 n_3/n_2)} \quad\text{.......................(5-82)}$$

反射係數

$$R = \left(\frac{n_0 n_s n_2^2 - (n_1 n_3)^2}{n_0 n_s n_2^2 + (n_1 n_3)^2}\right)^2$$

$R = 0$ 之條件為：

$$\frac{n_1 n_3}{n_2} = \sqrt{n_0 n_s} \quad\text{...................................(5-83)}$$

若 $n_s = 1.52$、$n_3 = 1.8$、$n_2 = 2.02$、$n_1 = 1.38$，則 $\frac{n_1 n_3}{n_2} \cong 1.23$。

2. 若三層薄膜的折射率關係與上節相同，而厚度為 $\frac{\lambda}{4} - \frac{\lambda}{2} - \frac{\lambda}{4}$，則

$$M = \begin{bmatrix} 0 & i/\gamma_1 \\ i\gamma_1 & 0 \end{bmatrix}\begin{bmatrix} -1 & 0 \\ 0 & -1 \end{bmatrix}\begin{bmatrix} 0 & i/\gamma_3 \\ i\gamma_3 & 0 \end{bmatrix} = \begin{bmatrix} \gamma_3/\gamma_1 & 0 \\ 0 & \gamma_1/\gamma_3 \end{bmatrix}$$

反射振幅比

$$r = \frac{\gamma_0\left(\frac{\gamma_3}{\gamma_1}\right) - \gamma_s\left(\frac{\gamma_1}{\gamma_3}\right)}{\gamma_0\left(\frac{\gamma_3}{\gamma_1}\right) + \gamma_s\left(\frac{\gamma_1}{\gamma_3}\right)} = \frac{\gamma_0\gamma_3^2 - \gamma_s\gamma_1^2}{\gamma_0\gamma_3^2 + \gamma_s\gamma_1^2} \quad\text{..................(5-84)}$$

反射係數 $R = 0$ 之條件為：

$$\frac{n_3}{n_1} = \sqrt{\frac{n_s}{n_0}} = \sqrt{n_s} \dots\dots\dots\dots\dots\dots\dots\dots\dots\dots\dots\dots\dots\dots\dots (5\text{-}85)$$

若 $n_s = 1.52$、$n_3 = 1.7$、$n_2 = 2.2$、$n_1 = 1.38$，則 $\frac{n_3}{n_1} \cong 1.23$。

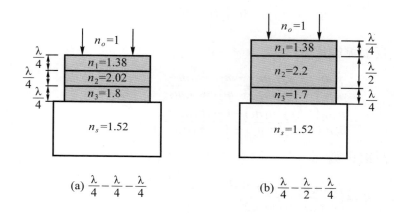

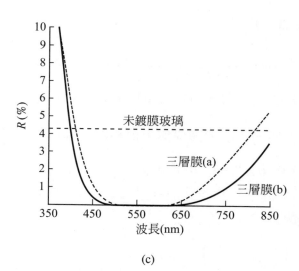

圖 5-14　三層抗反射膜 $1 < n_1 < n_2$，$n_2 > n_3 > n_S$

圖 5-14 為 $1 < n_1 < n_2 \cdot n_2 > n_3 > n_s$ 之三層膜(a)為 $\frac{\lambda}{4} - \frac{\lambda}{4} - \frac{\lambda}{4}$ 組合，(b)為 $\frac{\lambda}{4} - \frac{\lambda}{2} - \frac{\lambda}{4}$ 組合。從圖 5-14(c)中看出(a)比(b)差，因 $\frac{\lambda}{4} - \frac{\lambda}{4} - \frac{\lambda}{4}$ 之相位未完全抵消。但(a)(b)之折射率分別滿足(5-83)(5-85)式，故 $R = 0$ 之波長範圍都較寬。

▣ 5-10　超晶格高反射薄膜

　　垂直腔面射型雷射的光軸是沿磊晶生長的方向，光和電流方向是平行的，垂直腔面射型雷射的光增益路徑較短，需提高 Fabry-Perot 共振腔反射面鏡的反射率到接近於 1，這是雷射發光主動層 p、n 兩側分別做多層高反射率的 Bragg 反射器(DBR)。高反射率 Bragg 反射器的構造是以折射率高低相間 $n_H - n_L$、厚度為 $\frac{\lambda}{4} - \frac{\lambda}{4}$ 的雙層薄膜 N 次重疊的週期性超晶格光柵。

　　高反射率 Bragg 反射器的 $n_H - n_L$ 轉移矩陣為：

$$M_{HL} = \begin{bmatrix} 0 & i/\gamma_H \\ i\gamma_H & 0 \end{bmatrix} \begin{bmatrix} 0 & i/\gamma_L \\ i\gamma_L & 0 \end{bmatrix} = \begin{bmatrix} -\gamma_L/\gamma_H & 0 \\ 0 & -\gamma_H/\gamma_L \end{bmatrix} \text{.....................(5-86)}$$

N次重疊的週期性超晶格轉移矩陣

$$M = (M_{H1} M_{L1})(M_{H2} M_{L2}) \cdots (M_{HN} M_{LN})) = (M_{HL})^N$$

$$M = \begin{bmatrix} -\gamma_L/\gamma_H & 0 \\ 0 & -\gamma_H/\gamma_L \end{bmatrix}^N = \begin{bmatrix} -(n_L/n_H)^N & 0 \\ 0 & (-n_H/n_L)^N \end{bmatrix} \text{.................(5-87)}$$

反射振幅比

$$r = \frac{\gamma_0 m_{11} + \gamma_0 \gamma_s m_{12} - m_{21} - \gamma_s m_{22}}{\gamma_0 m_{11} + \gamma_0 \gamma_s m_{12} + m_{21} + \gamma_s m_{22}}$$

$$= \frac{n_0\left(-\frac{n_L}{n_H}\right)^N - n_s\left(-\frac{n_H}{n_L}\right)^N}{n_0\left(-\frac{n_L}{n_H}\right)^N + n_s\left(-\frac{n_H}{n_L}\right)^N} \times \frac{\left(-\frac{n_L}{n_H}\right)^N / n_s}{\left(-\frac{n_L}{n_H}\right)^N / n_s}$$

此週期性層狀薄膜的總反射係數

$$R_{\max} = \left[\frac{\left(\frac{n_0}{n_s}\right)\left(\frac{n_L}{n_H}\right)^{2N} - 1}{\left(\frac{n_0}{n_s}\right)\left(\frac{n_L}{n_H}\right)^{2N} + 1}\right]^2 \quad\text{..............................} (5\text{-}88)$$

組成疊層結構的兩個基本層具有相同的厚度$\frac{\lambda_0}{4n}$，則折射率較高的那子層厚度較薄

$$n_H h_H = n_L h_L \quad\text{..} (5\text{-}89)$$

例 5-5　$Al_{0.1}Ga_{0.9}As$ 的折射率 $n_H = 3.52$，AlAs 的折射率 $n_L = 2.97$，GaAs 基材的折射率 $n_s = 3.59$，空氣的折射率 $n_0 = 1$，若 $N = 20$ 則 $R \approx 1$。折射率高低相間的薄膜越多次重疊，則反射係數越高。

▣ 習題

1.　矽晶晶格常數 $a = 0.543\text{nm}$，若沿 [100] 方向的錯切角 $\theta = 0.4°$，而鑽石結構的單層原子高度 $h = a/4$，求① 晶片表面的台階長度。② Si(100) 的表面原子密度 $N_s = ?\ cm^{-2}$。

2.　已知原子在矽晶表面之擴散活化能 $E_D = 0.5\text{eV}$、脫附能 $E_d = 1.1\text{eV}$、晶格振動頻率 $\nu = 10^{13}\text{sec}^{-1}$ 使用上題之 (100) 矽晶片在 1100℃ 進行同質磊晶，① 求原子的表面擴散係數 $D_s = ?$

(cm^2/sec)，②原子的表面擴散長度 $\lambda_s=$? nm，③會出現原子團的氣體最高入射通量 $J=$? $(cm^{-2}\text{-}sec^{-1})$。

3. 若以 $J=1\times10^{16}/cm^2\text{-}sec$ 氣體入射通量在上題之條件進行磊晶，①薄膜沉積速率多大？②要磊晶 1μm 厚的矽晶薄膜需多久？

4. GaAs晶格常數為 5.65Å，在GaAs(100)基板上沉積薄膜，假設此薄膜的切變係數 $\mu_f=0.7\times10^{11}$ Nt/m²，晶格的柏松比 $v=0.3$，如果在20nm厚的薄膜中允許的最大應變能是 0.1eV/原子，①求其最大應變 $\epsilon_{//}=f=$ ？②參考圖 5-2，找出哪幾種半導體可在GaAs(100)基板上磊晶。

5. InP基板上沉積 $Al_xIn_{1-x}As$ 薄膜，參考圖 5-3，求要滿足晶格匹配之摩爾比 $x=$ ？

6. ① 在 Ge_xSi_{1-x}(100)基板上沉基 20nm 厚的純矽晶薄膜，其晶格失配度為 $f=1.9\%$，已知 Ge 的晶格常數 $a=0.566$ nm，求基板的晶格常數，和 Ge_xSi_{1-x} 中的 x 值。

   ② 若矽晶的柏松比 $v=0.272$，切變係數 $\mu=0.67\times10^{11}$ N/m² 假設彈性應變場半徑 $r=20$ nm，求 Burger 向量 b，差排間距 S，和每單位長度的差排能量 $E_d=$? eV/nm。

7. ① 一光波在自由空間的電場 $\varepsilon_x=\varepsilon_0 e^{-t^2/\tau^2}e^{i(\omega t-kz)}$ 說明此波之物理意義，並求此波之磁場 B_y。

   ② 一光波在介質中行進其 $\varepsilon_x=\varepsilon_0 e^{-i\left(\frac{2\pi}{3}\times10^5 Z-\frac{4\pi}{3}\times10^{15}t\right)}$，$Z$ 的單位是 cm，寫出此波之波長、頻率和波速。

8. 一未偏極光自折射率 1.458 之玻璃表面反射，①求內反射(光密至光疏)之臨界角 θ_c 和偏極角 θ_B。②求入射角 $\theta_i=30°$ 之 TE 波內反射係數 R。

9. 光探測器是在 GaP 基板上做 $GaAs_yP_{1-y}$ 的緩衝層後在其上做 GaP/ $GaAs_xP_{1-x}$ 的週期性超晶格，GaP 的 $E_g = 2.26eV$，晶格常數 $a = 0.545nm$，折射率 $n = 3.33$，GaAs的 $E_g = 1.42\ eV$，$a = 0.563nm$，$n = 3.62$，①若此光探測器的波長響應 $\lambda \leq 0.58\mu m$，求此超晶格 $GaAs_xP_{1-x}$ 的摩爾比 x 值。②如何選擇緩衝層 $GaAs_yP_{1-y}$ 中的摩爾比 y，以達到超晶格中的淨應變等於零。

10. 上題中①若超晶格的每一子層厚度都是 10 nm，對光的吸收係數 $\alpha = 1\times10^4\ cm^{-1}$，則入射光子被 36 層(18 對)的超晶格吸收多少 ％？②若緩衝層的折射率 $n = 3.48$，$GaAs_xP_{1-x}$ 的 $n = 3.37$，則 18 對超晶格的反射率 R 多大？(光自空氣入射超晶格 $n_L - n_H$ 非高反射器)。

▣ 參考資料

1. King-Ning Tu, J.W Mayer, L.C Feldman, Electronic Thin Film Sciences, For Electric Engineers & Material Scientists. Macmillan college publishing company. 1992.

2. T.F.Kuech, "Metal-Organic Vapor Phase Epitaxy of Compound Semiconductors", Materials Science Reports, Vol.2,no.1，1987.

3. J.W.Mayer and S.S.Lau, Electronic Materials Science for Integrated Circuits in Si and GaAs, Macmillan, New York,1990.

4. J.C.Bean, S.M.Sze, High Speed Semiconductor Devices, Wiley Interscience, New York,1990.

5. Bahaa E.A.Saleh, Malvin Carl Teich, Fundamentals of Photonics，John Wiley & Sons Inc.1991.

Chapter *6*

異質結構薄膜精進元件
光電特性

　　表面是晶體的終點，晶體結構的部分化學鍵在表面被打斷，真空與固體界面處有二維的凝聚相，其性質與固體體內有很大的差異，這個表面層的存在對固體的物性、化性有很大的影響，如金屬的腐蝕、相變的催化、氧化層的生長、電子元件的應用等，都與固體的表面狀態有關。近年來超高真空與超淨表面處理方法的進展，及各種電子能譜儀的問世，大大地推動了固體表面與界面科學的研究。

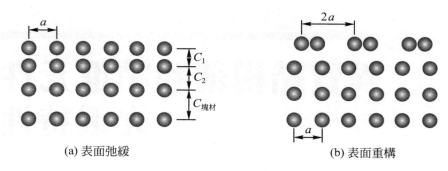

(a) 表面弛緩　　　　　　　　　　　　　(b) 表面重構

圖 6-1　表面結構

　　表面結構是指晶體表面與真空間有一層不具有體內三維週期性排列的原子層，厚度約 5-10Å。在垂直表面方向上的三維移動對稱性被破壞，電子波函數在表面附近發生變化，結果造成電子電荷密度的弛緩(relaxation)，產生表面電偶層，金屬的這個電偶層有助於形成表面能障，阻止體內電子進入真空。表面上的原子偏離原來三維晶格的平衡位置，弛緩的表面原子仍維持與晶體內的結構相同，但表層原子的平面間距縮小了，如圖 6-1(a)。半導體表面上有強方向性共價鍵，以致在平行表面的方向上，平移對稱性與晶體內有明顯的不同，這種現象叫表面重構(reconstruction)如圖 6-1(b)。因此晶體的清潔表面可藉垂直表面方向的弛緩，和平行表面方向的重構或叫織邊(selvedge)而降低表面自由能。 離子鍵或共價鍵原子在表面重新安排的結果，有些共價鍵傾斜，有些原子間距變大，而留下未飽和懸鍵(dangling bonds)，有些原子靠近而形成新鍵。例如矽晶表面原子的相鄰懸鍵形成曲曲折折的 π 鍵鏈，且次深層的原子也參與重構以降低能量。而 GaAs 的 Ga 和 As 表面原子的懸鍵都帶電，電子從 Ga 移到 As 的懸鍵以降低能量，結果 Ga 的懸鍵變成增多 sp^2 態，而 As 鍵較具 sp^3 特性。

晶片表面結構可決定在其上面成長的薄膜結構，請見 7-3 節說明。自晶體表面沉積出多層有序結構薄膜，將可設計出不同應用的電子元件。光電元件常做成異質接面，甚至做超晶格結構，其目的在限制能帶間的電子運動，提高載子濃度，也影響光子與晶體間的相互作用，以提高發光效率。

■ 6-1　異質結構薄膜

兩不同能隙的半導體材料薄膜構成異質接面，不僅在限制能帶間的電子運動，也影響光子與晶體間的相互作用。圖 6-2 是 n 型 GaAs 與 p 型 AlGaAs 的異質結構能帶圖，圖 6-2(a) 是兩 pn 半導體接合前的能帶關係，圖 6-2(b) 是 pn 半導體接合後達熱平衡時的能帶關係。

圖 6-2 中 $q\chi$ 是電子親和能

$$\Delta E_C = q(\chi_2 - \chi_1) \dots\dots\dots(6\text{-}1)$$

$$E_{g1} = \Delta E_C + E_{g2} + \Delta E_V$$

因此　　$$\Delta E_C + \Delta E_V = \Delta E_g \dots\dots\dots(6\text{-}2)$$

接面邊界是電中性，X_1、X_2 是載子空乏層(depletion leyer)寬度，則

$$N_{a1} X_1 = N_{d2} X_2 \dots\dots\dots(6\text{-}3)$$

邊界的電通量有連續性，$D_1 = D_2$，即

$$\epsilon_1 \varepsilon_1 = \epsilon_2 \varepsilon_2 \dots\dots\dots(6\text{-}4)$$

而電場　$\varepsilon_1 = -\dfrac{V_{01}}{X_1}$ ，$\varepsilon_2 = -\dfrac{V_{02}}{X_2}$

因此　　$1 = \dfrac{\epsilon_1 \varepsilon_1}{\epsilon_2 \varepsilon_2} = \dfrac{\epsilon_1}{\epsilon_2} \dfrac{V_{01}}{V_{02}} \dfrac{X_2}{X_1}$

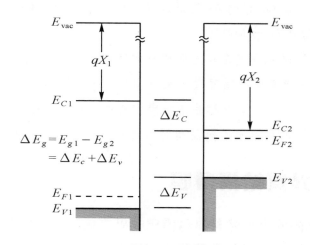

$$\Delta E_g = E_{g1} - E_{g2}$$
$$= \Delta E_c + \Delta E_v$$

(a) pn 半導體接合前的能帶關係

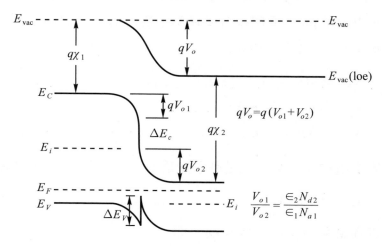

$$qV_o = q(V_{o1} + V_{o2})$$

$$\frac{V_{o1}}{V_{o2}} = \frac{\epsilon_2 N_{d2}}{\epsilon_1 N_{a1}}$$

(b) p n 半導體接合後的能帶關係

圖 6-2　n 型 GaAs 與 p 型 AlGaAs 的能帶圖

即摻雜較低那邊的建入電壓(built-in voltage)較大

$$\frac{V_{01}}{V_{02}} = \frac{X_1}{X_2}\frac{\epsilon_2}{\epsilon_1} = \frac{\epsilon_2}{\epsilon_1}\frac{N_{d2}}{N_{a1}} \dots\dots\dots\dots\dots\dots\dots\dots\dots(6\text{-}5)$$

pn 接面的建入電壓 $V_0 = V_{01} + V_{02}$，熱平衡後 pn 兩側的 E_c 高度相差 $\Delta E_c + qV_0$。

　　圖 6-3 是雙異質接面(double heterojunction)超晶格結構，載子被限制在 ΔE_c 或 ΔE_v 的寬度為 L 的量子阱中

$$E_n = \frac{\hbar^2 k^2}{2m^*} = \frac{\hbar^2}{2m^*}\left(\frac{n\pi}{L}\right)^2 \dots\dots\dots\dots\dots\dots\dots\dots\dots(6\text{-}6)$$

量子阱內載子能量量子化 $n = 1$、$2\dots\dots$，超晶格結構的膜厚 L 愈小，則各級量子能量差愈大。量子阱中電子在 L 方向的運動是量子化，而在垂直於 L 的其他二方向的運動是自由的。

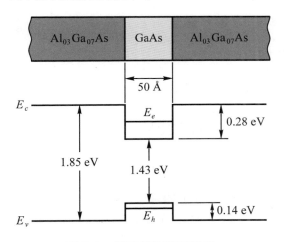

圖 6-3　雙異質接面量子阱

　　在導帶中，三維能態密度是連續的

$$g_{3D}(E) = \frac{\sqrt{2}m^{*3/2}(E - E_C)^{1/2}}{\pi^2\hbar^3} \dots\dots\dots\dots\dots\dots\dots\dots\dots(6\text{-}7)$$

而二維導帶能態密度是量子化

$$g_{2D}(E) = \frac{nm^*}{\pi \hbar^2} \quad\text{...(6-8)}$$

它是不連續的階梯，在導帶底部上仍有 E_n 之量子阱能階。

光電半導體的光譜量測中，由於有激子(exciton)存在，強吸收峰常在 E_C 下方之 E_n^{ex} 產生

$$h\nu = E_g - E_n^{ex} \quad\text{...(6-9)}$$

激子是束縛的電子-電洞對，在晶格中成對運動不導電，鬆束縛激子似氫原子運動，三維系統的激子能量為

$$E_n^{ex} = \frac{-13.6}{\epsilon_r^2 n^2} \frac{\mu}{m_e} \quad (\text{eV}) \quad\text{...(6-10)}$$

式中介電常數 $\epsilon_r \approx$ 定值，激子折合質量 μ 為 $\frac{1}{\mu} = \frac{1}{m_e^*} + \frac{1}{m_h^*}$，激子的半徑(電子-電洞距離)

$$r_{ex}^{3D}(\text{Å}) = 0.529 \epsilon_r \frac{m_e}{\mu} n^2 \quad\text{...(6-11)}$$

光電半導體量子阱中吸收峰的能量

$$h\nu = E_g + E_e + E_h - E_n^{ex} \quad\text{...(6-12)}$$

E_e 和 E_h 是電子和電洞在量子阱中的最低能態能量。

當超晶格的 L 小於 r_{ex}^{3D} 時，激子的性質將發生變化，當量子阱寬度 L 很窄時，載子變成二維運動自由度，二維激子與三維激子的能量關係為：

$$E_n^{ex}(2D) = \frac{E_n^{ex}(3D)}{(n-1/2)^2} \quad\text{...(6-13)}$$

$n = 1$、2、3 $\cdots$，$n = 1$ 時

$$E_1^{ex}(2D) = 4E_1^{ex}(3D) \quad\text{...(6-14)}$$

一旦 L 小於 10 nm 的範圍內，量子阱激子的激發光特性可隨 L 的改變而改變，例如 InP/GaInAs/InP 量子阱中，對 $L= 1$ nm 的激子發光峰在 1.17 µm，而 GaInAs 體材料的發光峰在 1.57µm，激子發光峰遷移了 0.4 µm。量子阱中發光峰的位置取決於超晶格層奈米寬度L，而發光峰的半高寬與層狀結構的均勻性有關。

6-2　光電檢測器(photo detector)

光電子元件中轉換光能爲電位能者稱爲光電動勢元件(photovoltaic devices)，如太陽能電池(solar cell)、光電二極體(photo-diode)等，轉換電能而發光者稱爲電致發光(electro-luminescence)，如發光二極體(LED)、半導體雷射二極體(LD)等。

光電動勢效應有圖 6-4 之三種應用，(a)是對$p-n$二極體加順偏壓，$I-V$在第一象限的光電二極體；(b)是加逆偏壓，在第Ⅲ象限的光偵測器；(c)是不加偏壓，光產生V_{oc}電動勢，加負載電阻R_L，則$I-V$爲在第Ⅳ象限之太陽能電池。

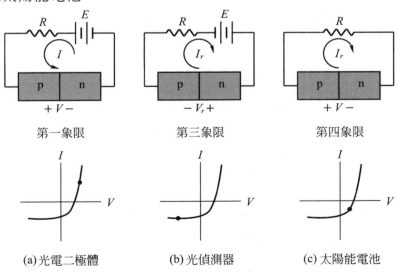

圖 6-4　光電動勢元件

　　在$p-n$接面二極體將光能轉爲電能的步驟爲：①光子的能量比半導體晶片的能隙大($h\nu > E_g$)，照射在二極體的光子被吸收則在接面之 N 區和P區產生電子電洞對。②產生之電子與電洞分別向接面之空乏區擴散。③空乏區的電場將 P 區的電子拉到 N 側，將 N 區的電洞拉到 P 側。④在接面兩端可量出開路電壓V_{oc}此爲光電池，若接負載電阻R_L形成電路，則電流i自P端流向R_L，如圖 6-5，則輸出電流

$$i = i_{op} - i_o(e^{\frac{qV}{k_BT}} - 1) \text{..}(6\text{-}15)$$

光愈強則每秒產生的電子電洞對愈多，自 P 端流出的電流也愈大。

若將此二極體短路($V=0$)，則$i_{sc} = i_{op}$，若此二極體開路($i=0$)，則

$$V_{oc} = \frac{k_BT}{q}\ln(1 + \frac{i_{op}}{i_o}) \approx V_T\ln(\frac{i_{op}}{i_o}) \text{................................}(6\text{-}16)$$

$V_T = \dfrac{k_BT}{q}$叫熱電壓，光注入產生光電流i_{op}愈大，則光電動勢V_{oc}愈大，相當於光注入對二極體產生順偏壓，減小空乏層之能障，如圖 6-6，因此V_{oc}最大只能增至二極體之內建(built in)電壓V_o。

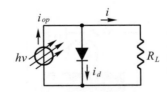

圖 6-5　光子$h\nu > E_g$照射光電二極體

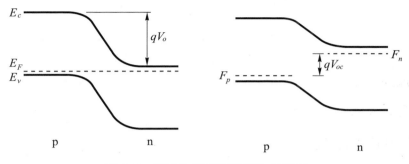

圖 6-6　光注入對二極體產生順偏壓

對 $p-n$ 接面二極體加逆偏壓，如圖 6-4(b)，則將光信號轉換為電信號的半導體元件叫光偵測器(photodetector)，光偵測器的電流 $i_{n \to p} = i_o + i_{op}$。光偵測器的性能需量度下列四參數(1)光電量子係數(quantum efficiency)；(2)反應時間；(3)靈敏度；(4)輸出功率／雜訊比。

以功率 P_{op} 之光通量($hv > E_g$)照半導體表面，則每秒到達表面之總光子數為 $\dfrac{P_{op}}{hv}$，光子進入二極體被吸收後，以光電量子轉換係數 η 每秒產生電子電洞對數 $\dfrac{i_{op}}{q}$ 為

$$\frac{i_{op}}{q} = \eta \frac{P_{op}}{hv}(1-R)e^{-\alpha x} \quad\text{...(6-17)}$$

(6-17)式中 R 是反射係數，α 是吸收係數，光電量子係數 $\eta = \dfrac{\dfrac{i_{op}}{q}}{\dfrac{P_{op}}{hv}}$，光子波長比半導體吸收臨界波長 λ_c 短時吸收係數才很大，吸收係數大則 η 值大。例如：矽晶片之 $\lambda_c = \dfrac{1240}{1.12} = 1100\text{nm} = 1.1\mu\text{m}$，故 $\lambda = 0.8 \sim 0.9\mu\text{m}$ 之光子波長對矽晶片的吸收係數 η 約 100％。

　　反應時間受三因素限制：(1)載子擴散時間τ_p；(2)載子拉過空乏區之穿越時間τ_t(transit time)；(3)空乏區之介面電容。接面盡量靠近二極體表面，即陡接面之p^+-n或n^+-p雪崩光電二極體(avalanche photodiode APD)結構可減小載子之擴散時間。逆偏壓愈大則載子穿越時間τ_t愈小，但逆偏壓大則空乏層W大，又增大τ_t，而$C_j=\varepsilon_s\dfrac{A}{W}$，$W$大則$C_j$小。$\tau_t$小和小$C_j$都有利元件高頻操作，要得較小$\tau_t$，則空乏層厚度應控制在$\dfrac{2}{\alpha}>W>\dfrac{1}{\alpha}$，$\alpha$是載子之碰撞游離率。

　　雪崩碰撞的放大倍數M愈大則雜訊愈高，元件之雜訊因子

$$F=M(\frac{\alpha_p}{\alpha_n})+(2-\frac{1}{M})(1-\frac{\alpha_p}{\alpha_n}) \quad\quad\quad\quad (6\text{-}18)$$

α_p、α_n是電洞和電子的碰撞游離率，若$\alpha_p=\alpha_n$則$F=M$為最高雜訊量，若$\alpha_p\to 0$則$F\to 2$為最低雜訊。一般之$2<F<M$，抑制雜訊因子F，使$\dfrac{輸出功率}{雜訊}$之比值越大越好。

　　例如$p^+InP-n\ InP-n^-InGaAs-n^+InP$之異質接面APD中，Inp之$E_g$大於InGaAs之$E_g$，光自$p^+InP$射入，InP為透明窗，光子在$n^-InGaAs$區才被吸收而產生電子電洞對，此區電場為定值，電洞向p^+-n之Inp接面跑，電子向n^+區跑，n Inp區是雪崩放大區，此結構將吸收區與放大區分開可明顯減小雜訊。

　　$p^+GaAs-nAl_xGa_{1-x}As$異質接面APD中，$Al_xGa_{1-x}As$之E_g隨A1之x增加而增大，且異質接面之$\Delta E_c>\Delta E_v$，做多層異質接面，使$\Delta E_c\gg\Delta E_v$，則元件加逆偏壓時，碰撞游離之$\alpha_n\gg\alpha_p$，可有效降低雜訊。三元化合物之能隙調整，也用來提高靈敏度，若$hv\gg E_g$，則光子僅在表面被吸收，多餘之能量在晶格中消耗為熱能。$hv\geq E_g$之光子對光偵測器之靈敏度最高，因此一般以多元化合物調E_g，以提高某特定光譜之靈敏度。

6-3　太陽能電池(solar cell)

太陽能電池之結構一般為 $n^+ - p - p^+$ 二極體，晶片表面擴散 n^+ 層，載子空乏區幾乎都在 p 側，$V_{oc} = V_T \ln \dfrac{N_a N_d}{n_i^2} = V_T \ln(1 + \dfrac{i_{op}}{i_o})$，$n^+ - p$ 擴散深度應盡量薄，以減少表面之載子復合電流，而 $p - p^+$ 之濃度梯度所建立之內建電場會縮短載子通過空乏層之時間，可再減小載子在空乏區之復合電流。二極體接面的 i_o 電流含 $i_{diff} + i_{recom}$，減小 i_o 和增大光照強度(i_{op})可提高 V_{oc}，因此努力降 i_{recom} 使 i_o 只有 i_{diff}，而實際二極體電流 $i = i_o(e^{\frac{qV}{nk_BT}} - 1)$，故實際二極體之 $V_{oc} = n V_T \ln(1 + \dfrac{i_{op}}{i_o})$，若 $n \to 1$ 則可得最高光電轉換係數 η。

(6-15)式是太陽能電池接上負載 R_L 時之輸出電流，此時二極體之電流 $i < i_{op}$，端電壓 $V < V_{oc}$，太陽能電池輸出之電功率 $P = iV = i_{op}V - i_o(e^{\frac{V}{V_T}} - 1)V$，最大輸出功率 $\dfrac{dP}{dV} = 0$。

$$i_{op} - i_o(e^{\frac{V}{V_T}} - 1) - i_o \frac{V}{V_T} e^{\frac{V}{V_T}} = 0 \ , \ e^{\frac{V_m}{V_T}}(1 + \frac{V_m}{V_T}) = 1 + \frac{i_{op}}{i_o}$$

因此

$$V_m = V_T \ln\left(\frac{1 + \dfrac{i_{op}}{i_o}}{1 + \dfrac{V_m}{V_T}}\right) \dotfill (6\text{-}19)$$

$$i_m = i_{op} - i_o(e^{\frac{V_m}{V_T}} - 1) = i_o \frac{V_m}{V_T} e^{\frac{V_m}{V_T}} = (i_{op} + i_o)\frac{V_m}{(V_T + V_m)}$$

最大輸出功率　$P_m = i_m V_m = (i_{op} + i_o)\dfrac{V_m^2}{V_T + V_m}$ \dotfill (6-20)

最大負載　$R_L = \dfrac{V_m}{i_m} = \dfrac{V_T + V_m}{i_{op} + i_o}$ \dotfill (6-21)

　　圖6-4(c)第IV象限是太陽能電池之I-V圖，最大功率之負載線所得之$i_m V_m$面積比$i_{sc} \times V_{oc}$之面積小。定義這兩面積比為填入因子(fill factor) $FF = \dfrac{i_m V_m}{i_{sc} V_{oc}}$ ，則

光電功率轉換係數　　$\eta = \dfrac{i_m V_m}{P_{op}} = FF \cdot \dfrac{i_{sc} V_{oc}}{P_{op}}$ .... (6-22)

要η大需努力提高i_{sc}、V_{oc}和FF值。

　　$p-n$接面二極體，吸收$h\nu > E_g$之光子，吸收強度為$I = I_0 e^{-\alpha x}$，像GaAs之直接能帶吸收，其吸收係數α很大，故GaAs只能做表層吸收，吸收層厚度x很小，像矽晶是間接能帶吸收，其吸收係數α較小，故$n^+ - p$擴散層需夠長以收集光產生電子電洞對。因此太陽電池之光子收集係數與吸收係數和吸收層厚有關，吸收層控制很重要，若太厚會提高表面之i_{recom}電流，降低光電轉換係數η，矽晶太陽電池之吸收光子$\eta_{cell} \approx 77\%$，而GaAs之吸收$\eta_{cell} \approx 52\%$。

　　為了提高光子吸收量，需在吸收表面做抗反射薄膜，破壞性反射的膜厚$2d = (m + \dfrac{1}{2})\lambda$，而抗反射膜之材料折射率選擇，請見第五章光學薄膜之說明，在元件上加抗反射膜的空氣、反射膜、基板之折射率分別為n_1、n_2和n_3，光在表面之入射角θ_i、折射角θ_r，則反射光的電場強度為

$$E_r = \frac{n_1 \cos\theta_r - n_2 \cos\theta_i}{n_1 \cos\theta_r + n_2 \cos\theta_i}$$ .... (6-23)

若光垂直入射元件表面$\theta_i = 0$，則表面與抗反射膜間之$E_{r1} = \dfrac{n_1 - n_2}{n_1 + n_2}$，抗反射膜與基板間之$E_{r2} = \dfrac{n_2 - n_3}{n_2 + n_3}$，若第一介面與第二介面的反射強度相等，則$\dfrac{n_1 - n_2}{n_1 + n_2} = \dfrac{n_2 - n_3}{n_2 + n_3}$，因此$n_2 = \sqrt{n_1 \cdot n_3}$，即鍍膜之折射率$n_c = \sqrt{n_a \cdot n_s} = \sqrt{n_s}$，而基板之折射率與基板材質之介電常數$K_s$之關係為$n_s = \sqrt{K_s}$，則反射最低薄膜厚

度為

$$d = \frac{\lambda_n}{4} = \frac{\lambda_0}{4n_c} \quad\text{... (6-24)}$$

λ_0是入射光之波長，陽光中以綠光最強，綠光$\lambda = 5500\text{Å}$之光子能量為 2.255eV，光子能量$hv > E_g$則多餘的能量是在晶格中以熱量消耗，並不能產生較多電子電洞對，若以綠光代表陽光則矽太陽電池之熱消耗為$\frac{2.25 - 1.12}{2.25} = 50\%$，而 GaAs 電池之熱消耗為$\frac{2.25 - 1.42}{2.25} = 36.9\%$。

　　太陽能電池的正面接觸金屬，為了減少遮光面積，一般都用細長條狀金屬膜，其片電阻R_s(sheet resistance)較大，而背面之接觸金屬面積很大R_s很小，設法減小金屬膜R_s，降低熱能消耗以提高FF。提高N_a摻雜量可使半導體R_s降低，但增多N_a使載子壽命降低，也使載子擴散長度L較短，而吸光層厚度$d < L$，L小會造成吸光量不足，故N_a須適量控制，矽的太陽電池之N_a應低於10^{17}cm^{-3}，否則i_0中會出現i_{turnel}將使V_{oc}下降。

　　太陽能發電是自然界最安全的取之不盡能源，目前尚未成為電力公司之主力能源乃成本問題，多晶矽電池之成本已比單晶矽大幅降低。異質接面(heterojunction)太陽能電池，光從E_g大側以$E_{g2} \le hv \le E_{g1}$入射，頂層的E_{g1}是hv光子的透明窗，光被E_{g2}半導體吸收，此結構可以不必做抗反射膜η就很高。將來以可撓式基板，如薄矽鋼片，以整捲放整捲收的方式，進出薄膜沉積系統製作異質接面或疊層(tendem cell)薄膜太陽能電池，其光吸收功率高、穩定性佳、製作成本低，且安裝費更低，在大樓頂或小社區，安裝太陽能源系統，供大樓或該社區使用之電力，在歐、美、日本都已逐漸推廣中，要提供較大電力，除了太陽電池之技術外，蓄電池之超電容開發與電力轉換(converter)系統之效率與成本都需同步努力。

■ 6-4　發光二極體(light emitting diode，LED)

電致發光的 LED 與半導體雷射，都是以Ⅲ-Ⅴ價半導體做成 P-N 接面二極體，將二極體順偏壓而自然發光的元件叫發光二極體(light emitting diode)。LED 的發光與傳送過程為：

1. 將二極體加順偏壓時，電洞由 p 向 n 注入，電子由 n 向 p 注入。
2. 被注入的載子在半導體內發生電子電洞對再結合而發光，這種自發性發光是非同調的(incoherent)。
3. 光從半導體內部傳到觀察者。

在二極體加順偏壓時，有三種電流：

1. 注入到 n 區的擴散電流。
2. 注入到 p 區的擴散電流。
3. 在接面載子空乏區的電子電洞復合電流，因此

$$\text{電流注入係數 } \eta_i = \frac{i_p}{i_p + i_n + i_{\text{rec}}} \quad\text{...(6-25)}$$

為了提高η_i，二極體需做成接面 p^+n，則 p 側$i_n \cong 0$，僅在 n 側發光。要減少空乏區的i_{rec}，須要求晶片本身的差排密度低，晶片處理時留下的表面能態密度與懸鍵數少，即減少電子電洞復合中心之N_t濃度。

電子與電洞復合大部分發生在載子空乏區到表面處，而載子復合有會發光和不會發光兩種，因此電子電洞復合會發光的係數：

$$\eta_r = \frac{\eta_r}{\eta_r + \eta_{nr}} = \frac{\Delta p / \tau_r}{\Delta p \left(\dfrac{1}{\tau_r} + \dfrac{1}{\tau_{nr}} \right)} = \frac{1}{1 + \dfrac{\tau_r}{\tau_{nr}}} \quad\text{...................................(6-26)}$$

p$^+$n 二極體 n 區的少數載子壽命

$$\tau_r = \frac{\Delta p}{U_r} = \frac{1}{\alpha_r(n_0 + p_0)} \cong \frac{1}{\alpha_r N_d} \ \text{.. (6-27)}$$

半導體的電子與淺能級的能量轉移時都會發光，但摻雜濃度太高則能量轉移時有可能產生 Auger 電子而不發光。非發光載子復合速率 $U_{nr} = \frac{\Delta p}{\tau_{nr}}$，$\tau_{nr} = \frac{1}{C_n N_t}$。電子被缺陷或金屬離子污染的深能級陷阱捕捉而不發光，電子被表面懸鍵能態捕捉也不發光。減少非發光的陷阱捕捉濃度 N_t，使 τ_{nr} 增長則增大 η_r 值。

內在總發光係數

$$\eta_{int} = \eta_i \cdot \eta_r = \frac{i_p}{i_p + i_n + i_{rec}} \cdot \frac{1}{1 + \frac{C_n N_t}{\alpha_r N_d}} \ \text{.......................... (6-28)}$$

製程可能做到 η_i 接近 1，使

$$\text{LED 內部量子效率} \ \eta_{int} \simeq \eta_r = \frac{1}{1 + \frac{C_n N_t}{\alpha_r N_d}} \ \text{....................... (6-29)}$$

減少非發光陷阱捕捉濃度 N_t，可增長 τ_{nr} 提高 η_r 內部發光效率。同質接面 LED 的發光區由少數載子的擴散長度決定，電子擴散長度 $L_n = \sqrt{D_n \tau_n}$，通常擴散長度 L 在 1～20μm 間，例如 pGaAs 的電子擴散長度 $L_n = (220\text{cm}^2/\text{s} \times 10^{-8}\text{s})^{1/2} = 15$μm，$p^+ - n$ 同質接面擴散愈長則少數載子濃度愈低，其載子復合效率 η_r 就不高。

紅光與綠光 LED 發光層是做在 GaAs 基板上，紅光 LED 發光層是 AlGaAs，綠光 LED 發光層是 AlInGaP，而藍光 LED 發光層 InGaN 是做在 Al$_2$O$_3$ 基板上的 GaN 薄膜層。高亮度 LED 都採雙異質 (DH) 或量子井結構，例如 Al$_x$Ga$_{1-x}$As/GaAs/Al$_x$Ga$_{1-x}$As，當載子注入雙異質結構的主動區

後，載子被兩側的高能障侷限在主動區中，因此載子再結合範圍由主動區的厚度決定，而與擴散長度無關，主動區的高濃度載子會提高 η_r 輻射復合效率。

雙異質結構有提高內部發光效率的效果，但圖 6-7(a)顯示電荷轉移後所導致的能帶彎曲情形，後續載子要在兩材料間移動，只能利用穿隧或熱輻射的方式克服 ΔE_c、ΔE_v 能障，因此異質結構伴隨的電阻在主動區產生焦耳熱，會降低 LED 的發光效率，圖 6-7(b)顯示 $Al_xGa_{1-x}As/GaAs$ 的 x 漸變式成分組成可減緩能帶不連續，明顯減弱 ΔE_c 能障和電阻。由於主動區的自由電子依循 Fermi-Dirac 分布，所以在機率上有些高能量的電子會躍過能障形成漏電流，主動區與侷限層間的能隙差 $\Delta E_g = \Delta E_c + \Delta E_V$，為了避免載子從主動區逃脫，材料的 ΔE_c、ΔE_V 必須遠大於 k_BT。而高注入電流密度下主動區的載子濃度和費米能量也隨之提高，當電流密度高到足以使費米能階高過位能障時，主動區內載子發生載子溢流，使得光強度呈現飽和，不過這種溢流現象可利用多重量子井(multiple quantum wells MQW)結構來改善，例如重複多次的 InGaN/GaN 薄膜，每層厚度頂多幾十奈米，這種多重量子井可多次回收載子，有效減少溢流。在高溫環境下，熱能可能促使載子躍過兩側的電位障而降低 LED 發光效率，因此在結構設計上通常會加入一載子阻擋層，由於電子的擴散係數比電洞的擴散大很多，故 LED 結構中很多只採用電子阻擋層來阻止漏電流產生，如圖 6-8 所示的 InGaN/GaN 多重量子井為主動區，兩側的 p type 和 n type AlGaN 為侷限層，在 p type 侷限層與主動層間插入一個 Al 含量比侷限層高的 AlGaN 電子阻擋層，其中電子阻擋層兩側的價帶邊緣出現了小突起，必須在侷限層與阻擋層介面採用漸變式成分設計以壓低電阻。目前的高功率 LED 大都採用此多層結構，以提高 LED 內部的 η_r 輻射發光效率。

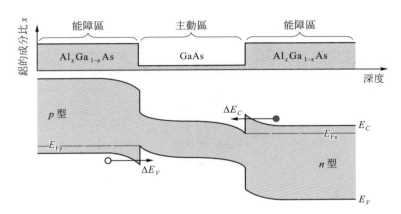

(a) 雙異質結構，ΔE_c、ΔE_v 產生電阻熱

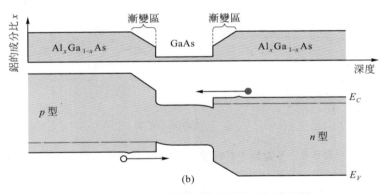

(b) x 漸變成分組成減緩能帶不連續，減少焦耳熱

圖 6-7

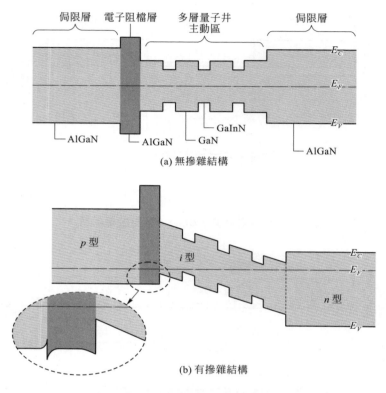

(a) 無摻雜結構

(b) 有摻雜結構

圖 6-8　多重量子井結構可提高 LED 內部的發光效率

　　一般 LED 都在距表面數 μm 下產生光子，這些光子到達晶片表面前，有部分被半導體吸收，部分在表面內全反射，剩下的光才穿透表面到達人的眼睛。光子到達半導體表面僅小於臨界角($\theta \leq \theta_c$)錐角內的光才穿透，$\sin\theta_c = \dfrac{1}{n}$，$n$ 是發光材料的折射率，可穿透表面的穿透係數

$$T = 1 - R = 1 - \left(\frac{n-1}{n+1}\right)^2 = \frac{4n}{(1+n)^2} \quad\text{...................................} (6\text{-}30)$$

立體角 $d\Omega = \dfrac{dA}{r^2} = \displaystyle\int_0^{\theta_c} 2\pi\sin\theta\, d\theta = 2\pi(1-\cos\theta_c) = 4\pi\sin^2\left(\dfrac{\theta_c}{2}\right)$，其 $\dfrac{d\Omega}{4\pi} = \sin^2\left(\dfrac{\theta_c}{2}\right)$ 是可透光比例，而在臨界角 θ_c 立體角內的總穿透量為：

$$\overline{T} = T\sin^2\left(\frac{\theta_c}{2}\right) = \frac{4n}{(n+1)^2}\sin^2\frac{\theta_c}{2} \dots\dots\dots\dots\dots (6\text{-}31)$$

LED 發光傳到外部的總發光效率為：

$$\eta_{ext} = \eta_{int} \cdot \eta_{extraction} = \eta_{int}\frac{A\overline{T}}{A\overline{T} + \alpha V} = \frac{\eta_{int}}{1 + \alpha V/A\overline{T}} = \frac{\eta_{int}}{1 + \alpha x_j/\overline{T}} \dots (6\text{-}32)$$

A 是 LED 的發光接面面積，V 是吸收光的半導體表面體積，α 是平均吸收係數，x_j 是透光表面到 p-n 接面的深度，因此高亮度 LED 是以雙異質磊晶結構提高內在發光係數 η_{int}，並考慮外在因素，提高總透光量 $\overline{T}$、降低吸收係數 α 和接面深度 x_j 的綜合結果。高折射率半導體的臨界角很小，在主動區發出的光大部分被侷限在半導體內部，因此提高光萃取效率 $\eta_{extraction}$ 的技術很重要。

以激子或摻雜淺能級間發光，則 $hv < E_g$ LED 所發的光不易被材料吸收 α 甚小，例如 GaP LED 其 E_g 約 2.3 eV，若 GaP 摻雜 N_2 則 N 與 P 在周期表同族，N 可置換 P 的位置但易產生激子，室溫下發綠光 $\lambda \simeq 5700\text{Å}$。若 GaP 摻雜 ZnO，則在 GaP 中氧為贈子，鋅為受子，此 LED 以淺能級贈子與受子間復合而發紅光其頻率為

$$hv = E_g - E_d - E_a - \frac{e^2}{4\pi\epsilon_s r} \dots\dots\dots\dots\dots\dots (6\text{-}33)$$

r 為贈子與受子間之距離。在發光層上加透光層可減少光子被表面捕捉，如以比 GaAs E_g 大的 AlGaAs 作透光層(optical window)，E_g 較大的材料其折射率較低，穿透表面的總透光量 $\overline{T}$ 較大。在 LED 表面做一半球形樹脂透鏡，此材料的折射率約為 $\sqrt{k}$，k 是透鏡的介電常數，則此透鏡可再提高 $\overline{T}$ 透光量。

　　GaN 系列的發光二極體包含 400 nm 紫光、470nm 藍光和 525nm 綠光 LED，目前都是以有機金屬化學氣相沉積(MOCVD)為主要磊晶成長技術。圖 6-9 是日本 Nakamura 所提出的雙流 MOCVD 反應爐系統，主要氣流攜帶反應物 TMIn、TMAl、TMGa、NH₃和H₂，從平行於基板的方向進入，另一氣流是從基板正上方垂直進入，注入的氣體為N₂和H₂，目的在壓制基板上因為在高溫成長時所引起的熱對流所造成的反應不均勻現象，抑止三維島狀結晶形成，減少晶格錯位，長出良好品質晶體，提高載子遷移率(mobility)。

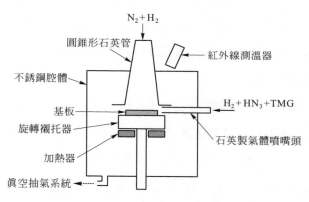

圖 6-9　雙流 MOCVD 反應爐系統

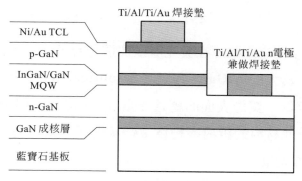

圖 6-10　GaN LED 的橫截面結構

GaN LED 的結構如圖 6-10，製作步驟如下：

1.　進行 LED 磊晶成長前，應先準備(0006)Al_2O_3藍寶石基板與石墨載台(susceptor)，以便在圖 6-9 的MOCVD反應爐進行磊晶成長。

2.　在Al_2O_3藍寶石基板上成長約 30nm 厚的GaN成核層(nucleation layer)。

3.　在 GaN 成核層上以 Methysilane(MeSiH)成長摻雜 Si 的 n-GaN 磊晶層。

4.　在 n-GaN 磊晶層上成長 5 對 InGaN/GaN 多重量子井結構當作發光層。

5.　在 InGaN/GaN 多重量子井結構上以 Biscyclopentadienyl(CP_2Mg)成長 Mg 摻雜的p-GaN 磊晶層。

6.　利用微影製程和 ICP-RIE 乾式蝕刻技術，蝕刻出一個從p-GaN 磊晶層，穿過 InGaN/GaN 多重量子井、最後到達n-GaN 磊晶層的n電極形成區。

7.　在p-GaN 磊晶層上以蒸鍍技術蒸著 Ni/Au 雙金屬層，然後以微影製程製作出p電極圖案，之後在 550℃的爐管中約 10 分鐘合金化，形成歐姆接觸p電極。此時因 Ni/Au 雙金屬層的厚度約只有 10nm，對可見光的透光率約 70%，故此層又稱爲透明導電層(Transparent conductive layer，TCL)，現在大都改用氧化銦錫(ITO)爲 TCL，因其透光率 > 90%可以增加亮度。

8.　在n-GaN 磊晶層的n電極形成區上和歐姆接觸p電極上，以電子槍蒸鍍技術連續蒸著 Ti/Al/Ti/Au 金屬薄膜，然後以微影製程製作電極圖案，並放入 300℃爐管中約 5 分鐘形成合金當電極焊接墊。

9.　爲了方便切割或減少元件的串聯電阻，通常先將晶圓研磨減薄，研磨法(lapping)如圖 6-11 所示，先將承載盤加熱後均勻將蠟塗抹在承載盤上，並將晶圓正面黏上承載盤施加適當壓力，使晶圓完全黏在承載盤上,再將黏好的晶圓的承載盤安裝在施壓器上對著研磨盤施加壓力,同時注入適當研磨液,研磨時承載盤與研磨盤分別以相反方向轉動,一直研磨減薄到期望的厚度,藍寶石基板約磨到85μm,最後將研磨盤換至質地較軟的拋光盤將研磨面拋亮。

10. 以雷射光束切割藍寶石基板的GaN發光二極體,雷射光束先在晶圓表面燒出一小洞,然後移動雷射光束或晶圓,就可以將洞連成直線,最後在背面施以適當壓力,就可以將晶片分割成小晶塊。

11. 典型的白光發光二極體的封裝如圖6-12所示,將GaN藍光LED的n電極與p電極焊接墊與導線架接牢,然後在GaN藍光LED上蓋一層黃色螢光粉,最後用環氧樹指(epoxy)封裝成型。

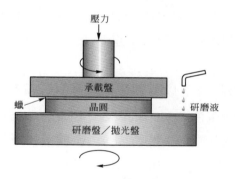

圖 6-11　晶圓研磨法

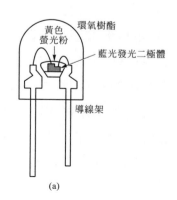

(a)

圖 6-12　(a)白光 LED 的封裝　(b)白光 LED 圓頂型封裝後臨界角由(1)變成(2)

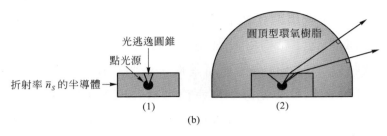

圖 6-12　(a)白光 LED 的封裝　(b)白光 LED 圓頂型封裝後臨界角由(1)變成(2)(續)

　　高亮度LED製作中，GaN LED的主動層量子井InGaN/GaN若InGaN 摻雜Si($2 \times 10^{18} \text{cm}^{-3}$)可能因屏蔽內部極化而改善晶格品質，又侷限層的 摻雜濃度應大於主動層，p、n侷限層的電阻率應很低，以降低侷限層電 阻熱，這些都可有效提高 LED 的內在量子效率η_{int}。高折射率半導體臨 界角很小，在主動區發出的光大部分被侷限在半導體內，因此提高光萃 取效率$\eta_{extraction}$的技術非常重要，侷限層能隙大於主動層的光子能量，且 厚度較薄，αX_j 很小，則侷限層為透光層(window layer)。將 LED 晶粒 以圓頂型 epoxy 封裝為點光源，因封裝材料的折射率較低，光自半導體 進入 epoxy 的臨界角增大為$\theta_c = \sin^{-1}(\frac{n_{epoxy}}{n})$，且光自 epoxy 以法線穿透圓 頂，不受臨界角限制如圖 6-12(b)之(2)，因此這種封裝可提高光萃取效果。

　　上述努力雖有改善光萃取效率$\eta_{extraction}$，但大部分的光還是被限在半 導體內部，因此需從改變LED晶粒的外形進一步努力，目前被提出有效 增強光萃取量的方法很多，底下列舉數例以供參考。如圖 6-13(a)為截 頭倒金字塔型的AlGaInP/GaP LED，而圖 6-13(b)為台座形的藍光InGaN/ SiC LED的幾何形狀，尤其是側壁角度的決定是以光追跡模型計算從半 導體逃逸的最大機率，最佳側壁傾角約 35°，可讓被侷限在內部的光最 少，其製作方法是以斜向切割或蝕刻做出幾何形狀。如圖 6-14 所示為具 有奈米結構的 GaN LED 側壁粗糙化，首先在黃光室以微影與蝕刻定義 出元件的圖案，露出側壁和邊線後塗布聚苯乙烯的小球，再用乾蝕刻分別在側壁和邊緣做出奈米級粗糙面，最後做透明導電膜和歐姆接觸電極，這種表面粗糙化結構可大幅提升光輸出功率。如圖 6-15 為以 KrF 準分子雷射剝離 GaN LED 的藍寶石基板，並將 GaN LED 與銅基板黏著在一起，之後用 ICP RIE 乾蝕刻出垂直型 GaN LED 晶粒，最後沉積金屬層電極並切割為獨立晶粒，這種垂直型 GaN LED 明顯改善導電導熱和提高光輸出功率。圖 6-16 為 Akihiko Murai 等人以一個六方錐的氧化鋅 (ZnO)，鑲嵌在 GaN LED 發光層的頂端，提高光學發射角，並將 GaN LED 的藍寶石基板以 KrF 準分子雷射剝離，改用矽晶圓 n 電極接觸以改善熱傳，此結構外部量子效率 $\eta = \eta_{int} \cdot \eta_{extraction}$ 已高達 43.6%。用乾蝕刻技術在 LED 表面製造光子晶體 (photonic crystal) 可明顯提高光萃取效率，也可改變光輸出場形。一般常見的光子晶體 LED 結構有兩種，其一為如圖 6-17(a) 所示，此表面光子晶體的蝕刻深度穿過 LED 主動層，此結構可使發光效率提高達 80%。但蝕刻穿過主動層會降低內部量子效率且共電極製作困難。其二為圖 6-17(b) 所示，只在 LED 表面製作光子晶體，主動層發光被光子晶體引導為垂直表面發光，幾乎都小於臨界角角錐透光，因此明顯提高 $\eta_{extraction}$，但蝕刻的深度和週期的大小會影響光的萃取效率，因此要先模擬計算蝕刻的深度和週期對光輸出功率的關係，以得到最高的總發光效率。

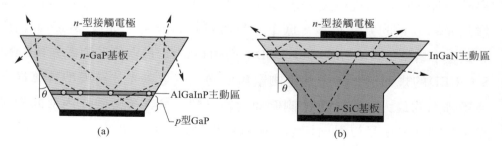

圖 6-13　以側壁傾角提高 LED 透光量：(a) 截頭倒金字塔型　(b) 台座型

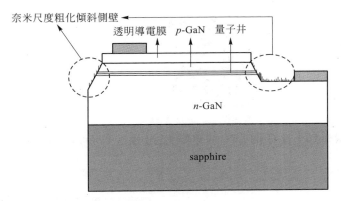

圖 6-14　將 LED 側壁粗糙化以提升光輸出功率

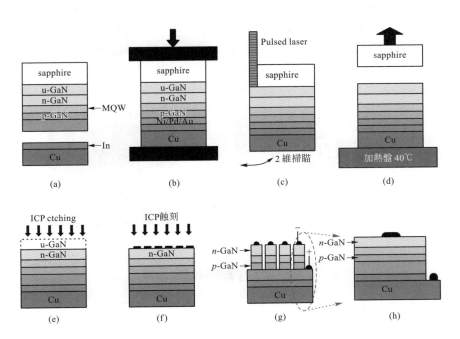

圖 6-15　雷射剝離技術製作垂直型 GaN LED 的流程圖

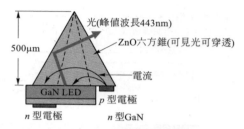

光(峰值波長443nm)

ZnO六方錐(可見光可穿透)

電流

GaN LED

p 型電極

n 型電極

n 型GaN

500μm

圖 6-16　在 GaN LED 發光層表面積鑲崁-ZnO 六方錐提高光發射

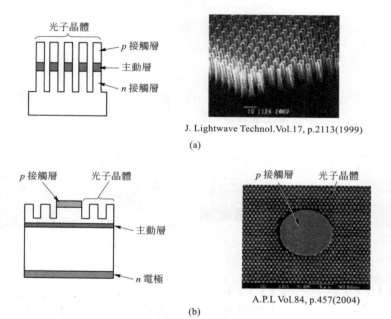

光子晶體

p 接觸層

主動層

n 接觸層

J. Lightwave Technol. Vol.17, p.2113(1999)

(a)

p 接觸層　　光子晶體

主動層

n 電極

p 接觸層　　　光子晶體

A.P.L Vol.84, p.457(2004)

(b)

圖 6-17　光子晶體 LED 結構

目前的白光光源以 InGaN/YAG 藍光 LED 激發黃光螢光粉封裝的，或以 InGaN 紫外光 LED 激發 RGB 三波段螢光粉封裝的，也可把紅光 LED、綠光 LED、藍光 LED 三晶片組成白光。圖 6-18 是在地球大氣層上的太陽光譜與 CIED$_{65}$對 560nm 波長歸一化的日光光譜和太陽有效表面溫度 5780K 的黑體幅射波譜，為了促進色度學的標準化，CIE 建議我們儘可能應用 D$_{65}$代表日光的標準光源。

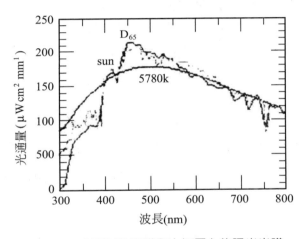

圖 6-18　CIED65 光譜和大氣層上的陽光光譜

色溫 6000～7000K 的白光中，藍：綠：紅的亮度比為 1：6：3，而功率相同但波長不同的單色光會使人眼感覺明亮程度不同，CIE 規定波長 555nm 綠光的明視覺視效函數 $V(\lambda)=1$，查表看出綠光光譜的 $V(\lambda)$ 最大，紅光的 $V(\lambda)$ 約比綠光 $V(\lambda)$ 值的一半大一些，而藍光的 $V(\lambda)$ 值僅達綠光的 4%，因此要達到白光中藍、綠、紅各色光的亮度比，則在藍光 LED 的電功率需比綠光、紅光大很多，LED 的端電壓不大，需加大電流來提高電功率，因此如何解決白光 LED 的散熱是很重要的問題。

◼ 6-5 半導體雷射二極體(laser diode，LD)

　　直接能帶的 p-n 接面二極體，若兩側都重摻雜為 p⁺-n⁺，其熱平衡能帶如圖 6-19(a)，費米能級比 n⁺ 半導體 E_C 高出 $q\phi_n$，p⁺ 半導體 E_f 比 E_V 低 $q\phi_p$。此二極體加順偏壓時，n 側注入電子、p 側注入電洞於接面載子空乏區，而在 n⁺ 和 p⁺ 的中性區電子與電洞的準費米能級相等，$E_{fn} = E_{fp}$，即在中性區 n 側的電子和 p 側的電洞都是熱平衡值。而在接面區附近 $E_{fn} \neq E_{fp}$，E_{fn} 離 E_{fp} 越開則距平衡值越遠，如圖 6-19(b)。順偏壓夠大使

$$qV_F = E_{fn} - E_{fp} > E_g \dots\dots\dots\dots\dots\dots\dots\dots\dots\dots\dots (6\text{-}34)$$

則接面區並非載子空乏區，而是導帶和價帶的載子都比平衡值高，故叫此時為穩態載子分佈反轉(population inversion)。順偏壓的電流在 $I < I_{th}$ 以前的自發性發光是 LED 光譜，$I \geq I_{th}$ 達載子分佈反轉後會激發雷射光，其發光能量為：

$$E_g < h\nu \leq E_g + q(\phi_n + \phi_p) = E_{fn} - E_{fp} \dots\dots\dots\dots\dots\dots (6\text{-}35)$$

Fabry Perot 共振腔之長度滿足

$$L = m\frac{\lambda}{2} = \frac{m\lambda_0}{2n} \dots\dots\dots\dots\dots\dots\dots\dots\dots\dots\dots\dots\dots (6\text{-}36)$$

$m = 1$、$2 \cdots$，是多模雷射光，n 是半導體的折射率。電流小於 I_{th} 的自發性發光是非同調的(incoherent)，共振腔將造成很多干涉光的重疊，其線形(lineshape)很寬，且沒激發作用。而 $I \geq I_{th}$ 時共振腔的激發光產生同調(同時釋放相同能量)的雷射光，其干涉線寬很窄，光強度很高，增益 Q 值很大。溫度升高 I_{th} 將增大則不易激發雷射，而雙異質結構比同

質結構的 I_{th} 小，故雙異質雷射可在室溫連續使用。

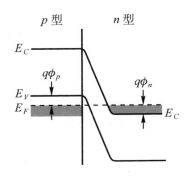
(a) $p-n$ 半導體熱平衡能帶圖

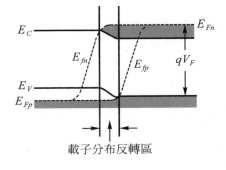
(b) 順偏壓注入至載子分布反轉

圖 6-19　半導體雷射二極體

　　n-AlGaAs/p-GaAs/p-AlGaAs 的雙異質雷射，順偏壓時電子被注入 p-GaAs 區後兩側較大能隙的 ΔE_c 限制電子於此區，易產生載子分佈反轉，激發發光後，雙異質結構似一波導，光被限制在此區一再全反射，將提高光的強度。光的限制因素

$$\Gamma = 1 - e^{-c\,\Delta n d} \quad\text{..(6-37)}$$

c 是常數、GaAs 比兩側的 AlGaAs 折射率大($\Delta n \geq 5\%$)、d 是 GaAs 厚度，Δn 和 d 較大則光被限制在 GaAs 波導層的 Γ 值較大。每 $1/d$ 單位長度所增加的光能叫信號增益

$$g = \frac{g_0}{J_0}(J_{\text{nom}} - J_0) \quad\text{..(6-38)}$$

J_0 是增益等於零的電流密度，發光量子係數 $\eta = 1$ 且 $d = 1\ \mu m$ 的電流密度叫 J_{nom}，則

$$J = J_{\text{nom}} d/\eta \quad\text{..(6-39)}$$

在(6-38)式右邊括號內是產生載子分佈反轉量,括號前的 g_0/J_0 與半導體材料的能態是否有簡併態和增益線形有關,溫度高、雜質或缺陷多則線形較寬。電流密度增大則光增益 g 提高,電流達 I_{th} 後,光波在波導內的增益大於吸收,光能不會衰減,系統的能量增益與消耗成穩態時

$$Re^{(\Gamma g - \alpha)L} = 1 \quad \text{...(6-40)}$$

R 是共振腔兩鏡面的反射係數,α 是光吸收或散射的耗損係數,L 是共振腔長度,因此起始增益(threshold gain)為:

$$\Gamma g = \alpha + \frac{1}{L} \ln \frac{1}{R} \quad \text{..(6-41)}$$

產生激發光的起始電流密度為:

$$J_{th} = \frac{J_0 d}{\eta} + \frac{d}{\eta} \frac{J_0}{\Gamma g_0} \left(\alpha + \frac{1}{L} \ln \frac{1}{R} \right) \text{.............................(6-42)}$$

發光層厚度 d 較薄的 J_{th} 較小,但 d 太薄則光波導的限制 Γ 較小將提高 J_{th},雜質濃度高或溫度較高的 J_{th} 也較大。

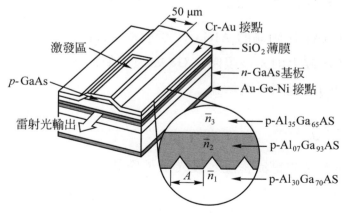

圖 6-20　DFB 結構之邊射型雷射 (5)

　　雷射的構造有邊射型和面射型兩類，邊射型的光是平行於磊晶層發射的，光和電流方向相互垂直，而面射型雷射的光和電流方向是平行的(都垂直於表面)。雙異質結構比同質p-n接面的 J_{th} 低，為了再降低 J_{th}，邊射型雷射於雙異質結構表面沿共振腔方向，以質子轟擊留下一較窄的長條電極區，若在條狀發光區兩側 p-AlGaAs 磊晶層中蝕刻出週期性的折射率變化光柵，如圖 6-20，則此分佈式反饋(DFB)結構，可產生建設性干涉，得半高寬很窄的雷射光，常用於積體光學波導的光源。

　　垂直腔面射型雷射一般是在 n-GaAs 基板上以 MBE 先長約 30 對 n-Al$_x$Ga$_{1-x}$As/n-AlAs 分散式布拉格反射鏡(DBR)，接著沉積p-Al$_x$Ga$_{1-x}$As/GaAs/n-Al$_x$Ga$_{1-x}$As 發光層，再沉積約20對 Al$_x$Ga$_{1-x}$As/AlAs 分散式布拉格反射鏡。要使面射型雷射在較低電流下操作，使用高反射率鏡面和限制電流路徑是必須的。高反射率布拉格鏡面是第五章5-10節所介紹的，以折射率高低相間的 $\frac{\lambda}{4} - \frac{\lambda}{4}$ 磊晶雙層膜N次重疊做成的，若 n_H 是 Al$_x$Ga$_{1-x}$As的折射率，n_L 是 AlAs的折射率，n_s 是 GaAs基板的折射率，n_0 是空氣的折射率，N 是 $n_H - n_L$ 雙層膜對數，則此結構的總反射率為；

$$R_{\max} = \left[\frac{\left(\dfrac{n_0}{n_s}\right)\left(\dfrac{n_L}{n_H}\right)^{2N} - 1}{\left(\dfrac{n_0}{n_s}\right)\left(\dfrac{n_L}{n_H}\right)^{2N} + 1} \right]^2 \quad\text{................................. (6-43)}$$

GaAs 的折射率是 3.59，AlAS 的折射率是 2.97，而 Al$_x$Ga$_{1-x}$As 材料的折射率是由 GaAs 和 AlAS 兩種材料的折射率線性組合決定的，例如 Al$_{0.1}$Ga$_{0.9}$As 的折射率＝ 3.52，乃組合折射率

$$n(x) = 3.590 - 0.710x + 0.091x^2 \quad\text{...(6-44)}$$

在多層膜層狀材料中的光子傳輸是受各層介質的光折射率支配的，折射率高低相差愈大，光學效應越明顯，若折射率變化不大，則週期數目N

越多光學效應越明顯。

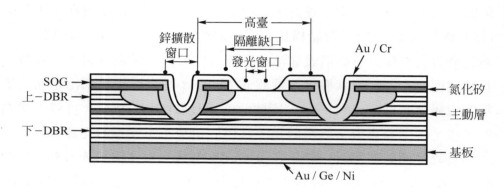

圖6-21　垂直腔面射型雷射

　　發光層上方的布拉格反射器的多層異質界面的週期性障壁,將導致載子通過不易,造成電阻升高產生熱量,降低元件性能。若將上方的布拉格反射器以鋅擴散,造成局部雜質誘發混亂,將可改變主動層上方的布拉格反射器的異質界面,而形成高台(Mesa)減少電流路徑,降低電阻,且多層結構經過雜質誘發混亂後會改變能隙,造成折射率改變,且具有限制光於發光窗口間的增益功能。垂直腔面射型雷射的構造如圖6-21,基板背後的金屬有當鏡面反射和歐姆接觸兩種功能,而$\frac{\lambda}{4}-\frac{\lambda}{4}$布拉格反射器可激發出單橫模的雷射光,因此面射型雷射是光纖通信的重要光源。

■ 6-6 異質接面雙載子電晶體
(heterojunction bipolor transistor,HBT)

　　n^+pn同質雙載子接面電晶體(BJT)是三層結構,有n^+p和pn兩接面,n^+層提供電子源是BJT的射極(emitter),p層提供電洞叫基極(base),最

後載子都由 n 層集極(collector)輸出。BJT 的正常操作是射極與基極間 V_{EB} 順偏壓、集極與基極間 V_{CB} 逆偏壓。N_d、N_a 分別是射極和基極的摻雜濃度,從射極區注入到基極區的電子 n_p 和從基極區注入到射極區的電洞 p_n 比是

$$\frac{n_p}{p_n} = \frac{N_d}{N_a} \quad\text{..(6-45)}$$

要提高此電晶體的射極注入係數 $\gamma = \frac{i_{nE}}{i_{nE} + i_{pE}} \approx 1$,需要求射極-基極間為 n⁺-p 陡接面,使從基極注入到射極區的電洞可忽略。要提高基極的載子轉移係數為 $\alpha_T = \frac{i_{nC}}{i_{nE}} \approx 1$,基極寬度需很窄,使射極注入到基極區的電子幾乎都動到集極區,電子很少在基極區被再結合掉。則BJT共基極電路的電流增益 $\alpha = \frac{i_C}{i_E} = \gamma \alpha_T \approx 1$,其輸出電流

$$i_C = \alpha i_E + i_{CBO} \quad\text{..(6-46)}$$

i_{CBO} 是射極斷路的 C-B 間漏電流。

圖 6-22 是 BJT 的共射極電路,$i_C = \alpha i_E + i_{CBO} = \alpha(i_B + i_C) + i_{CBO}$,

$$i_C = \frac{\alpha}{1-\alpha} i_B + \frac{i_{CBO}}{1-\alpha} = \beta i_B + i_{CBO} \quad\text{.....................................(6-47)}$$

定義 $\beta = \frac{\alpha}{1-\alpha}$ 和基極斷路的 C-E 間漏電流 $i_{CEO} = \frac{i_{CEO}}{1-\alpha}$,因基極很窄故電子穿越基極的時間 τ_t 遠比載子壽命 τ_n 短,為維持基極電中性,每進一電洞到基極,需有 $\frac{\tau_n}{\tau_t}$ 個電子通過基極,因此

$$共射極電流增益 \quad \beta = \frac{\alpha}{1-\alpha} = \frac{i_C}{i_B} = \frac{\dfrac{Q_B}{\tau_t}}{\dfrac{Q_B}{\tau_n} = \dfrac{\tau_n}{\tau_t}} = \frac{\tau_n}{\tau_t} \quad\text{..................(6-48)}$$

Q_B 是注入至基極之總電荷,因 α 趨近於 1,故 $i_{CEO} \gg i_{CBO}$,且 β 很大,因此

BJT 電晶體共射極電路有放大作用，輸出電流 i_C 受 i_B 控制。

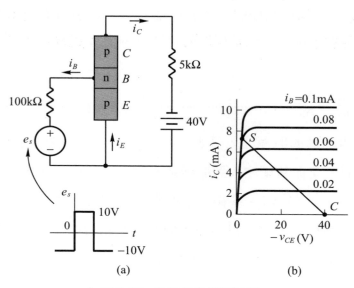

(a)　　　　　　　　　　(b)

圖 6-22　BJT 的共射極電路

　　要 BJT 的β很大則基極需很薄且是低摻雜，這將提高基極區的電阻而限制了大電流和高頻的應用。射極需選用低擴散係數且摻雜濃度要很高，但高摻雜會降低晶體能隙，且降載子壽命，減小電流增益和減少 E-B 接面的崩潰電壓，增大 E-B 接面電容等缺點，故射極也需很薄。

　　若射極區的能帶比基極區寬，則異質接面電晶體(HBT)在射極-基極間順偏壓、集極-基極間為逆偏壓的正常操作條件下，射極-基極間界面上能帶不連續，將有效提高射極注入的 γ 值和共射極電路的電流增益，HBT 的射極-基極間注入電流為 ：

$$i_{nE} = qAD_n \frac{dn_{pB}(x)}{dx} = \frac{qAD_{nB}n_{iB}^2}{N_{aB}W_B} e^{qV_{EB}/k_BT} e^{\Delta E_C/k_BT} \text{..............................} (6\text{-}49)$$

$$i_{pE} = \frac{qAD_{pE}n_{iE}^2}{N_{dE}L_{pE}} (e^{qV_{EB}/k_BT} e^{-\Delta E_v/k_BT} - 1) \text{.................................} (6\text{-}50)$$

而　　　$\gamma = \dfrac{i_{nE}}{i_{nE} + i_{pE}} = \dfrac{1}{1 + i_{pE}/i_{nE}} \approx \alpha$

故　　　$\beta = \dfrac{\alpha}{1-\alpha} \approx \dfrac{i_{nE}}{i_{pE}} = \dfrac{D_{nB}N_{dE}L_{pE}}{D_{pE}N_{aB}W_B}\left(\dfrac{m_{eB}m_{hB}}{m_{eE}m_{hE}}\right)^{3/2}\exp(\Delta E_g/k_B T)$ .... (6-51)

$\Delta E_g = \Delta E_c + \Delta E_V$，若 ΔE_g 值為 0.15 eV 則室溫下 $e^{\Delta E_g/k_B T} = 320$，異質接面電晶體就藉 ΔE_g 來提高電流增益 β。因此異質接面電晶體不必藉陡接面來提高 γ 值，HBT 可提高基極摻雜量、降低基極電阻 r_b。可降低射極的摻雜濃度，維持較高的載子壽命和電流增益，且可增大 E-B 接面崩潰電壓而提高元件的耐用溫度。

　　BJT 高頻應用($\beta = 1$)時的截止頻率為：

$$f_T^{-1} = 2\pi(\tau_e + \tau_b + \tau_{\text{bc-dep}} + \tau_c)$$
$$= 2\pi\left(\dfrac{kT}{qI_E}C_\pi + \dfrac{W_B^2}{nD_B} + \dfrac{W_{\text{bc-dep}}}{v_s} + r_c C_c\right) \text{.................................... (6-52)}$$

τ_e 是射極載子耗盡區的充電時間，τ_b 是 載子穿越基極的時間，基極區濃度梯度分布的指數 $n = 2\sim4$，$\tau_{\text{bc-dep}}$ 是載子穿越基極-集極耗盡區的時間，v_s 是載子的飽和漂流速率，τ_c 是集極與基極的耗盡層電容充電時間，一般集極區有埋入層其 r_c 電阻很低。RF 應用的實際操作頻率受電晶體的基極區電阻 r_b 限制，其最大操作頻率為：

$$f_{\max} \approx \dfrac{1}{2}\left(\dfrac{f_T}{2\pi r_b C_c}\right)^{1/2} \text{.. (6-53)}$$

HBT 是藉 ΔE_g 提高電流增益，可提高基極摻雜量降低基極電阻 r_b，和降低射極的摻雜濃度，以增大接面崩潰電壓和減小接面電容，而提高元件的耐用溫度，因此有較高的電晶體應用頻率。

▣ 6-7 高電子遷移率電晶體 (pseudomorphic high electron mobility transistor pHEMT)

場效電晶體(FET)有二維電場，閘極(gate)電壓(V_G)控制通道大小，汲極(drain)電壓(V_D)改變通道內載子的漂流速度，場效電晶體只有主載子在導電。金屬-半導體場效電晶體(MESFET)一般是做在Ⅲ-Ⅴ價化合物半導體的半絕緣基板上，在基板上長一n型半導體磊晶層當作載子通道，然後以Al為蕭特基閘電極，以Au與Ge合金為源極(source)和汲極的歐姆接點。一般源極接地、汲極接逆偏壓($V_D > 0$)。若$V_G = 0$時通道已導通，在通道內汲極側的 $V_D(x)$ 較大，閘極下的蕭特基空乏層 $W(x)$ 在汲極側較寬，其通道$a - W(x)$ 較窄，通道電阻較高。V_D 增大到空乏層寬度 W 等於通道深度 a 時，則汲極端通道被夾止(pinch-off)，此夾止電壓為：

$$V_p = \frac{qN_d a^2}{2\epsilon_s} \quad\dotfill (6\text{-}54)$$

N_d 是磊晶層濃度，而通道的汲極飽和電壓為：

$$V_{D(\text{sat})} = \frac{qN_d a^2}{2\epsilon_s} - V_0 \dotfill (6\text{-}55)$$

V_0 是蕭特基接面的內建電壓，$V_D > V_p$ 後夾止點電壓仍為 $V_p =$ 定值，從源極到夾止點的電位降不變，由通道注入夾止點的電子數固定，$i_D = i_{D(\text{sat})} =$ 定值，與 V_D 大小無關，但多出的 V_D 加大空乏區，使夾止點稍向源極移。若在閘極加逆偏壓($V_G < 0$)，則蕭特基接面載子空乏層增大，

通道變窄通道阻抗變大，$\dfrac{di_D}{dV_D}$ 斜率減小，V_G 越負通道越小其 $V_{D(sat)}$ 和 $i_{D(sat)}$ 越小，甚至可關掉通道使汲極輸出電流為零，此為正常開的MESFET，加$V_G<0$使通道減小叫空乏型(depletion model)用法。若閘極的金屬－半導體內建電壓V_0很大阻礙通道導電，$V_G=0$時$i_D=0$，閘極需加順偏壓($V_G>0$)以降接面位壘，V_G夠大可產生通道電流i_D，產生通道的最小正V_G叫起始電壓(threshold voltage)$V_{th}=V_0-V_p$，此為正常關的 MESFET，加$V_G>0$增大通道叫加強型(enhancement model)用法，飽和汲極電流為

$$i_{D.sat}=\frac{\mu_n Z \varepsilon_s}{2aL}(V_G-V_{th})^2 \dotfill (6\text{-}56)$$

L是閘極長度、Z是閘極寬度。

　　圖 6-23 表示n-MESFET的I-V特性。$0<V_D \ll V_0+|V_G|$時i_D正比於V_D，為有歐姆特性的線性區。$V_D>V_{DSat}$後i_D為定值的飽和電流，飽和i_D大小與受V_G控制之通道大小有關。$V_D>0$是蕭特基接面逆偏壓，在通道夾止區電場很高易產生電子電洞對而發生雪崩，其崩潰電壓$V_{Br}=V_D+|V_G|$。

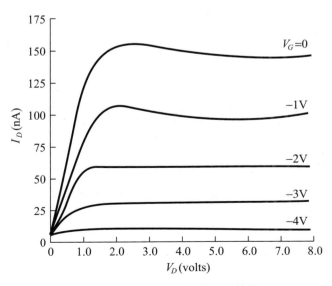

圖 6-23　n-MESFET 的 I-V 特性

　　短通道 GaAs MESFET 在通道的電子已達飽和的漂流速度，而短通道一直沒有完全夾止，在通道最窄處形成電偶層，造成 i_D-V_D 曲線有 Gunn 效應起伏。將閘極加負偏壓產生垂直通道的電場，提高基板的絕緣度、使負偏壓都加在蕭特基位壘上，磊晶層厚度 a 較薄則此電場較大，可降 $V_{D(sat)}$ 抑制 Gunn 效應使 $i_{D(sat)}$ 為定值。

　　半導體元件中載流子的極限速率是受系統中荷電載流子的遷移率限制，遷移率 $\mu=\dfrac{e\tau}{m^*}$，m^* 是載子的有效質量、τ 是載子的平均自由碰撞時間。在散射過程中僅改變載子運動方向的碰撞叫彈性散射，改變載子能量的碰撞叫非彈性散射。對彈性散射情況，散射主要起因於(1)電子-聲子散射 μ_L，(2)離子化雜質散射 μ_I，(3)若 AlGaAs 生長中 Ga 和 Al 分佈不均會導致位場起伏將產生合金無規律散射 μ_R。而

$$\frac{1}{\mu}=\frac{1}{\mu_L}+\frac{1}{\mu_I}+\frac{1}{\mu_R} \quad\dots\dots\dots (6\text{-}57)$$

目前的磊晶技術已可忽略第三項，高溫時以晶格散射 μ_L 為主，低溫時以離子散射 μ_I 為主。

　　圖 6-24 是把重摻雜的寬帶隙半導體 n⁺-AlGaAs 生長在高純度的 GaAs 磊晶層上，異質接面順偏壓時在 E_g 較大的 n 型導帶中，電子受障壁 qV_n 較低，而 E_g 較小的 GaAs 中電洞受障壁 qV_p 較大，故電流主要由 E_g 較大的 AlGaAs 注入 E_g 較小側的電子所貢獻。而注入的電子被 ΔE_C 限制在 GaAs 導帶內的一個薄層內，且 ΔE_C 在 GaAs 側位阱低於費米能級，故電子將作隧道式二維運動，在高純 GaAs 內沒有摻雜散射中心，沿著 GaAs 能阱二維運動的 MESFET 注入電子其遷移率很高，是具

有高頻性能的場效電晶體，這種結構叫調制摻雜場效電晶體(MODFET)或高電子遷移率電晶體(HEMT)。而HEMT通道是有應力的贗晶體(pseudomorphic)量子阱，故又叫 PHEMT 快速電晶體。

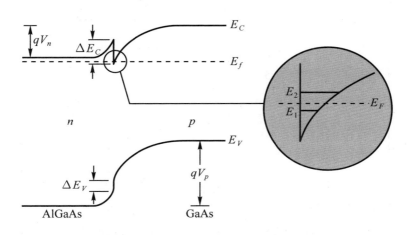

圖 6-24　n⁺-AlGaAs 與高純度的 GaAs 異質結構

雙異質結構快速 PHEMT 的設計範例如表 6-1。在半絕緣基板上先做應力互補緩衝層以利做 PHEMT 雙異質磊晶。高摻雜 n⁺-InAlAs 層注入電子於高純度的 InAs 量子阱中，在 InAs 量子阱兩側邊界有較大 E_g 的未摻雜層，以減弱離子化的庫倫力。此空間較寬則提高通道電子的遷移率，但實驗發現這些電子仍然感受到離子化雜質作用，這種剩餘的庫倫散射可做很薄的 δ 摻雜使散射減至最小，再提高通道的電子遷移率而實現快速 PHEMT 電晶體。

表 6-1　快速 PHEMT 電晶體結構

4 nm	$In_{0.75}Ga_{0.25}As$	歐姆接觸層
20 nm	$In_{0.52}Al_{0.48}As$	蕭特基位壘層
30 nm	n^+-$In_{0.52}Al_{0.48}As$	高摻雜 Si，1-$2\times10^{18}cm^{-13}$
4 nm	$In_{0.52}Ga_{0.48}As$	未摻雜，μ 很高
1.5 nm	Si，$4-5\times10^{12}cm^{-3}$	δ 摻雜
4 nm	$In_{0.25}Ga_{0.75}As$	未摻雜，應力量子阱
10 nm	InAs	未摻雜，應力量子阱
7 nm	$In_{0.25}Ga_{0.75}As$	未摻雜，應力量子阱
1.5 nm	Si，$1-1.5\times10^{12}cm^{-3}$	δ 摻雜
200 nm	$In_xAl_{1-x}As$	應力互補緩衝層
200 nm	$In_{0.52}Al_{0.48}As$	應力互補緩衝層
	半絕緣 InP 基板	

　　雖然 SiGe PHEMT 和 SiGe HBT 的高頻應用都已達 10 GHz 以上，但是矽晶無法做到半絕緣基板，元件雜訊較大，且矽晶比 GaAs 單晶的電子遷移率小很多，在 RF 的應用上還是 III-V 價半導體佔優勢。

■ 習題

1. 在 n 型的矽晶片上做面積為 10^{-4} cm^2 的蕭特基二極體，其位壘高度 $\phi_B = 0.7$ V，300 K 時，n 區內有 10^{16} cm^{-3} 離子化贈子，而 $N_c = 2.8\times10^{19}$ cm^{-3} 計算①n 區的建入電壓 V_0，②加 5 V 偏壓時的耗盡區寬度和界面處最大電場？③加 5 V 偏壓時的電容值？

2. 一 Schottky 二極體金屬的功函數 $\phi_m = 4.3$ V，P 型矽晶的 affinity $\chi = 4$ V，$N_a = 10^{17}$ cm^{-3}，$N_v = 1.04 \times 10^{19}$ cm^{-3}，① 求熱平衡時 Schottky 位壘 ϕ_B，半導體的功函數 ϕ_s 和接觸電壓 V_o，②畫熱平衡與逆偏壓2V的能帶圖，圖上標出 ϕ_B 和 V_o。

3. 一鋁閘加強型 n 通道矽晶 MOSFET，基板濃度 $N_a = 6 \times 10^{15}$ cm^{-3}，氧化層厚度 $d = 0.1$ μm，SiO$_2$層內的電荷密度為 10^{10} q cm^{-2}，矽晶的介電係數 $\varepsilon_r = 11.9$，SiO$_2$的 $\varepsilon_r = 3.9$，$\phi_{ms} = -0.92$V求此元件的 C_{ox}，平帶電壓 V_{FB}，空乏層 Q_d(C/cm^2)，空乏層電容 C_s(F/cm^2)，強反轉起始電壓 V_{th}，及此MOS之最小電容(F/cm^2)。

4. 寬度為5nm的GaAs一維量子井中，假設電子與電洞的有效質量都是$m^* = 0.067\, m_e$，求①電子電洞的量子能級 $E_1 = ?$ eV，② GaAs 的介電常數 $\epsilon_r = 13.1$求二維激子能級 $E_1^{ex}\,(2D) = ?$ eV，③求激子半徑 $r_1^{3D} = ?$ Å，④此量子井雷射的波長 $\lambda = ?$ Å

5. ① GaAs 的介電常數 $\epsilon_r = 13.1$，其折射率多大？若以 GaAs 做 LED，則自晶片傳至空氣的臨界角 $\theta_c = ?$ 總透光量 $\overline{T} = ?$ ②若以 GaAs 做太陽電池，則晶片對光的反射係數 R 多大？要在晶片上做抗反射膜，最好選折射率多大？③對波長$\lambda = 5500$Å的光源，抗反射膜的厚度應為多少Å？加抗反射膜後晶片對光之反射係數 R 多大？

6. 一AlGaAs/GaAs DH 雷射二極體，GaAs 的 $E_g = 1.43$eV，其 $n_i = 1.79 \times 10^6$ cm^{-3}，①說明產生半導體雷射的條件，②若GaAs 的載子濃度 $n = p$，求其最低載子反轉濃度，③雷射二極體的順偏壓 $V_f = E_g/q + iR_s$，若此DH雷射二極體的功率轉換效率為 6%，$i = 0.4$A 的輸出功率為70mW，求 R_s 值。

7. ①p^+ pnn^+ BJT 中 graded base 有哪二優點？②若基極區的濃度分佈是 $N_a = N_o e^{-ax}$，$a = 1\ \mu m^{-1}$，則室溫下濃度梯度產生多大電場？集極濃度 n 遠比基極 p 低的用意何在？③集極上加 n^+ 層有哪二目的？④使用異質接面的HBT是如何得到高功率和高頻操作？

▣ 參考資料

1. King-Ning Tu, J.W.Mayer, L.C.Feldman, "Electronic Thin Film Science: For Electrical Engineers & Material Scientists ", Macmillan college publishing company. Inc. 1992.

2. 郭浩中、賴芳儀、郭守義著，LED原理與應用，五南圖書出版公司、2009.

3. B. Monemar, III-V nitrides-important future electronic materials, Vol.10. Journal of materials science, Materials in electronic、1999.

4. 陳隆建著，發光二極體之原理與製程，全華圖書公司，2010。

5. M.R Krames, M.Ochiai-Holcomb, G.E.Holler, C.Carter-Coman, I. Chen, I-H. Tan, P.Grillot, N.F.Gardner, H.C.Chui, J.W.Huang, S.A.Stockman, F.A.Kish, M.G.Craford, T.S.Tan, C.P.Kocot, M. Hueschen, J.Posselt, G. Sasser and D. Collins, "High-power truncated-inverted-pyramid $(Al_x Ga_{1-x})_{0.5}In_{0.5}P$/GaP light-emitting diodes exhibiting>50% external guantum efficiency", Appl.phys. Lett. 75, 2365(1999).

6.　H.W.Huang, H.C.Kuo, J.T.Chu, C.F.Lai, C.C.Kav, T.C.Lu, S.C. Wang, R.J.Tsai, C.C.Yu, and C.F Liu, "Nitride-based LEDS with nano-scale textured sidewalls using natural lithography" Nanotechnology, 17, 2998(2006).

7.　C.F.Chu, F.I.Lai, J.T.Chu, C.C.Yu, C.F.Lin, H.C.Kuo, S.C.Wang, "study of GaN light-emitting diodes fabricated by laser lift-off technique" Journal of Applied physics, 95, 3916(2004).

8.　S.H.Huarng, R.H.Horng, K.S.Wen, Y.F.Lin, K.W.Yen, and D.S. Wuu, "Improved light extraction of nitride-based flip-chip light-emitting diodes Via saphire shaping and texturing", IEEE. photonics Tech Lett, 18、2623(2006).

9.　A.Erchak, D.J.Ripin, S.Fan, P.Rakich, J.D.Joannopoulos, E.P. Ippen, G.S.Petrich, and L.A.Kolodziejski, "Enhanced coupling to vertical radiation using a two-dimensional photonic crystal in a semiconductor light-emmitting diode", Appl, phys.Lett 78, 563(2002).

10.　湯順青，色度學，北京理工大學出版社，1988.

11.　李農、楊燕譯、許招墉校訂，照明手冊(日本照明協會編)，第二版　全華科技圖書公司，2006.

12.　L. Pfeiffer, K. W. West, H.L.Stormer, and K.W.Baldwin, "Electron Mobilities Exceeding 10^7 cm^2/V-s in Modulation Doped GaAs ", Appl. phys. Lett,55.1888,(1989).

7. H. W. Deckman, H. C. Knoop, J. A. McCarthy, T. Paulson, J. E. Roberts, W. L. B. G., Wong, J. Trail, C. C. Yu, and C. K. Luo, "Nanometer-scale EXAFS done on nano-scale technical objects", using nature's lithography", Nanotechnology 1, 2286 2001b.

8. S. F. Fischer, Luthor, J. Engelhardt, A. Ge, C.-H. Jan, H. L. S., H. W. Kong, "Study of GaN light-emitting diodes fabricated by laser lift-off technique", Journal of Applied Physics, 91, 2414 2002b.

9. T. Fujii, Y. Gao, R. Sharma, E. L. S. Yu, D. Dick, A. Sera and L. S. and Suparesh, light extraction of surface-based GaN light-emitting diodes with sapphire surface roughening", Applied Physics Letters, 84, 4906 2004b.

10. S. Grindlach, D. Kang, S. Peterk, H. Gessler, M. Grundmann, D. C. Look, G. S. Petrich, and J. Ambadelow, "Two-color complete vertical emission using a two-dimensional photonic crystal as the semiconductor light emitting structure", Nano Lett. 5, 307, 2001b.

11. 張之成，周生編，北京大學出版社，中國。

12. 陳之華，劉邦恩，陳政宏編著，LED之原理與元件應用，全華科技圖書，台灣 2003b.

13. H. Kherty, W. W. Wee, H. L. Samuels, and M. A. Sharelike, "Photon Multiplier harvesting in solar cells via vertically tuned GaAs", Appl. Phys. Lett. 55, 1728, 1989b.

散射與薄膜結構或成分分析

散射實驗是研究表面物理的重要利器，X-射線、光子、電子、中子、甚至原子、分子、離子等都可當散射粒子。低能量的原子與分子僅與晶體的最上原子層作用，低能量電子與晶體表面作用也僅數 Å 深，而 X 射線光子會穿透整個晶體塊材，要分析表面須以低掠角(grazing angle) X 射線做表面散射。

7-1　X-射線繞射與三維倒晶格

X-射線繞射(XRD)裝置如圖 7-1，一般用銅靶或鎢靶的 K_α 特性X射線，且裝有晶體單光儀 M 以去除螢光，選擇波長為很窄的波譜後投射到晶片上，轉動晶片則計數器上可量出繞射強度與投射角關係。圖 7-2 是 Bragger 父子提出X-射線被晶格散射時，晶體似多狹縫繞射光柵，若 X 光波在晶體平面間的光程差是波長的整數倍，則產生建設性繞射，即建設性 Bragger 繞射的條件為

$$2d_{hkl}\sin\theta_{hkl}=\lambda \quad\text{...}(7\text{-}1)$$

2θ 是 X-射線之散射角，d_{hkl} 是反射的 (hkl) 原子平面間距，λ 是 X-射線波長。

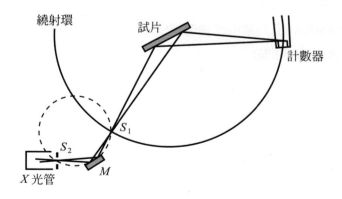

圖 7-1　X 射線繞射裝置簡圖

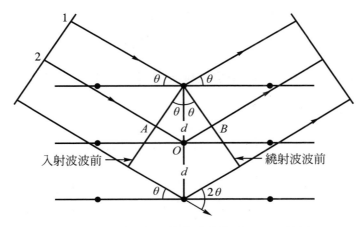

圖 7-2　X 射線在晶格表面產生 Bragger 繞射

　　X-射線被晶體特定平面反射的亮點是晶體的倒晶格圖案。在晶體中的電子濃度分布 $n(\vec{r})$ 是一週期函數，三維空間的

$$n(\vec{r}) = \sum_G n_G e^{i\vec{G}\cdot\vec{r}} \dotfill (7\text{-}2)$$

n_G 是 X-射線的散射振幅。倒晶格向量

$$\vec{G} = v_1\vec{b}_1 + v_2\vec{b}_2 + v_3\vec{b}_3 \dotfill (7\text{-}3)$$

v_1、v_2、v_3 是任意整數，倒晶格單位向量 $\vec{b}_1$、$\vec{b}_2$、$\vec{b}_3$ 與原始晶胞的單位向量 $\vec{a}_1$、$\vec{a}_2$、$\vec{a}_3$ 的關係為

$$\left.\begin{aligned}\vec{b}_1 &= 2\pi\,\frac{\vec{a}_2\times\vec{a}_3}{\vec{a}_1\cdot(\vec{a}_2\times\vec{a}_3)} \\[2mm] \vec{b}_2 &= 2\pi\,\frac{\vec{a}_3\times\vec{a}_1}{\vec{a}_1\cdot(\vec{a}_2\times\vec{a}_3)} \\[2mm] \vec{b}_3 &= 2\pi\,\frac{\vec{a}_1\times\vec{a}_2}{\vec{a}_1\cdot(\vec{a}_2\times\vec{a}_3)}\end{aligned}\right\} \dotfill (7\text{-}4)$$

它滿足

$$\vec{b}_i \cdot \vec{a}_j = 2\pi\delta_{ij} \text{，} i = j \text{ 則 } \delta_{ij} = 1 \text{，} i \neq j \text{ 則 } \delta_{ij} = 0 \text{.....................(7-5)}$$

投射到 (h,k,l) 平面的 X-射線入射波向量 $\vec{k}$，進入計數器的反射波向量 $\vec{k}'$，其建設性繞射條件為

$$\vec{G} = \Delta\vec{k} = \vec{k}' - \vec{k} \text{...(7-6)}$$

X-射線光子彈性散射之能量 $\hbar\omega = \hbar\omega'$，動量 $\hbar|\vec{k}| = \hbar|\vec{k}'|$，倒晶格向量 $\vec{G}$ 垂直於平面，如圖 7-3，則 $2\vec{k} \cdot \vec{G} + G^2 = 0$，平面的間距 $d_{hkl} = \dfrac{2\pi}{G}$，$2kG\cos\left(\dfrac{\pi}{2} + \theta\right) + G^2 = 0$，$2 \cdot \dfrac{2\pi}{\lambda}\sin\theta = G = \dfrac{2\pi}{d}$，因此(7-6)式即 $2d\sin\theta = \lambda$。

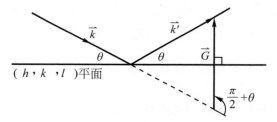

圖7-3　倒晶格向量 $\vec{G}$ 垂直於 (h,k,l) 平面

被 N 個晶胞之晶體散射的 X-射線振幅

$$A_G = N\int_{\text{cell}} n(\vec{r})e^{-i(\vec{G}\cdot\vec{r})}dV = NS_G \text{.................................(7-7)}$$

S_G 叫晶體的結構因子。在 $\vec{r}$ 處的電子是由晶胞中 s 個基礎原子所貢獻，如圖 7-4，電子濃度 $n(\vec{r}) = \sum\limits_{j=1}^{s} n_j(\vec{r} - \vec{r}_j)$，因此晶體的結構因子

$$S_G = \int_{\text{cell}} \sum_j^s n_j(\vec{r} - \vec{r}_j)e^{-i(\vec{G}\cdot\vec{r})}dV = \int_{\text{cell}} \sum_j^s n_j(\rho_j)e^{-i\vec{G}\cdot(\vec{r}_j + \vec{\rho}_j)}dV$$
$$= \sum_j e^{-i\vec{G}\cdot\vec{r}_j}\int n_j(\rho_j)e^{-i(\vec{G}\cdot\vec{\rho}_j)}dV$$

$$= \overset{s}{\underset{j}{\Sigma}} e^{-i\vec{G}\cdot\vec{r}_j} f_j = \overset{s}{\underset{j}{\Sigma}} f_j \left[\exp(-2\pi i(v_1 x_j + v_2 y_j + v_3 z_j)) \right] \dots\dots\dots(7\text{-}8)$$

$f_j = \int n_j(\rho_j) e^{-i\vec{G}\cdot\vec{\rho}_j} dV$ 是第 j 個原子的電子分布情形叫原子的形成因子。

B.C.C晶格每晶胞有 2 個原子，基礎原子在 $(0,0,0)$ 和 $\left(\dfrac{1}{2}, \dfrac{1}{2}, \dfrac{1}{2}\right)$，故

$$S_G = f e^{-i2\pi(0)} + f e^{-i2\pi\left(\frac{v_1}{2} + \frac{v_2}{2} + \frac{v_3}{2}\right)} = f\left[1 + e^{-i\pi(v_1 + v_2 + v_3)}\right]$$

B.C.C晶格若原子平面的 $v_1 + v_2 + v_3 =$ 奇數，則 $e^{i\pi(奇數)} = -1$，$S_G = 0$。若 $v_1 + v_2 + v_3 =$ 偶數，則 $e^{-i\pi(偶數)} = 1$，其 $S_G = 2f$，為建設性繞射平面。

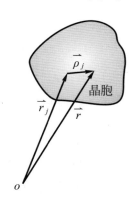

圖 7-4 $\vec{r}$ 處的電子是由晶胞中各基礎原子所貢獻

例 7-1　金屬鈉是b.c.c.晶格，故有$(2,0,0)$、$(1,1,0)$、$(2,2,2)$等平面的繞射峰，而沒有$(1,0,0)$、$(2,2,1)$等平面出現繞射峰。

　F.C.C.晶格每晶胞有 4 個原子，基礎原子在 $(0,0,0)$、$\left(\dfrac{1}{2},0,\dfrac{1}{2}\right)$、$\left(0,\dfrac{1}{2},\dfrac{1}{2}\right)$ 和 $\left(\dfrac{1}{2},\dfrac{1}{2},0\right)$，故

$$S_G = f[1 + e^{-i\pi(v_1 + v_2)} + e^{-i\pi(v_2 + v_3)} + e^{-i\pi(v_3 + v_1)}]$$

F.C.C.晶格若 v_1、v_2、v_3 都是奇數或都是偶數，則 $S_G = 4f$ 繞射加強。而 v_1、v_2、v_3 中有2個奇數1個偶數或2個偶數1個奇數之 $S_G = f(1 - 1 - + 1) = 0$，F.C.C沒有這類平面出現繞射峰。

例 7-2　KCl 與 KBr 都是 FCC 結構，K^+在$\left(\frac{1}{2}, \frac{1}{2}, \frac{1}{2}\right)$、$\left(0, 0, \frac{1}{2}\right)$、$\left(0, \frac{1}{2}, 0\right)$、$\left(\frac{1}{2}, 0, 0\right)$，$Cl^-$ 與Br^- 都 在$(0, 0, 0)$、$\left(\frac{1}{2}, \frac{1}{2}, 0\right)$、$\left(\frac{1}{2}, 0, \frac{1}{2}\right)$、$\left(0, \frac{1}{2}, \frac{1}{2}\right)$。

KCl的結構因子

$$S_G = f(K^+)[e^{-i\pi(v_1 + v_2 + v_3)} + e^{-i\pi v_3} + e^{-i\pi v_2} + e^{-i\pi v_1}]$$
$$+ f(Cl^-)[e^{-2i\pi(0)} + e^{-i\pi(v_1 + v_2)} + e^{-i\pi v_1 + v_3} + e^{-i\pi(v_2 + v_3)}]$$

若v_1、v_2、v_3都偶數，則$S = 4f(K^+) + 4f(Cl^-)$，若v_1、v_2、v_3都奇數，則$S_G = 4[f(Cl^-) - f(K^+)]$，$K^{19}$其$K^+ = 18e^-$，$Cl^{17}$其$Cl^- = 18e^-$，即$K^+$與$Cl^-$之電子排列相同，$f(K^+) = f(Cl^-)$而$f(K^+) \neq f(Br^-)$，故KCl在$v_1$、$v_2$、$v_3$都偶數時繞射強度$I$增強，$v$都奇數時$I = 0$。而KBr 在$v$都奇數時也有繞射強度$I$，但比$v$都偶數之平面繞射強度低，如圖 7-5。

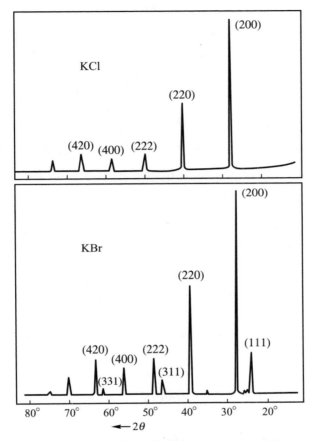

圖 7-5　KCl 與 KBr 離子晶體的 XRD 繞射峰

　　不同結晶化合物會產生不同$(2\theta_{hkl}、I_{hkl})$組合，2θ 提供晶格常數，而強度 I 提供晶體內部組成原子形態與結晶變形的資訊。一般 X-射線繞射中繞射峰強度、波形會受晶粒數目和晶粒大小影響，通常晶粒在 0.1 μm 以下時，繞射峰會明顯變寬，晶粒愈小則繞射峰愈寬。晶粒小則結晶面的散射原子數目少，這現象與光柵狹縫較少則其繞射峰較寬、強度較低一樣。滿足 Bragger 散射的繞射峰在 $2\theta_B$，小晶粒繞射波形變寬如圖 7-6，

Scherrer 表示 X 射線繞射寬化與晶粒大小關係為繞射峰半高寬

$$B = k \frac{\lambda}{D\cos\theta} \quad\text{...(7-9)}$$

(圖 7-6 中，$B = \frac{1}{2}(2\theta_1 - 2\theta_2) = \theta_1 - \theta_2$，而 $\Delta 2\theta = 2(\theta_1 - \theta_B) = 2(\theta_B - \theta_2)$，因此 $B = 2\Delta\theta$)，晶體厚度或晶粒大小 $D = md$ 有 m 個結晶面，2θ 是散射角，k 是常數約 0.9。在測晶粒大小時，需先借助晶粒大於 0.1 μm 的標準粉末，由其繞射峰波形，將儀器受鑑別率限制下的半高寬扣除，才能得到小晶粒繞射的真實半高寬。

通常晶粒若受到應變場作用則 $2md\sin\theta = m\lambda$ 的多狹縫繞射中，晶格沿 $<h,k,l>$ 方向的應變

$$e = \frac{\Delta d}{d} = -\frac{\cos\theta}{\sin\theta}\Delta\theta = -\frac{\Delta\theta}{\tan\theta} = -\frac{B}{2\tan\theta} \quad\text{..............................(7-10)}$$

若晶粒寬化與內應變效應同時存在，則(7-9)與(7-10)式得光譜寬化關係為

$$\left(\frac{B\cos\theta}{\lambda}\right)^2 = \left(\frac{k}{D}\right)^2 + 4e^2\left(\frac{\sin\theta}{\lambda}\right)^2 \quad\text{..............................(7-11)}$$

將 XRD 的 I-2θ 圖改為圖 7-7 之 $\left(\frac{B\cos\theta}{\lambda}\right)^2$ 對 $\left(\frac{\sin\theta}{\lambda}\right)^2$ 線性關係，由其斜率及截距可得知此晶體的內應變 e 和晶粒大小 D。薄膜的結構有三類，磊晶膜是單晶，其晶格取向往往與基板的晶格取向有一定的關係。多晶膜是由許多小晶粒組成，其晶粒度、應力大小是否有優選方向等都可藉 XRD 確認。非晶形薄膜有時含有部份結晶，根據結晶物質的圖譜面積和非晶物質圖譜面積的比值可求得結晶度。

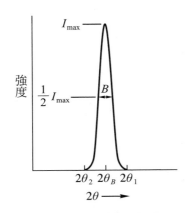

圖 7-6　繞射峰半高寬與晶粒大小有關

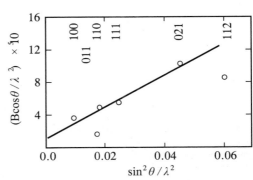

圖 7-7　由圖中之截距與斜率可知晶粒大小 D 與晶體內應變 e

　　傳統 XRD 採用 Bragger 繞射，X-射線對材料的穿透深度與 $\dfrac{\sin\phi}{\alpha}$ 成正比，ϕ 是 X-射線入射掠角，α 是材料的吸收係數，對大部份材料而言，$\dfrac{1}{\alpha}$ 約 $1\sim100$ μm，X-射線穿透很深，則薄膜資訊僅佔很低比例，表面繞射訊號會被基板的散射背景遮蓋。欲測量薄膜結構應採用低掠角入射繞射法，如圖 7-8(a)，則折射光可與垂直於薄膜表面的晶面產生 2θ 繞射光束，計數器放於試片表面的水平面，收集由與試片表面垂直或近乎垂直的晶格面繞射數據，可獲得磊晶或多晶薄膜晶體的排列方向與基板的關係。圖 7-8(b)是用低掠角X-射線繞射法分析氧化鐵多晶薄膜的結果，當入射角稍增大而增加X-射線穿透深度時，$\alpha\text{-Fe}_2\text{O}_3$ 訊號漸減弱，顯示 $\alpha\text{-Fe}_2\text{O}_3$ 僅存於薄膜表面，故一般 XRD 測不到 $\alpha\text{-Fe}_2\text{O}_3$ 存在。

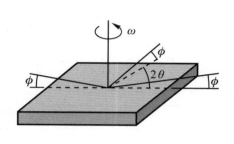

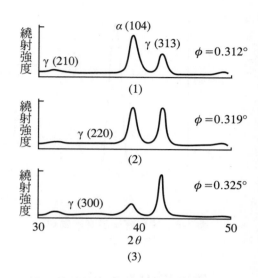

(a) 低掠角 ϕ 繞射示意圖　　　　(b) 低掠角 ϕ 繞射得薄膜表面資訊

圖 7-8　低掠角繞射 (3)

7-2　電漿振盪子(plasmons)與電磁耦合量子(polaritons)

電磁波在晶體中傳遞，是由 Maxwell 方程式中 Faraday 定律的磁通量變化率產生感應電場，和 Ampere 定律的電通量變化率產生感應磁場相互推進的。而晶體原子受到光子散射會產生光學聲子或電漿振盪聲子，色散的聲子改變了介質的介電常數、折射率和反射係數等物性。

非磁性材料的 Faraday 定律為

$$\nabla \times \vec{\varepsilon} = -\mu_0 \frac{\partial \vec{H}}{\partial t} \dotfill (7\text{-}12)$$

Ampere 定律爲

$$\nabla \times \vec{B} = -\mu_0 \left(\vec{j} + \frac{\partial \vec{D}}{\partial t} \right) \quad\quad\quad (7\text{-}13a)$$

或　　　$$\nabla \times \vec{H} = \vec{j} + \frac{\partial \vec{D}}{\partial t} \quad\quad\quad\quad (7\text{-}13b)$$

電位移

$$\vec{D} = \epsilon_0 \vec{\varepsilon} + \vec{P} = \epsilon_0 (1+\chi)\vec{\varepsilon} = \epsilon_0 \epsilon_r(\omega)\vec{\varepsilon} = \epsilon \vec{\varepsilon} \quad\quad\quad (7\text{-}14)$$

介質的極化強度 $P = \epsilon_0 \chi \varepsilon$，介電常數 $\epsilon_r = \dfrac{\epsilon}{\epsilon_0}$，故

$$\nabla \times (\nabla \times \vec{\varepsilon}) = -\mu_0 \frac{\partial}{\partial t}(\nabla \times \vec{H})$$

$$= -\mu_0 \frac{\partial \vec{j}}{\partial t} - \mu_0 \epsilon_0 \frac{\partial^2 \varepsilon}{\partial t^2} - \mu_0 \frac{\partial^2 P}{\partial t^2} \quad\quad\quad (7\text{-}15a)$$

半導體中

$$\nabla \times (\nabla \times \vec{\varepsilon}) + \frac{1}{C^2} \frac{\partial^2 \varepsilon}{\partial t^2} = -\mu_0 \frac{\partial \vec{j}}{\partial t} - \mu_0 \frac{\partial^2 P}{\partial t^2} \quad\quad\quad (7\text{-}15b)$$

金屬的極化強度 $P = 0$

$$\nabla \times (\nabla \times \vec{\varepsilon}) + \frac{1}{C^2} \frac{\partial^2 \varepsilon}{\partial t^2} = -\mu_0 \frac{\partial \vec{j}}{\partial t} \quad\quad\quad (7\text{-}16)$$

介電質的電流密度 $j = 0$

$$\nabla \times (\nabla \times \vec{\varepsilon}) + \frac{1}{C^2} \frac{\partial^2 \varepsilon}{\partial t^2} = -\mu_0 \frac{\partial^2 P}{\partial t^2} \quad\quad\quad (7\text{-}17)$$

(7-17)式為

$$-\nabla^2 \varepsilon = -\mu_0 \frac{\partial^2}{\partial t^2}(\epsilon_0 \varepsilon + P) = -\mu_0 \frac{\partial^2 D}{\partial t^2}$$

$$= -\mu_0 \epsilon \frac{\partial^2 \varepsilon}{\partial t^2} = -\frac{\epsilon_r}{C^2} \frac{\partial^2 \varepsilon}{\partial t^2} \quad\text{...............}(7\text{-}18)$$

而

$$\varepsilon = \varepsilon_0 e^{i(\vec{k}\vec{r} - \omega t)}$$

故

$$C^2 k^2 = \epsilon_r(\omega)\omega^2 \quad\text{...................................}(7\text{-}19)$$

即光波在晶體產生聲子的色散關係為

$$\omega = k\frac{C}{\sqrt{\epsilon_r(\omega)}} = kv \quad\text{.....................................}(7\text{-}20)$$

晶體原子受到電子或光子散射時，受激原子、電子都在相互作用下產生
集體運動狀態的量子，每個原激發相當於一個準粒子，它具有確定的能
量和準動量。

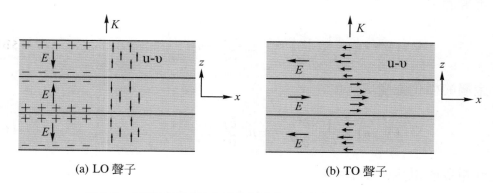

(a) LO 聲子　　　　　　　　　　　　　　(b) TO 聲子

圖 7-9　晶體原子受到光子散射產生 LO 或 TO 光學聲子 (1)

　　光子入射離子晶體會激發起光學聲子，正、負離子振動方向與光傳
遞方向一致的叫光學縱波(LO)聲子，LO 聲子會造成正、負電荷集結於

不同位置，但整塊固體仍保持電中性 $\nabla \cdot \vec{D} = 0$，如圖 7-9(a)，LO 聲子的

電場有散度 $\nabla \cdot \vec{\varepsilon}_L \neq 0$，沒有旋度 $\nabla \times \vec{\varepsilon}_L = 0$.......................... (7-21)

而 $\nabla \cdot \vec{D} = \epsilon_r(\omega) \nabla \cdot \vec{\varepsilon}_L = 0$，故 LO 聲子的介電常數 $\epsilon_r(\omega_{LO}) = 0$，$\omega_{LO}$ 是 LO 聲子的電磁波低限角頻率，$\vec{\varepsilon}_L$ 是靜電極化電場，故 LO 聲子又叫極化聲子。圖 7-9(b)中，當光橫波沿 Z 方向通過晶體時電場在 x 方向構成位移電流，而波方向每相鄰半波長的位移就電流方向相反，它在晶體形成環狀電流迴路，故在 y 方向有感應磁場，而隨時間變化的磁場又產生感應電場，故 TO 聲子是電磁聲子，其電場有旋度

$\nabla \times \vec{\varepsilon}_T \neq 0$，而沒散度 $\nabla \cdot \vec{\varepsilon}_T = 0$... (7-22)

感應電場 $\vec{\varepsilon}_T$ 不是靜電極化場，不會影響振動恢復力，故 TO 聲子的振動頻率 ω_{TO} 就是晶體的固有振動頻率 。光波的電磁場與 TO 聲子的電磁場相互作用而耦合的電磁場其能量量子化叫電磁場耦合量子(polariton) 。

　　在金屬或導體中正離子位於晶格點上，自由電子形成電子氣為整塊晶體所共有，這是正、負電荷幾乎相等的電漿體系。電子每到正離子附近時，由於它具有速度，總是越過正離子位能的平衡點時，被正離子的吸力產生反向加速度，因此電漿中正、負電荷便相對地振盪，這種振盪準粒子叫電漿振盪量子(plasmons) 。以高速電子穿透一金屬薄膜，則電子被晶格非彈性散射，而金屬的晶格被激發產生電漿振盪量子，量電子被晶格散射的電子能量損失譜(EELS) ，便可知薄膜的導電載子濃度。

7-2.1　離子晶體的聲子

　　一行進波(traveling wave)在雙原子晶體傳遞，如圖 7-10，此雙原子晶體相鄰平面間以彈簧常數 C 連接，M平面的位移以 u_s、u_{s+1}、……

表示，m 平面的位移以 v_s、v_{s+1}、……表示，相同原子的最鄰近平面間距離爲 a。假設每一平面僅與最鄰近平面作用，其彈力常數都相等，則

$$M\frac{d^2u_s}{dt^2} = C(v_s-u_s) + C(v_{s-1}-u_s) = C(v_s + v_{s-1}-2u_s)\dots\dots(7\text{-}23a)$$

$$m\frac{d^2v_s}{dt^2} = C(u_s-v_s) + C(u_{s+1}-v_s) = C(u_s + u_{s+1}-2v_s)\dots(7\text{-}23b)$$

行進波在晶體內傳遞

$$u_s = ue^{i[ska-\omega t]} \text{ , } v_s = ve^{i[ska-\omega t]}$$

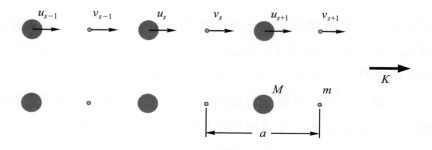

圖 7-10　行進波在雙原子晶體傳遞

代入(7-23)式則

$$-\omega^2 Mu = Cv(1 + e^{-ika})-2Cu$$
$$-\omega^2 mv = Cu(1 + e^{ika})-2Cv$$

解 u、v 得

$$\omega^2 = \frac{C}{Mm}\left[(M+m)\pm\sqrt{(M+m)^2-2Mm(1-\cos ka)}\right]\dots\dots(7\text{-}24)$$

括號內正根 ω_+ 爲光學聲子，負根 ω_- 爲聲學聲子。

波到達晶體表面將指數衰減，其波向量 $k = k_1 + ik_2$，則

$$\cos ka = \cos(k_1 + ik_2)a$$
$$= \cos(k_1 a)\cosh(k_2 a) - i\sin(k_1 a)\sinh(k_2 a) \dots\dots\dots\dots\dots (7\text{-}25)$$

$\omega_\pm$ 爲實數，故(7-25)式中虛數部份 $\sin(k_1 a)\sinh(k_2 a) = 0$。在第一倒晶格區的表面聲波爲 $k_2 \neq 0$，而 $k_1 a = n\pi$，n 爲零或整數

$$\cos ka = \cos(n\pi)\cosh(k_2 a) = (-1)^n\cosh(k_2 a) \dots\dots\dots\dots\dots (7\text{-}26)$$

因此表面聲波的可能頻率

$$\omega_\pm^2 = \frac{C}{Mm}\left\{(M + m) \pm \sqrt{(M + m)^2 - 2Mm[1 - (-1)^n\cosh(k_2 a)]}\right\} . (7\text{-}27)$$

$$\omega_\pm^2(k_1 = 0, k_2)$$
$$= \frac{C}{Mm}\left\{(M + m) \pm \sqrt{(M + m)^2 - 2Mm[1 - \cosh(k_2 a)]}\right\} \dots\dots (7\text{-}28)$$

$\omega_\pm^2$ 爲實數，故根號前只取正根。塊材光學聲子在 $k_2 = 0$ 的

$$\omega(k_1 = 0, k_2 = 0) = \sqrt{2C\left(\frac{1}{M} + \frac{1}{m}\right)} \dots\dots\dots\dots\dots\dots\dots\dots\dots (7\text{-}29)$$

$$\omega_\pm^2\left(k_1 = \frac{\pi}{a}, k_2\right)$$
$$= \frac{C}{Mm}\left\{(M + m) \pm \sqrt{(M + m)^2 - 2Mm[1 + \cosh(k_2 a)]}\right\} \dots (7\text{-}30)$$

$\omega_\pm^2$ 爲實數，(7-30)式的根號是正值，故

$$|k_2| < \frac{1}{a}\cosh^{-1}\frac{M^2 + m^2}{2Mm} = k_{2(\text{max})}$$

表面聲子的角頻率

$$\omega_\pm\left(k_1 = \frac{\pi}{a}, k_{2(\text{max})}\right) = \sqrt{C\left(\frac{1}{M} + \frac{1}{m}\right)} \dots\dots\dots\dots\dots\dots\dots (7\text{-}31)$$

塊材的光學聲子角頻率

$$\omega_+\left(k_1 = \frac{\pi}{a}, k_2 = 0\right) = \sqrt{\frac{2C}{m}} \dots\dots\dots\dots\dots\dots (7\text{-}32\text{a})$$

塊材的聲學聲子角頻率

$$\omega_-\left(k_1 = \frac{\pi}{a}, k_2 = 0\right) = \sqrt{\frac{2C}{M}} \dots\dots\dots\dots\dots\dots (7\text{-}32\text{b})$$

表面聲子振動振幅

$$s_k(\vec{r}) = A e^{i(\vec{k}\cdot\vec{r}-\omega t)} = A e^{i(\vec{k}_\parallel \cdot \vec{r}_\parallel + ik_\perp z - \omega t)} = A e^{-k_\perp z} e^{i(\vec{k}_\parallel \cdot \vec{r}_\parallel - \omega t)} \dots\dots (7\text{-}33)$$

$k_\parallel = k_1$ 平行於平面，$k_\perp = ik_2$ 可定從表面向晶體內部衰減的長度。在非色散區 $d\omega/dk_1$ 是定值，較長波長的表面振盪其振動振幅進入固體較深。每晶包有雙原子的晶體表面聲學聲子和表面光學聲子都存在。

電磁波電場 $\varepsilon = \varepsilon_0 e^{-i\omega t}$ 使雙原子晶體強迫振盪，則兩原子的運動方程式為

$$M\frac{d^2 u_s}{dt^2} = C(v_s + v_{s-1} - 2u_s) + e\varepsilon \dots\dots\dots\dots\dots\dots (7\text{-}34\text{a})$$

$$m\frac{d^2 v_s}{dt^2} = C(u_{s+1} + u_s - 2v_s) - e\varepsilon \dots\dots\dots\dots\dots\dots (7\text{-}34\text{b})$$

此強迫振盪在穩態時 $u_s = u_0 e^{-i\omega t}$，$v_s = v_0 e^{-i\omega t}$ 代入(7-34)式得

$$M(-\omega^2 u_0) = C(2v_0 - 2u_0) + e\varepsilon_0$$

$$m(-\omega^2 v_0) = C(2u_0 - 2v_0) - e\varepsilon_0$$

解得 $\quad u_0 = \dfrac{e\varepsilon_0}{M(\omega_{\text{TO}}^2 - \omega^2)}$，$v_0 = \dfrac{-e\varepsilon_0}{m(\omega_{\text{TO}}^2 - \omega^2)}$ $\dots\dots\dots\dots (7\text{-}35\text{a})$

塊材 TO 聲子頻率

$$\omega_{\mathrm{TO}} = \sqrt{2C\left(\frac{1}{M} + \frac{1}{m}\right)} \quad \dots\dots\dots\dots\dots\dots\dots\dots\dots\dots (7\text{-}35\mathrm{b})$$

離子極化強度

$$P_i = N(\mathrm{cm}^{-3})e(u_0 - v_0) = \epsilon_0 \chi_i \varepsilon_0$$

$$\chi_i = \frac{P_i}{\epsilon_0 \varepsilon_0} = \frac{\dfrac{Ne^2}{\epsilon_0}\left(\dfrac{1}{M} + \dfrac{1}{m}\right)}{\omega_{\mathrm{TO}}^2 - \omega^2} \quad \dots\dots\dots\dots\dots\dots\dots\dots (7\text{-}36)$$

離子晶體的介電常數

$$\epsilon_r(\omega) = \epsilon_r(\infty) + \chi_i = n^2 + \frac{\dfrac{Ne^2}{\epsilon_0}\left(\dfrac{1}{M} + \dfrac{1}{m}\right)}{\omega_{\mathrm{TO}}^2 - \omega^2} \quad \dots\dots\dots\dots\dots (7\text{-}37)$$

$$\therefore \frac{Ne^2}{\epsilon_0}\left(\frac{1}{M} + \frac{1}{m}\right) = \omega_{\mathrm{TO}}^2 [\epsilon_r(0) - \epsilon_r(\infty)]$$

$\omega < \omega_{\mathrm{TO}}$ 的

$$\epsilon_r(\omega) = \epsilon_r(\infty) + \frac{\omega_{\mathrm{TO}}^2 [\epsilon_r(0) - \epsilon_r(\infty)]}{\omega_{\mathrm{TO}}^2 - \omega^2}$$

$$= \frac{\omega_{\mathrm{TO}}^2 \epsilon_r(0) - \omega^2 \epsilon_r(\infty)}{\omega_{\mathrm{TO}}^2 - \omega^2} \quad \dots\dots\dots\dots\dots\dots\dots\dots (7\text{-}38)$$

LO 聲子的介電常數

$$\epsilon_r(\omega_{\mathrm{LO}}) = 0 \text{，故 } \frac{\omega_{\mathrm{LO}}^2}{\omega_{\mathrm{TO}}^2} = \frac{\epsilon_r(0)}{\epsilon_r(\infty)} \quad \dots\dots\dots\dots\dots\dots (7\text{-}39)$$

因此(7-38)成為

$$\epsilon_r(\omega) = \epsilon_r(\infty) \frac{\omega_{\mathrm{LO}}^2 - \omega^2}{\omega_{\mathrm{TO}}^2 - \omega^2} \quad \dots\dots\dots\dots\dots\dots\dots\dots\dots (7\text{-}40)$$

由(7-19)式知 ω_{TO} 的 $k_{/\!/} = \dfrac{\omega}{C}\sqrt{\epsilon_r(\omega)}$ ，$\omega = \omega_{TO}$ 時 $\epsilon_r(\omega_{TO}) \to \infty$，此時晶體有強共振吸收與強反射。

$$\epsilon_r(\omega) = \mathrm{Re}\{\epsilon_r(\omega)\} + i\mathrm{Im}\{\epsilon_r(\omega)\} = (n + iK)^2 \quad\text{.................. (7-41)}$$

K 叫消光係數(extinction coefficient)，$\mathrm{Im}\{\epsilon_r(\omega_{TO})\}$ 最大其 K 最大。在 $\omega_{TO} < \omega < \omega_{LO}$ 間 $\epsilon_r(\omega) < 0$，電磁波無法傳遞，其反射係數 $R = 1$。

在兩非磁性材料間的界面，一邊 $Z > 0$ 的介電常數爲 $\epsilon_1(\omega)$，另一邊 $Z < 0$ 的介電常數爲 $\epsilon_2(\omega)$，則 $Z > 0$ 的電場

$$\varepsilon_1 = \varepsilon_{10}e^{-k_1 z}e^{i(k_{/\!/} r_{/\!/} + \omega t)} \quad\text{.................. (7-42a)}$$

$Z < 0$ 的電場

$$\varepsilon_2 = \varepsilon_{20}e^{k_2 z}e^{i(k_{/\!/} r_{/\!/} + \omega t)} \quad\text{.................. (7-42b)}$$

$k = k_{/\!/} + ik_{\perp}$、$k_{/\!/} = (k_x, k_y)$、$r_{/\!/} = (x, y)$，(7-42)式代入(7-19)式得

$$C^2(k_{/\!/}^2 - k_1^2) = \omega^2 \epsilon_1(\omega) \quad\text{.................. (7-43a)}$$
$$C^2(k_{/\!/}^2 - k_2^2) = \omega^2 \epsilon_2(\omega) \quad\text{.................. (7-43b)}$$

兩介質都維持電中性 $div[\epsilon(\omega)\varepsilon] = 0$，故(7-42)式爲

$$i\varepsilon_1 k_{/\!/} = \varepsilon_1^{\perp} k_1 \;,\; i\varepsilon_2 k_{/\!/} = -\varepsilon_2^{\perp} k_2 \quad\text{.................. (7-44)}$$

在界面的邊界條件爲

平行界面的電場等大 $\varepsilon_1^{/\!/} = \varepsilon_2^{/\!/}$，垂直界面的電荷位移等大 $D_1^{\perp} = D_2^{\perp}$，

因此 $\quad \varepsilon_1 k_{/\!/} = \varepsilon_2 k_{/\!/} \;,\; 1 = \dfrac{D_1^{\perp}}{D_2^{\perp}} = \dfrac{\epsilon_1 \varepsilon_1^{\perp}}{\epsilon_2 \varepsilon_2^{\perp}} = -\dfrac{\epsilon_1 k_2}{\epsilon_2 k_1}$

$$\therefore \frac{k_1}{k_2} = -\frac{\epsilon_1(\omega)}{\epsilon_2(\omega)} \quad\text{.................. (7-45)}$$

(7-43)式為

$$k_{/\!/}^2 C^2 = \omega^2 \epsilon_1 + k_1^2 C^2 = \omega^2 \epsilon_2 + k_2^2 C^2$$

$$\omega^2(\epsilon_1 - \epsilon_2) = \left[\left(\frac{k_2}{k_1}\right)^2 - 1\right] k_1^2 C^2 = \left[\left(\frac{\epsilon_2}{\epsilon_1}\right)^2 - 1\right] k_1^2 C^2$$

$$k_{/\!/}^2 C^2 = \epsilon_1 \omega^2 + \frac{\omega^2(\epsilon_1 - \epsilon_2)}{\left(\dfrac{\epsilon_2}{\epsilon_1}\right)^2 - 1} = \omega^2 \frac{\epsilon_1 \epsilon_2}{\epsilon_1 + \epsilon_2} = \omega^2 \epsilon_s \ \text{.................} (7\text{-}46a)$$

界面的介電常數 ϵ_s 為

$$\frac{1}{\epsilon_s} = \frac{1}{\epsilon_1} + \frac{1}{\epsilon_2} \text{...}(7\text{-}46b)$$

$k_{/\!/} \to \infty$ 時界面聲子頻率 ω_s 為表面電磁場耦合量子頻率，其 $\epsilon_s(\omega_s) \to \infty$，即

$$0 = \frac{1}{\epsilon_s(\omega_s)} = \frac{\epsilon_1(\omega_s) + \epsilon_2(\omega_s)}{\epsilon_1(\omega_s)\epsilon_2(\omega_s)}$$

或　　　$\epsilon_2(\omega_s) = -\epsilon_1(\omega_s)$

若 ϵ_1 介質的半無限平面與真空相鄰（$\epsilon_2 = 1$），則表面電磁場耦合量子 (surface phonon polariton) 的 $k_{/\!/} = \dfrac{\omega}{C} \sqrt{\dfrac{\epsilon(\omega)}{\epsilon(\omega) + 1}}$，表面聲子的介電常數

$$\epsilon(\omega_s) = -1 \text{..}(7\text{-}47)$$

　　塊材聲子與表面聲子電磁場耦合量子的色散關係如圖 7-11 所示，圖中水平線是純聲子，斜線是光子 $\omega = k\dfrac{C}{\sqrt{\epsilon_r(\infty)}}$，曲線是電磁場耦合量子

$\omega = k \dfrac{C}{\sqrt{\epsilon_r(\omega)}}$，高頻的電磁場耦合量子只有光子特性，其光頻介電常數

$\epsilon_r(\infty) = n^2$，k 很小時似 LO 聲子 $\epsilon(\omega_{LO}) = 0$。低頻的電磁場耦合量子在

k 很大時似 TO 聲子，$\omega_{TO} < \omega < \omega_{LO}$ 時光被離子晶體反射，$k_\perp$ 的波會衰

減，表面聲子電磁場耦合量子的 $k_{//} = \dfrac{\omega}{C}\sqrt{\dfrac{\epsilon(\omega)}{\epsilon(\omega)+1}}$。圖 7-12 是聲子的

介電常數隨頻率改變之特性，虛線表示介電常數實數項 $\mathrm{Re}\{\epsilon(\omega)\}$，LO

聲子的介電常數 $\epsilon_r(\omega_{LO}) = 0$，表面聲子的介電常數 $\epsilon_r(\omega_s) = -1$，TO 聲

子的介電常數實數值 $\mathrm{R}\{\epsilon(\omega_{TO})\}$ 改變很大，且虛數值 $\mathrm{Im}\{\epsilon(\omega_{TO})\}$ 最大，

有強共振吸收。

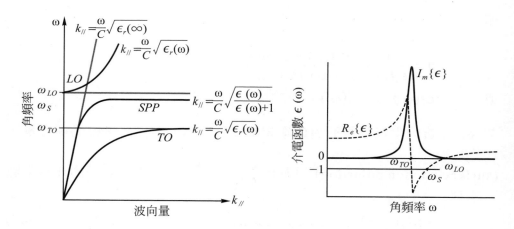

圖 7-11　塊材聲子與表面聲子的色散關係(2)　圖 7-12　聲子的介電常數隨頻率改變 (2)

7-2.2　電漿振盪子

電磁波電場 $\varepsilon=\varepsilon_0 e^{-i\omega t}$，使導體中自由電子受力 $m\dfrac{d^2x}{dt^2}=-e\varepsilon$，則 $-\omega^2 mx=-e\varepsilon$，即振盪電子的位移振幅

$$x=\frac{e\varepsilon}{m\omega^2}$$

電子的偶極矩

$$p=-ex=-\frac{e^2\varepsilon}{m\omega^2} \quad\text{(7-48)}$$

振盪電子對離子核心產生的極化強度(polarization)

$$P=-nex=-\frac{ne^2}{m\omega^2}\varepsilon \quad\text{(7-49)}$$

其介電常數

$$\epsilon_r(\omega)=\frac{D(\omega)}{\epsilon_0\varepsilon}=1+\frac{P}{\epsilon_0\varepsilon}=1-\frac{ne^2}{\epsilon_0 m\omega^2}=1-\frac{\omega_p^2}{\omega^2} \quad\text{(7-50)}$$

定義電漿振盪子角頻率 $\omega_p=\left(\dfrac{ne^2}{\epsilon_0 m}\right)^{1/2}$。導電電子與離子核心的正離子濃度相等，若正離子核心基材有介電常數 $\epsilon_r(\infty)$，則 TO 聲子的介電常數

$$\epsilon_r(\omega)=\epsilon_r(\infty)-\frac{ne^2}{\epsilon_0 m\omega^2}=\epsilon_r(\infty)\left(1-\frac{\overline{\omega}_p^2}{\omega^2}\right) \quad\text{(7-51)}$$

定義 $\overline{\omega}_p^2=\dfrac{\omega_p^2}{\epsilon_r(\infty)}=\dfrac{ne^2}{\epsilon(\infty)m}$。

電磁波在導體中TO聲子的 $C^2k^2 = \epsilon_r(\omega)\omega^2 = \epsilon_r(\infty)(\omega^2 - \overline{\omega}_p^2)$，$\omega > \overline{\omega}_p$ 時 $\epsilon_r(\omega) > 0$，電漿振盪子在介質中傳遞，反射係數 $0 < R < 1$，其

$$\omega^2 = \overline{\omega}_p^2 + \frac{C^2k^2}{\epsilon_r(\infty)} \quad\text{...}\quad (7\text{-}52)$$

自由電子氣在 $k = 0$ 之 $\omega = \overline{\omega}_p$，其介電常數 $\mathrm{Re}\{\epsilon_r(\omega)\} = 0$，$\mathrm{Im}\{\epsilon_r(\omega)\}$ 可略，即 k 很小時，光學聲子的電磁波低限頻率是 ω_p。而 $\epsilon_r(\omega_{LO}) = 0$，(7-51)式中 $\omega_{LO} = \overline{\omega}_p$ 它是電漿反射邊際頻率，即 $\omega = \omega_{LO}$ 之 $R = 0$，因此自由電子氣的 $\omega_{LO} = \omega_{TO} = \overline{\omega}_p$。$0 < \omega < \overline{\omega}_p$ 的 k 是虛數，$\mathrm{Re}\{\epsilon_r(\omega)\} < 0$，$\mathrm{Im}\{\epsilon_r(\omega)\}$ 很大，入射波會被反射($R = 1$)或強吸收，表面電漿振盪子 ω_{sp} 的介電函數 $\mathrm{Re}\{\epsilon_r(\omega_{sp})\} = -1$。電漿振盪子的介電函數與頻率的關係如圖 7-13 所示。

金屬的載子濃度約 $10^{22}\mathrm{cm}^{-3}$，其電漿振盪角頻率 $\omega_p \cong 5.64 \times 10^{15}$ sec^{-1}，波長 $\lambda_p = \dfrac{2\pi C}{\omega_p} = 3.34 \times 10^{-5}\mathrm{cm} = 3.7\ \mathrm{eV}$，故一般金屬會反射可見光，而紫外光、X光可穿透金屬。n型半導體導帶自由電子濃度若為10^{17} cm^{-3}，則電漿振盪子角頻率 $\omega_p = 1.78 \times 10^{13}\mathrm{sec}^{-1}$，其波長 $\lambda_p = 1.06 \times 10^{-2}\mathrm{cm} = 11.7\ \mathrm{meV}$ 這是屬於聲子的能量。量表面聲子 ω_s 或表面電漿子 ω_{sp} 的激態能，便可知半導體表面或界面能態的載子濃度。

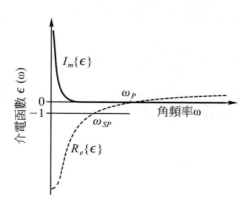

圖 7-13　電漿振盪子的介電函數與頻率關係 (2)

7-3　二維結晶學

　　晶體的表面層原則上是三維的實體,然而表面層的對稱性是二維的,因此表面結晶學用二維的週期性晶格叫元網格(unit mesh)加上基元(basis)來描述。簡單的結構中,基元是一個原子放在二維網格點上,較複雜的表面結構則基元可能是由許多原子組成,在網格點上是原子基團的質心。

　　二維晶格中所有的點都可由原點透過平移向量 $\vec{T}$ 找到

$$\vec{T} = h\vec{a}_1 + k\vec{a}_2 \dotfill (7\text{-}53)$$

$\vec{a}_1$、$\vec{a}_2$ 是二維網格的原基向量(primitive basis vector),$\vec{a}_1$、$\vec{a}_2$ 所構成的平行四邊形叫元網格,其平移群確定了表面結構的二維週期性。晶體表面的對稱操作除平移外,還有旋轉和鏡面反映,總共有十個二維點群,其符號為 1、1mm、2、2mm、3、3mm、4、4mm、6、6mm。一般給一個點群只允許某些對稱性與它共存,例如:具有 $n = 4$ 旋轉對稱的是方形網格。有限的點群限制了可能出現的原始網格種類,因此晶體表面結構只有五種二維 Bravais 網格,如圖 7-14。

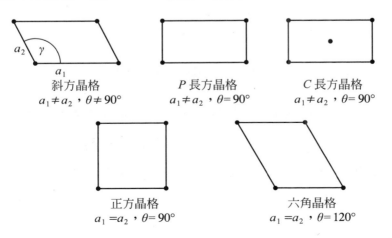

斜方晶格
$a_1 \neq a_2$,$\theta \neq 90°$

P 長方晶格
$a_1 \neq a_2$,$\theta = 90°$

C 長方晶格
$a_1 \neq a_2$,$\theta = 90°$

正方晶格
$a_1 = a_2$,$\theta = 90°$

六角晶格
$a_1 = a_2$,$\theta = 120°$

圖 7-14　二維 Bravais 晶格

若 $\vec{a}_1$、$\vec{a}_2$ 是 Bravais 二維晶格的原基向量，$\vec{a}_1^*$、$\vec{a}_2^*$ 是其倒晶格的原基向量，則

$$a_1^* = \left| \frac{2\pi(\vec{a}_2 \times \vec{n})}{\vec{a}_1 \times \vec{a}_2 \cdot \vec{n}} \right| = \frac{2\pi}{a_1 \sin\theta} \quad\text{.................................}(7\text{-}54\text{a})$$

$$a_2^* = \left| \frac{2\pi(\vec{n} \times \vec{a}_1)}{\vec{a}_1 \times \vec{a}_2 \cdot \vec{n}} \right| = \frac{2\pi}{a_2 \sin\theta} \quad\text{.................................}(7\text{-}54\text{b})$$

$\vec{n}$ 垂直於 $\vec{a}_1$ 與 $\vec{a}_2$ 的平面，θ 是 $\vec{a}_1$ 與 $\vec{a}_2$ 的夾角，倒晶格向量

$$\vec{G} = h\vec{a}_1^* + k\vec{a}_2^* \quad\text{.................................}(7\text{-}55)$$

$\vec{a}_1^*$ 與 $\vec{a}_2^*$ 之夾角 $\theta^* = \pi - \theta$，都在 $\vec{a}_1$、$\vec{a}_2$ 平面上。

$$\vec{a}_i \cdot \vec{a}_j^* = 2\pi\delta_{ij} \quad\text{.................................}(7\text{-}56)$$

$i = j$ 則 $\delta_{ij} = 1$，而 $i \neq j$ 則 $\delta_{ij} = 0$。

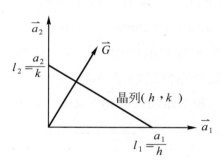

圖 7-15　$\vec{G}$垂直於(h,k)晶列

三維晶格中倒晶格向量 $\vec{G}$ 垂直於(h,k,l)平面，平面間的距離 $d = \dfrac{2\pi}{G}$。放在平行直線上的晶格點形成二維晶格中的平行晶列，假設晶列在 $\vec{a}_1$、$\vec{a}_2$ 軸的交點為 l_1、l_2，則 $\dfrac{1}{l_1} : \dfrac{1}{l_2} = h : k$ 為一組互質的整數，(h,k)表示

的不僅是一根棒(rod)而是一組相互平行的晶列系，$\vec{G}$ 垂直於$(h，k)$晶列，如圖 7-15，同一晶列系中相鄰棒列間的距離 $d = \dfrac{2\pi}{|G|}$。因此

(a) 斜方格子(P)之 $\dfrac{1}{d^2} = \dfrac{h^2}{a_1^2 \sin^2\theta} + \dfrac{k^2}{a_2^2 \sin^2\theta} - \dfrac{2hk\cos\theta}{a_1 a_2 \sin^2\theta}$ .... (7-57)

(b) 長方格子(P 與 C)之$\theta = 90°$，$\dfrac{1}{d^2} = \left(\dfrac{h}{a_1}\right)^2 + \left(\dfrac{k}{a_2}\right)^2$ .... (7-58)

(c) 正方格子(P)之$a_1 = a_2$，$\dfrac{1}{d^2} = \dfrac{h^2 + k^2}{a^2}$ .... (7-59)

(d) 六角格子之$a_1 = a_2$，$\theta = 120°$，$\dfrac{1}{d^2} = \dfrac{4}{3}\dfrac{h^2 + k^2 + hk}{a^2}$ (7-60)

7-3.1　基板晶格表面

要在基板表面上磊晶或沈積優選方向的薄膜，需先知道基板的晶體結構、晶格常數和膨脹係數，確定基板的原基向量$(\vec{a}_1，\vec{a}_2)$元網格後，即可預知薄膜層原子的晶體結構和晶格大小。

例 7-3　求面心(f,c,c)晶體(100)面基板的原基向量$\vec{a}_1$、$\vec{a}_2$。

晶格常數為 a 的立方晶體，fcc(100)面的原基向量 $\vec{a}_1 = \dfrac{a}{\sqrt{2}}[01\bar{1}]$，$\vec{a}_2 = \dfrac{a}{\sqrt{2}}[011]$，$\vec{a}_1 \perp \vec{a}_2$，$|\vec{a}_1| = |\vec{a}_2|$，如圖 7-16。

∴立方晶 f,c,c {100}面的$(\vec{a}_1，\vec{a}_2)$元網格是正方形。

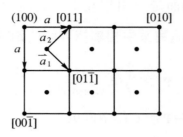

圖 7-16　f.c.c.(100)面的原基向量

　　矽晶與 GaAs 晶片都是 $(0, 0, 0)$ fcc$+\left(\dfrac{1}{4}, \dfrac{1}{4}, \dfrac{1}{4}\right)$ fcc 的鑽石結構，因此晶格常數為 a 的 $(1, 0, 0)$ 面晶片，提供正方形網格，適用薄膜材料的晶格常數 $a_1 = \dfrac{a}{\sqrt{2}}$，而薄膜的正方形結構，對晶片 $(1, 0, 0)$ 面正方晶格旋轉 45°。

例 7-4　求 f,c,c 晶體(110)面的原基向量。

　　f,c,c(110)面的原基向量 $\vec{a}_1 = a[00\bar{1}]$，$\vec{a}_2 = \dfrac{a}{\sqrt{2}}[\bar{1}10]$，$\vec{a}_1 \perp \vec{a}_2$，$a_1 = \sqrt{2}\,a_2$，如圖 7-17。

　　故 f,c,c {110}面的 $(\vec{a}_1 \cdot \vec{a}_2)$ 元網格是長方形。

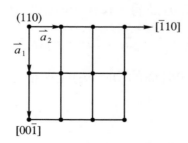

圖 7-17　f.c.c.(110)面的原基向量

例 7-5　求 f,c,c 晶體(111)面的原基網格。

$$\vec{L}_1 = o\vec{A}_2 - o\vec{A}_3 = [01\overline{1}]，\vec{a}_1 = \frac{\sqrt{2}}{2}a[01\overline{1}]$$

$$\vec{L}_2 = o\vec{A}_3 - o\vec{A}_1 = [\overline{1}01]，\vec{a}_2 = \frac{\sqrt{2}}{2}a[\overline{1}01]$$

$$\vec{L}_1 \cdot \vec{L}_2 = -1 = \sqrt{2}\sqrt{2}\cos\theta，故　\theta = 120°$$

因此 f,c,c {111} 面的$(\vec{a}_1，\vec{a}_2)$是六角形網格，如圖 7-18。

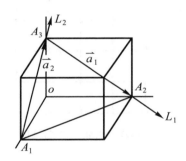

圖 7-18　f.c.c.(111)面的原基向量

晶格常數為a的$(1,1,1)$面鑽石結構晶片，提供六角形網格，可成長 HCP 結構的薄膜，薄膜的六角形邊長為$\sqrt{2}a$。

7-3.2　表面結構的 Wood 符號與疊層覆蓋率

一、表面結構的 Wood 符號

薄膜表面網格$(\vec{b}_1，\vec{b}_2)$與基板表面網格$(\vec{a}_1，\vec{a}_2)$間的關係，以兩原基向量長度比 $\frac{b_1}{a_1}$ 和 $\frac{b_2}{a_2}$ 與兩網格間的轉動角度以 R 表示。若 $\vec{b}_1$ 平行於 $\vec{a}_1$，$\vec{b}_2$ 平行於 $\vec{a}_2$ 則轉角 $R = 0$ 可省略，這種表示叫 Wood 表面結構符號：

基板平面 $\left(\dfrac{b_1}{a_1} \times \dfrac{b_2}{a_2}\right)R - $ 吸附原子 .... (7-61)

例 7-6 　鎳(100)面吸附氧的薄膜 Wood 符號為 Ni(100)(2×1) − 0

　　圖 7-19 中 Ni 基板網格點 · ，而 ⊙ 為疊層薄膜的網格點，其 Wood 表面結構符號為 P(2×1) 或 Ni(100)P(2×1) − 0。

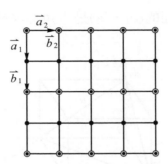

圖 7-19　Ni(100)吸附氧，表面結構為 P(2×1)

例 7-7 　硫被吸附在鎳 (100) 表面上，如圖 7-20。其表面結構為面心 C(2×2) 也可寫為 P($\sqrt{2} \times \sqrt{2}$) R45°，Wood 符號為 Ni(100) C(2×2) − S

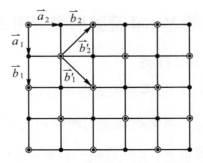

圖 7-20　Ni(100)吸附硫為 C(2×2)面心結構

例 **7-8**　f,c,c(111)面之基板是六角形網格，其沈積薄膜是六面體(HCP)結構，如圖 7-21(a)。

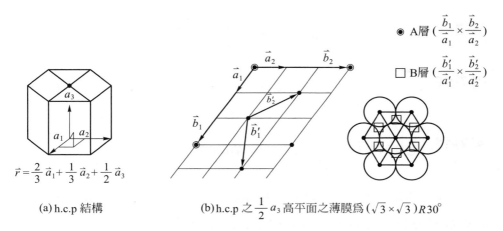

$\vec{r} = \dfrac{2}{3}\vec{a}_1 + \dfrac{1}{3}\vec{a}_2 + \dfrac{1}{2}\vec{a}_3$

(a) h.c.p 結構

(b) h.c.p 之 $\dfrac{1}{2}a_3$ 高平面之薄膜為 $(\sqrt{3}\times\sqrt{3})R30°$

● A層 $\left(\dfrac{\vec{b}_1}{\vec{a}_1}\times\dfrac{\vec{b}_2}{\vec{a}_2}\right)$

□ B層 $\left(\dfrac{\vec{b}_1'}{\vec{a}_1'}\times\dfrac{\vec{b}_2'}{\vec{a}_2'}\right)$

圖 7-21　f.c.c.(111)基板是六角形網格，其薄膜為可能是 P(3×3)，或 $(\sqrt{3}\times\sqrt{3})R30°$

圖 7-21(b)中若吸附原子排在 HCP 之底面(basal plane)，則 A 層 Wood符號為P(3×3)。若吸附原子排在HCP之 $\dfrac{1}{2}a_3$ 高之平面，則B層 $\vec{b}_1'$、$\vec{b}_2'$ 為

$$|\vec{a}_1| = |\vec{a}_2| = a，b_1'^2 = (2a)^2 + a^2 - 2(2a^2)\cos 60° = 3a^2$$
$$b_2'^2 = a^2 + a^2 - 2a^2\cos 120° = 3a^2。$$

∴其 Wood 符號為 HCP $(\sqrt{3}\times\sqrt{3})R30°$。

二、Wood 表面結構的矩陣表示法

表面網格與基板網格的關係為

$$\vec{b}_1 = s_{11}\vec{a}_1 + s_{12}\vec{a}_2，\vec{b}_2 = s_{21}\vec{a}_1 + s_{22}\vec{a}_2$$

因此 Wood 表面結構可用矩陣表示為

$$\begin{pmatrix} b_1 \\ b_2 \end{pmatrix} = \begin{pmatrix} s_{11} & s_{12} \\ s_{21} & s_{22} \end{pmatrix} \begin{pmatrix} a_1 \\ a_2 \end{pmatrix} = S \begin{pmatrix} a_1 \\ a_2 \end{pmatrix} \dotfill (7\text{-}62)$$

例 7-9 P(2×1)的 Wood 矩陣為 $S = \begin{pmatrix} 2 & 0 \\ 0 & 1 \end{pmatrix}$。

例 7-10 C(2×2)$=(\sqrt{2}\times\sqrt{2})$ R45°，其 Wood 矩陣 $S = \begin{pmatrix} 1 & 1 \\ -1 & 1 \end{pmatrix}$。

例 7-11 HCP $(\sqrt{3}\times\sqrt{3})$ R30°，其 Wood 矩陣 $S = \begin{pmatrix} 2 & 1 \\ -1 & 1 \end{pmatrix}$。

Wood 矩陣的大小 $|S|$ 就是吸附層網格與基板網格的面積比，而由 $|S|$ 可知單層薄膜的覆蓋率。薄膜與基板的網格關係為

$$\vec{b}_1 \times \vec{b}_2 = (s_{11}\vec{a}_1 + s_{12}\vec{a}_2) \times (s_{21}\vec{a}_1 + s_{22}\vec{a}_2)$$
$$= (s_{11}s_{22} - s_{12}s_{21})(\vec{a}_1 \times \vec{a}_2) = |S|(\vec{a}_1 \times \vec{a}_2)$$

因此　　$\dfrac{|\vec{b}_1 \times \vec{b}_2|}{|\vec{a}_1 \times \vec{a}_2|} = |S| = \dfrac{薄膜網格面積}{基板網格面積}$ $\dotfill (7\text{-}63)$

單層薄膜之基板覆蓋率

$$C = \frac{疊層單位面積原子數}{基板單位面積原子數} = \frac{\dfrac{1}{|\vec{b}_1 \times \vec{b}_2|}}{\dfrac{1}{|\vec{a}_1 \times \vec{a}_2|}} = \frac{1}{|S|} \dotfill (7\text{-}64)$$

例 7-12 P(2×1)之 $S = \begin{pmatrix} 2 & 0 \\ 0 & 1 \end{pmatrix}$，其大小 $|S| = 2$，其單層薄膜之基板覆蓋率 $C = \dfrac{1}{2}$。

例 7-13　$C(2 \times 2)$之$S = \begin{pmatrix} 1 & 1 \\ -1 & 1 \end{pmatrix}$，其大小$|S| = 2$，其單層薄膜之基板覆蓋率$C = \dfrac{1}{2}$。

例 7-14　HCP $(\sqrt{3} \times \sqrt{3})$ R30°之$S = \begin{pmatrix} 2 & 1 \\ -1 & 1 \end{pmatrix}$，其大小$|S| = 3$，其單層薄膜之基板覆蓋率$C = \dfrac{1}{3}$。

7-3.3　薄膜與基板的繞射圖案關係

薄膜網格$(\vec{b}_1，\vec{b}_2)$與基板網格$(\vec{a}_1，\vec{a}_2)$之關係為

$$\begin{pmatrix} \vec{b}_1 \\ \vec{b}_2 \end{pmatrix} = \begin{pmatrix} s_{11} & s_{12} \\ s_{21} & s_{22} \end{pmatrix}\begin{pmatrix} \vec{a}_1 \\ \vec{a}_2 \end{pmatrix} = S\begin{pmatrix} \vec{a}_1 \\ \vec{a}_2 \end{pmatrix}$$

且$|\vec{b}_1 \times \vec{b}_2| = |S||\vec{a}_1 \times \vec{a}_2|$，其倒晶格的繞射圖案關係為

$$\begin{pmatrix} \vec{b}_1^* \\ \vec{b}_2^* \end{pmatrix} = \begin{pmatrix} t_{11} & t_{12} \\ t_{21} & t_{22} \end{pmatrix}\begin{pmatrix} \vec{a}_1^* \\ \vec{a}_2^* \end{pmatrix} = T\begin{pmatrix} \vec{a}_1^* \\ \vec{a}_2^* \end{pmatrix} \quad \text{(7-65)}$$

而

$$\vec{b}_1^* = 2\pi \frac{\vec{b}_2 \times \vec{n}}{\vec{b}_1 \times \vec{b}_2 \cdot \vec{n}} = \frac{2\pi}{|S|} \frac{(s_{21}\vec{a}_1 + s_{22}\vec{a}_2) \times \vec{n}}{\vec{a}_1 \times \vec{a}_2 \cdot \vec{n}}$$

$$= \frac{s_{21}}{|S|}(-\vec{a}_2^*) + \frac{s_{22}}{|S|}(\vec{a}_1^*) \quad \text{(7-66a)}$$

$$\vec{b}_2^* = 2\pi \frac{\vec{n} \times \vec{b}_1}{\vec{b}_1 \times \vec{b}_2 \cdot \vec{n}} = \frac{2\pi}{|S|} \frac{\vec{n} \times (s_{11}\vec{a}_1 + s_{12}\vec{a}_2)}{\vec{a}_1 \times \vec{a}_2 \cdot \vec{n}}$$

$$= \frac{s_{11}}{|S|}(\vec{a}_2^*) + \frac{s_{12}}{|S|}(-\vec{a}_1^*) \quad \text{(7-66b)}$$

$$\begin{pmatrix} \vec{b}_1^* \\ \vec{b}_2^* \end{pmatrix} = \frac{1}{|S|} \times \begin{pmatrix} s_{22} & -s_{21} \\ -s_{12} & s_{11} \end{pmatrix} \begin{pmatrix} \vec{a}_1^* \\ \vec{a}_2^* \end{pmatrix} = \tilde{S}^{-1} \begin{pmatrix} \vec{a}_1^* \\ \vec{a}_2^* \end{pmatrix} = T \begin{pmatrix} \vec{a}_1^* \\ \vec{a}_2^* \end{pmatrix}$$

因此薄膜晶格的繞射圖案與基板晶格的繞射圖案關係

$$\tilde{S}^{-1} = \frac{1}{|S|} \begin{pmatrix} s_{22} & -s_{21} \\ -s_{12} & s_{11} \end{pmatrix} = T \text{.............................} (7\text{-}67)$$

薄膜晶格的繞射圖案與基板晶格的繞射圖案關係為 $T = \tilde{S}^{-1}$，將實際 Wood 網格關係 S 倒數後再反轉(inversion)即得繞射圖案之倒晶格關係 T。而 $\tilde{S}^{-1} = T$ 即 $S^{-1} = \tilde{T}$，又 $S \cdot S^{-1} = S \cdot \tilde{T} = 1$，故

$$\tilde{T}^{-1} = S \text{...} (7\text{-}68)$$

就是說找出薄膜晶格與基板晶格的繞射圖案關係 T，將 T 倒數再反轉就得薄膜與基板的實際晶格關係 S。

例 7-15　求 C(2×2) Wood 網格的繞射圖案關係 T。

C(2×2) Wood 網格的矩陣為 $\begin{pmatrix} b_1 \\ b_2 \end{pmatrix} = \begin{pmatrix} 1 & 1 \\ -1 & 1 \end{pmatrix} \begin{pmatrix} a_1 \\ a_2 \end{pmatrix}$

$\therefore S$ 的倒數 $S^{-1} = \dfrac{\begin{pmatrix} 1 & 1 \\ -1 & 1 \end{pmatrix}}{2} = \begin{pmatrix} \dfrac{1}{2} & \dfrac{1}{2} \\ -\dfrac{1}{2} & \dfrac{1}{2} \end{pmatrix}$

將 s_{11} 和 s_{22} 位置對調，且 s_{12} 與 s_{21} 對調後再乘負號即完成反轉操作，

則反轉 $\tilde{S}^{-1} = \begin{pmatrix} \dfrac{1}{2} & \dfrac{1}{2} \\ -\dfrac{1}{2} & \dfrac{1}{2} \end{pmatrix} = T$。

例 7-16　Te/Ni fcc(111)薄膜的 Wood 網格為 HCP($2\sqrt{3}\times2\sqrt{3}$) R30°，
求其繞射圖案 T。

$(2\sqrt{3}\times2\sqrt{3})$ R30° 之 Wood 矩陣 $S = \begin{pmatrix} 4 & 2 \\ -2 & 2 \end{pmatrix}$

$$S^{-1} = \frac{\begin{pmatrix} 4 & 2 \\ -2 & 2 \end{pmatrix}}{12} = \begin{pmatrix} \dfrac{1}{3} & \dfrac{1}{6} \\ -\dfrac{1}{6} & \dfrac{1}{6} \end{pmatrix}$$

$$\therefore\ T = \tilde{S}^{-1} = \begin{pmatrix} \dfrac{1}{6} & \dfrac{1}{6} \\ -\dfrac{1}{6} & \dfrac{1}{3} \end{pmatrix}$$

例 7-17　若 fcc(110)上的薄膜繞射圖案關係為

$$\begin{pmatrix} \vec{b}_1^* \\ \vec{b}_2^* \end{pmatrix} = \begin{pmatrix} \dfrac{1}{4} & \dfrac{1}{2} \\ -\dfrac{1}{4} & \dfrac{1}{2} \end{pmatrix}\begin{pmatrix} \vec{a}_1^* \\ \vec{a}_2^* \end{pmatrix}$$

則 $T^{-1} = \dfrac{\begin{pmatrix} \dfrac{1}{4} & \dfrac{1}{2} \\ -\dfrac{1}{4} & \dfrac{1}{2} \end{pmatrix}}{\dfrac{1}{4}} = \begin{pmatrix} 1 & 2 \\ -1 & 2 \end{pmatrix}$，薄膜與基板的 Wood 矩陣

$S = \tilde{T}^{-1} = \begin{pmatrix} 2 & 1 \\ -2 & 1 \end{pmatrix}$，即薄膜與基板的實際網格關係為 C(4×2)。

◼ 7-4 電子繞射(LEED & RHEED)

低能量電子繞射(LEED)是測定表面結構之最常用工具，如圖7-22。圖中試片可對垂直表面的軸轉動和扭動，試片前方的同心圓柵條是要濾掉自晶體表面發出的非彈性散射電子，螢光幕可直接觀察電子繞射的表面倒晶格點，法拉第杯檢測器(光度計)是要精確量散射電子束的電流強度與電子束能量的變化。電子束的波長

$$\lambda(\text{Å}) = \frac{h}{mv} = \frac{h}{\sqrt{2mE}} = \sqrt{\frac{(6.63 \times 10^{-34})^2}{2 \times 9.1 \times 10^{-31} \times 1.6 \times 10^{-19} E(\text{eV})}}$$

$$= \sqrt{\frac{150}{E(\text{eV})}} \quad \text{..} \quad (7\text{-}69)$$

入射電子能量通常是 $20 \sim 500$ eV，對應的波長在 $3 \sim 0.5$ Å。低能量電子在固體的平均自由路徑夠短，表面靈敏度較佳，尤其適合研究表面散射。

二維週期排列的表面原子對入射電子似一平面光柵，電子波在表面繞射，路程差是波長整數倍時得建設性亮點，圖7-23的Bragg反射為

$$a\cos\left(\frac{\pi}{2} - \theta\right) - a\cos\left(\frac{\pi}{2} - \theta_0\right) = n\lambda$$

a 是晶格常數、θ_0 是入射角

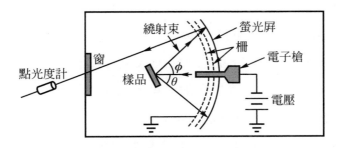

圖 7-22　LEED 構造示意圖

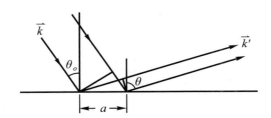

圖 7-23　低能量電子的 Bragger 繞射

$$a(\sin\theta - \sin\theta_0) = n\lambda = n\sqrt{\dfrac{150}{E(\text{eV})}}$$

$$\dfrac{2\pi}{\lambda}(\sin\theta - \sin\theta_0) = n\dfrac{2\pi}{a} \ , \ k = \dfrac{2\pi}{\lambda} \ , \ a^* = \dfrac{2\pi}{a}$$

彈性散射

$$k'\sin\theta - k\sin\theta_0 = na^*$$

或　　　$$\vec{k}'_{/\!/} - \vec{k}_{/\!/} = na^* = \vec{G}_{/\!/}$$ .... (7-70)

$G_{/\!/}$ 是二維的 G 平行表面，而三維的 $\vec{G} = \vec{k}' - \vec{k}$ 是垂直表面、且 $\theta = \theta_0$。
非彈性散射則

$$\vec{k}'_{/\!/} - \vec{k}_{/\!/} = \vec{G}_{/\!/} \pm \vec{q}_{/\!/}$$ .... (7-71)

$\hbar q_{//}$ 是聲子動量，此情況 $\theta \neq \theta_0$、$\vec{G}$ 沒垂直表面，三維 $\vec{G}$ 平行表面分量正比於聲子對電子之能量比 $\hbar\omega / E$。

　　和X射線在晶體中的繞射一樣，低能量電子對二維週期性結構的繞射也用 Eward 球的半徑等於入射波向量 $\vec{k}$ 的長度，$|\vec{k}| \propto \sqrt{E}$。球心在波向量 $\vec{k}$ 的起點，而 $\vec{k}$ 的端點在倒晶格的原點，沿 k_x 切得平行的二維倒格子棒，由球心指向棒與 Eward 球交點的徑向向量，如圖 7-24，滿足 $\vec{k}'_{//} - \vec{k}_{//} = \vec{G}_{//} = G_{20}$，若電子垂直入射晶片表面，則

$$k\sin\theta = n\frac{2\pi}{d_{hk}}$$

$$2\pi\sqrt{\frac{E(\text{eV})}{150}}\sin\theta = n\frac{2\pi}{d} = 定值 \dots\dots\dots\dots\dots\dots\dots (7\text{-}72)$$

E增大則 θ 減少，即增大入射電子能量 E，則繞射亮點距離較靠近。若低能量電子受表面幾層原子散射，出現高次繞射束增多，則垂直表面的第三維 Laue 繞射使棒上繞射點變粗，Eward 球與網格棒列交點，有如圖 7-25 的(3 0)強反射點和($\bar{3}$ 0)的弱反射點。

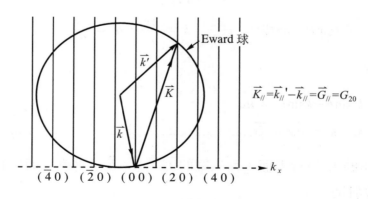

$$\vec{K}_{//} = \vec{k}_{//}' - \vec{k}_{//} = \vec{G}_{//} = G_{20}$$

($\bar{4}$0)　($\bar{2}$0)　(00)　(20)　(40)

圖 7-24　二維繞射 Eward 球

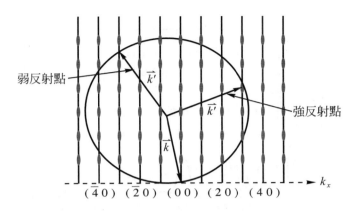

圖 7-25　低能量電子受多層原子散射，則垂直表面的第三維繞射，使繞射點變粗

　　低能量電子繞射圖形是表面結構倒格子的直接映像，由表面倒格子 G 可決定表面原子二維週期性，得網格的大小與形狀，但不知表面層與基底原子間的距離，和原子的相關位置。例如在(001)面上形成 C(2×2) 結構時，表層對基底原子有圖 7-26 的四種不同位置，圖中白色是基底原子、黑色是覆蓋原子，(a)表層原子與基底四個原子接觸，它在配位數為四的位置上，(b)表層原子在基底二個原子上，其配位數為二，(c)表層原子正好在基底原子上方是一度配位位置，(d)表層原子置換基底原子(重構或合金)為一度配位。若基底是 HCP 或 f.c.c 的(111)表面，則表層原子可能在配位數三的位置。

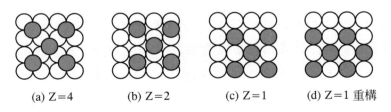

(a) Z＝4　　　(b) Z＝2　　　(c) Z＝1　　　(d) Z＝1 重構

圖 7-26　相同表面結構但與基板的配位數 Z 可能不同

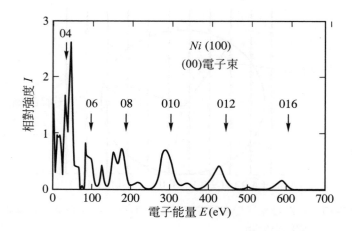

圖 7-27　由 LEED 繞射譜線決定表面原子位置 (2)

　　表層與基板頂層原子的間距取決於表層原子的位置，為了決定表面網格中原子的位置，需分析固定入射電子束的方位角下，所測定某幾級繞射束的強度隨電子束能量變化的低能量電子繞射譜，如圖 7-27。在 LEED 電子能量範圍，電子在晶體僅走 4～20 Å 的平均自由路徑。慢速電子與原子的散射截面較大，易非彈性碰撞和多重散射損耗能量，致電子偏離 Bragg 的繞射方向，使繞射強度光譜散開，在高溫下量測繞射譜會散更開，因聲子對電子的能量比 $\hbar\omega/E$ 較大。

　　反射式高能量電子繞射(RHEED)亦可量表層的晶列間距 d_{hk}，但電子應以低掠角(grazing angle)入射，如圖 7-28，否則高能量電子與表面原子作用太深，表面量測的靈敏度很低。高能量電子的 k 很大，其 Eward 球面幾乎是平面，它與倒格子棒接觸不是點而是線，故繞射波在屏幕上 G_{hk} 為亮線。已知電子束波長 λ、轉動晶格面角度 θ，則繞射亮線改變 2θ，$2\theta = \tan^{-1}\dfrac{l}{L}$，量得 θ 由 $2d_{hk}\sin\theta = n\lambda$ 可知 d_{hk}。

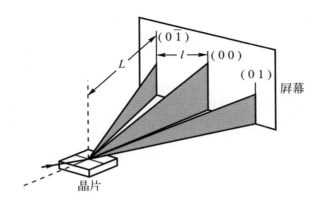

圖 7-28　RHEED 繞射示意圖

　　由 LEED 繞射量 I-E 繞射譜散開的角度，可判斷薄膜的結晶性，此薄膜有小晶粒(grainular 或 islands)則晶粒較小時繞射亮點較粗，晶粒長大則繞射譜變細，角度一致繞射強度較強。在某結晶方向的薄膜晶粒成長中，量定溫下之平均晶粒大小與時間關係，可得此薄膜沈積過程的活化能。薄膜上若有不規則晶域(domain)或相變化，如由 $P(1\times2)$，變成 P(2×1)，在晶域邊界處 $\theta = 0$，故可知不同相的區域，由相變化溫度可知薄膜進行相變的熱焓。

　　LEED 和 RHEED 的電子束入射晶體表面時，不同點的電子束有一定的熱能寬度 ΔE，和一定的空間不準度(角寬度)2β，實際上到達表面的電子是由稍微不同能量、不同方向的波混成的，致原電子束偏離了理想平面波。在相干長度(coherent length)以內的表面原子能夠被認為是被一簡單平面波照射，若在表面上的兩入射點相距大於相干長度，則散射波相位差太大無法產生繞射。因 LEED 和 RHEED 都有一定的相干長度，在表面上能得到的長程有序程度的資訊就有限，改善電子光學系統，增

大相干半徑 $\Delta r_c = \dfrac{2\pi}{\Delta k} = \dfrac{\lambda}{2\beta \sqrt{1 + \left(\dfrac{\Delta E}{2E}\right)^2}}$ ，即可用電子繞射實驗研究晶

體表面的長程有序程度。

　　觀察 LEED 或 RHEED 的薄膜表面繞射圖案，可知薄膜沈積過程的
結晶形態，相干長度需大於數百Å，其繞射圖案才較清淅，清淅圖案表
示晶格有序。RHEED的二維彈性散射顯出條狀繞射圖案，其第三維Laue
繞射被限制，表示薄膜是層狀生長。若薄膜發生島狀生長，則第三維
Laue繞射使RHEED繞射圖案爲點狀而非條狀。

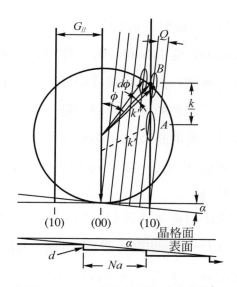

圖 7-29　小平面原子台階造成表面與晶格面間有傾角 α (2)

　　相轉移區有表面結晶缺陷，或規則的原子台階(steps)排列，如圖
7-29，台階式小平面(facet)造成表面與晶格面間有傾角 α，致使繞射光
點分裂爲二、圖中台階高度 d，兩台階間的平台上有 N 個原子，其晶格
常數爲 a，晶格面的二維倒晶格向量爲 $G_{/\!/}$，小平面的倒晶格 $Q = 2\pi/Na$，

Q 週期性而傾斜地重疊在 Eward 球上，Eward 球與倒晶格棒相交即有 Bragg 繞射光點，圖上 B 處薄膜表面和晶格面的倒晶格棒與 Eward 球交於不同點，導致有二個分開的亮點，對球心亮點分開 $d\phi$ 角度。入射波向量 $\vec{k}$、散射波方向 $\vec{k''}$，兩亮點在 Eward 球上分開的弧長 $dS = k'd\phi$，小平面的晶格週期 $Q = dS\cos\phi$，故

$$d\phi = \frac{Q}{k'\cos\phi} = \frac{Q}{k\cos\phi} = \frac{\lambda}{Na\cos\phi} \dots\dots\dots\dots\dots\dots\dots\dots (7\text{-}73)$$

因此已知入射電子能量，在 $2\pi/\lambda$ 半徑的 Eward 球上 ϕ 角處量繞射點分裂為兩光點的 $d\phi$ 角，即可求得台階的長度 Na。

　　電子垂直入射基板，則表面的(00)繞射亮點在 LEED 繞射屏幕的中心，電子能量增大時，其他倒晶格棒的亮點會向(00)亮點靠近。入射電子能量 E' 時，表面和晶格面的倒晶格棒交於 Eward 球的 A 點，電子能量增大為 E'' 時，兩棒交 Eward 球於 B 處分裂為二光點，在同一 $G_{//} = G_{hk}$ 棒上調 E' 至 E''，量其波向量變化 $\underline{k}$ 即可求台階高度 d。由圖 7-28，小平面的傾角 α 為

$$\frac{Q/2}{\underline{k}} = \frac{2\pi}{2\underline{k}Na} = \sin\alpha \cong \tan\alpha = \frac{d}{Na} \dots\dots\dots\dots\dots\dots\dots (7\text{-}74)$$

即　　　$2\underline{k} = \frac{2\pi}{d}$

或　　　$2d = \frac{2\pi}{\underline{k}} = n\lambda_n \dots\dots\dots\dots\dots\dots\dots\dots\dots\dots\dots\dots\dots\dots (7\text{-}75)$

改變電子能量使 $G_{//} = 0$ 的 LEED(00)各棒亮點維持不變，則

$$d^2 = \frac{n^2}{4}\frac{150}{E_n(00)(\text{eV})} \dots\dots\dots\dots\dots\dots\dots\dots\dots\dots\dots (7\text{-}76)$$

調 A 都不分裂的 $E_n(00)$ 能量即可求得台階高度 d。

▣ 7-5 拉塞福(Rutherford)反向散射光譜儀 (RBS)

RBS 和 SIMS 都是以離子撞試片後分析其散射粒子的能量、動量變化情形。圖 7-30 假設一離子質量 m_1、速度 v，入射試片上的靜止原子、其質量為 m_2，碰撞後的散射角為 θ，m_2 的回跳角 ϕ，則

$$\frac{1}{2}m_1v^2 = \frac{1}{2}m_1v_1^2 + \frac{1}{2}m_2v_2^2 \quad\text{...........} (7\text{-}77)$$

且
$$m_1v = m_1v_1\cos\theta + m_2v_2\cos\phi \quad\text{...........} (7\text{-}78a)$$
$$0 = m_1v_1\sin\theta - m_2v_2\sin\phi \quad\text{...........} (7\text{-}78b)$$

消去 ϕ 和 v_2 可得到

$$\frac{v_1}{v} = \frac{[\pm(m_2^2 - m_1^2\sin^2\theta)^{1/2} + m_1\cos\theta]}{m_1 + m_2}$$

一般 $m_2 > m_1$，則離子被散射後的能量比

$$K = \frac{E_1}{E_0} = \left[\frac{(m_2^2 - m_1^2\sin^2\theta)^{1/2} + m_1\cos\theta}{m_1 + m_2}\right]^2 \quad\text{...........} (7\text{-}79)$$

反向散射 $\theta = 180°$，則

$$\frac{E_1}{E_0} = \left(\frac{m_2 - m_1}{m_2 + m_1}\right)^2 \;,\; \frac{E_2}{E_0} = \frac{4m_1m_2}{(m_2 + m_1)^2}$$

若靶的原子有同位素，其質量 Δm_2 產生之 ΔE_1 在 $\theta = 180°$ 時最大，因此 RBS 的偵測器都放在 $\theta \cong 170°$ 處(需偵測器大小不擋入射線)。解析被散射質點的微小能量差 ΔE_1 是讓反向散射離子打到逆偏壓的 Au-Si 二極體偵測器，由放大器顯示電壓脈衝，脈衝能量直接校正為頻道數，經多頻道分析儀顯示不同元素的能譜，其 FWHM 約 15 keV，它所

收集的散射離子數叫反向散射產量 Y，其值與入射離子總數 Q，試片的原子密度 N_s (原子/cm²)，產生散射的截面 $\sigma(\theta)$ 和散射至偵測器的立體角 Ω 的關係為

$$Y = QN_s\sigma(\theta)\Omega \text{...(7-80)}$$

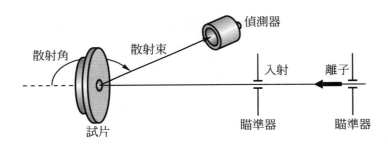

(a) RBS 光譜儀示意圖

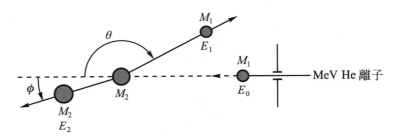

(b) RBS 之動量守恆關係

圖 7-30　拉塞福反向散射

圖 7-31 中，入射離子受 O 點的靜止原子核的中心力作用

$$\vec{\tau} = \vec{r} \times \vec{F} = \frac{d\vec{L}}{dt} = 0 \text{...(7-81)}$$

其庫倫力 $\vec{F} = \dfrac{1}{4\pi\epsilon_0}\dfrac{z_1 z_2 e^2}{r^2}$，其角動量 $\vec{L}$ 守恆

$$m_1 v b = m_1 r^2 \frac{d\phi}{dt} \quad\text{...} (7\text{-}82)$$

b 是碰撞參數，則此散射產生的動量變化

$$\Delta \vec{p} = \int dp_{1z'} = \int F\cos\phi\, dt = \int F\cos\phi\, \frac{dt}{d\phi}\, d\phi$$

$$\Delta \vec{p} = \frac{z_1 z_2 e^2}{4\pi\epsilon_0 r^2} \int \cos\phi \frac{r^2}{vb}\, d\phi = \frac{z_1 z_2 e^2}{4\pi\epsilon_0 vb}(\sin\phi_2 - \sin\phi_1) \quad\text{.............} (7\text{-}83)$$

$\phi_1 = -\phi_0$、$\phi_2 = \phi_0$ 且 $2\phi_0 + \theta = 180°$，故

$$\sin\phi_2 - \sin\phi_1 = 2\sin\left(90° - \frac{\theta}{2}\right) = 2\cos\frac{\theta}{2}$$

圖 7-30(b)中

$$\frac{\frac{1}{2}\Delta p}{m_1 v} = \sin\frac{\theta}{2}$$

$$\therefore \Delta p = 2m_1 v \sin\frac{\theta}{2} = \frac{z_1 z_2 e^2}{4\pi\epsilon_0 vb} 2\cos\frac{\theta}{2}$$

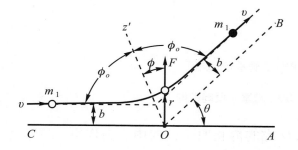

(a) 入射離子受中心力作用，角動量守恆

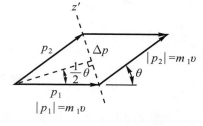

(b) 中心力作用下產生之動量變化

圖 7-31　m_1離子以碰撞參數b入射原子核

故

$$b = \frac{z_1 z_2 e^2}{4 \pi \epsilon_0 m_1 v^2} \cot \frac{\theta}{2} = \frac{\dfrac{z_1 z_2 e^2}{4 \pi \epsilon_0}}{2 E_0} \, cot \frac{\theta}{2} \quad \cdots\cdots\cdots\cdots\cdots \text{(7-84)}$$

碰撞參數 b 與碰撞截面 $\sigma(\theta)$ 的關係如圖 7-32，$2 \pi b \, db = -\sigma(\theta) 2 \pi$ $\sin \theta d\theta$，負號乃增大碰撞參數 b，則散射角 θ 減小，故碰撞截面

$$\sigma(\theta) = \frac{-b}{\sin \theta} \frac{db}{d\theta} = \left(\frac{\dfrac{z_1 z_2 e^2}{4 \pi \epsilon_0}}{2 E_0} \right)^2 \frac{1}{\sin^4 \left(\dfrac{\theta}{2} \right)} \quad \cdots\cdots\cdots\cdots\cdots\cdots \text{(7-85)}$$

其實被撞的原子並非靜止而會回跳，兩粒子都受中心力散射，m_1 對 m_2 以折合質量 (reduce mass) $\mu = \dfrac{m_2 m_1}{m_2 + m_1}$ 散射，質心系散射角 θ_c 與慣性系 散射角 θ 的關係如圖 7-33，$\tan \theta = \dfrac{\sin \theta_c}{\cos \theta_c + \dfrac{m_1}{m_2}}$，碰撞截面將被修正為

$$\sigma(\theta) = \left(\frac{z_1 z_2 e^2}{2 E_0 4 \pi \epsilon_0} \right)^2 \frac{4}{\sin^4 \theta} \frac{\left\{ \left[1 - \left(\dfrac{m_1}{m_2} \sin \theta \right)^2 \right]^{1/2} + \cos \theta \right\}^2}{\left[1 - \left(\dfrac{m_1}{m_2} \sin \theta \right)^2 \right]^{1/2}} \quad \cdots\cdots \text{(7-86)}$$

若 $m_2 \gg m_1$，以級數展開則

$$\sigma(\theta) = \left(\frac{z_1 z_2 e^2}{2 E_0 4 \pi \epsilon_0} \right)^2 \left(\frac{1}{\sin^4 \dfrac{\theta}{2}} - 2 \left(\frac{m_1}{m_2} \right)^2 + \cdots\cdots \right) \quad \cdots\cdots\cdots\cdots \text{(7-87)}$$

α 粒子打重元素時庫倫力被電子屏蔽多，在散射體後方存在陰影錐，錐內沒有散射發生，則散射截面應修正為 $\sigma = \sigma(\theta) F$，而 Fermi-Thomas 屏蔽因子為 $F = 1 - \dfrac{0.049 z_1 z_2^{4/3}}{E_0(\text{keV})}$。低能量入射離子的錐影較寬，電子屏蔽的修正因子 F 較小，高能量入射離子產生散射錐影較窄，$F \cong 1$。

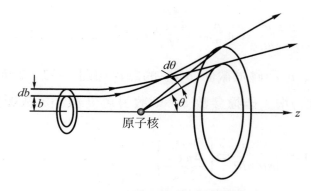

圖 7-32　碰撞參數b與碰撞截面關係

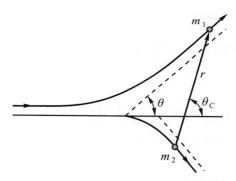

圖 7-33　慣性系散射角與質心系散射角關係

　　離子在非晶形的原子層內，離子不定向受原子散射，產生散射的原子很多，其散射強度很高且寬平。若入射離子對準單晶晶軸方向，則離子被導在晶體的晶格原子間發生穿隧效應，可以植入晶片很深。而穿隧離子僅打到前兩原子層的原子時有表面散射峰，穿隧離子沒受到較深層原子的核阻力散射，晶體內部的散射強度很低。若摻雜物是在晶格的置換位置，則摻雜物與基材原子的 RBS 都在穿隧方向附近($\Delta\theta\cong0$)散射強度最低。若雜質是插在晶隙(interstitial)位置，則基材原子在穿隧方向附近的 RBS 散射強度最低，而摻雜物在 $\Delta\theta \cong 0$ 的散射強度最高。若入射離子對試片表面做二次對準，最初以穿隧方向入射，再改入其他方向入射且調到表面阻擋最低時，比較二次最高散射強度的差異，可得到表面重構或表面弛緩或表面吸附的資訊。

　　離子碰撞試片原子其能量可能損失於與原子核作用，也可能損失於與電子作用，MeV 的 H、He 輕離子以電子散射為主。快速碰撞的離子能量突然傳給靜止原子的電子，速率愈快則碰撞時間愈短、散射截面愈小。而慢速碰撞則發現停止截面 ϵ 正比於離子速率，速率快慢的準則是與氫原子的Bohr電子速率 v_0 比較，$v_0 = \dfrac{\hbar}{ma_0} = \dfrac{C}{137} = 2.19 \times 10^8 \text{cm/sec}$，$n = 1$ 的 Bohr 原子半徑 $a_0 = 0.529$ Å。離子速率 $v \gg v_0$ 叫快速碰撞，而 $v \geq v_0$ 的離子停止截面最大，定義停止截面 $\epsilon = \dfrac{1}{N}\dfrac{dE}{dx}$，$N$ 是被撞試片的原子密度(cm^{-3})，若此試片為 $A_m B_n$ 化合物，則 Bragg 的法則是

$$\epsilon^{A_m B_n} = m\epsilon^A + n\epsilon^B \dotfill (7\text{-}88)$$

例 7-18　圖 7-34 以 2 MeV 的氦離子打 SiO_2 得停止截面 $\epsilon^0 = 36 \times 10^{-15}$ eV-cm^2，$\epsilon^{Si} = 50 \times 10^{-15}$ eV-cm^2，$\epsilon^{SiO_2} = \epsilon^{Si} + 2\epsilon^O = 122 \times 10^{-15}$ eV-cm^2，$N_{SiO_2} = 2.3 \times 10^{22} \text{cm}^{-3}$，故氦離子在$SiO_2$之能量損失梯度 $\dfrac{dE}{dx} = N\epsilon^{SiO_2} = 28.1$ eV/Å

圖 7-35 中能量 E_0 的入射離子在薄膜走厚度 t 之能量損失

$$\Delta E_{in} = \int_0^t \frac{dE}{dx}dx \cong \left.\frac{dE}{dx}\right|_{in} t \dotfill (7\text{-}89)$$

在 t 深度處之能量

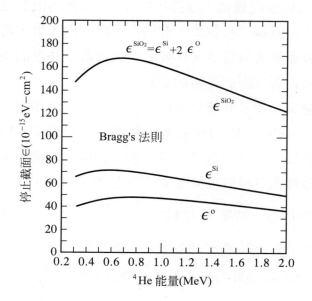

圖 7-34　停止截面的 Bragg 法則

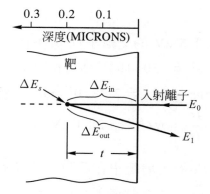

圖 7-35　入射離子自薄膜厚度 t 散射出來之能量

$$E(t) = E_0 - \Delta E_{in} = E_0 - t\frac{dE}{dx}\bigg|_{in} \quad\text{............................}(7\text{-}90)$$

在 t 處被原子散射損失能量後穿出薄膜時之能量

$$E_1 = KE(t) - \frac{t}{|\cos\theta|}\frac{dE}{dx}\bigg|_{0\,ut}$$

$$= KE_0 - t\left(K\frac{dE}{dx}\bigg|_{in} + \frac{1}{|\cos\theta|}\frac{dE}{dx}\bigg|_{0\,ut}\right)\text{............................}(7\text{-}91)$$

則離子經膜厚 Δt 的 RBS 能量寬

$$\Delta E = KE_0 - E_1 = \Delta t\left(K\frac{dE}{dx}\bigg|_{in} + \frac{1}{|\cos\theta|}\frac{dE}{dx}\bigg|_{0\,ut}\right)$$

$$\cong \Delta t\left(K\frac{dE}{dx}\bigg|_{E_0} + \frac{1}{|\cos\theta|}\frac{dE}{dx}\bigg|_{KE_0}\right)\text{............................}(7\text{-}92)$$

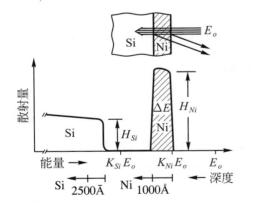

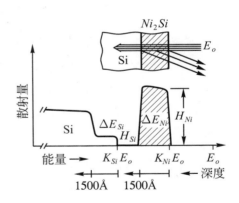

(a) H_e^{++} 經 1000Å Ni 薄膜的 RBS 能寬　　(b) 由 RBS 能寬得知 Ni 薄膜與Si 基板間之擴散深度

圖 7-36　矽晶片上沉積 1000Å 之 Ni 薄膜 (6)

(7-80)式之散射量為 $Y = Q\sigma(\theta)\Omega N_S\Delta t$，RBS 的散射角 $\theta \approx 180°$，得 RBS 的散射縱深分布

$$Y(t) = \left(\frac{z_1 z_2 e^2}{4\pi \epsilon_0 \cdot 2E(t)} \right)^2 Q\Omega N_S \Delta t \dots\dots\dots\dots\dots\dots\dots (7\text{-}93)$$

$K = \frac{E_1}{E_0} \cong \left(\frac{m_2 - m_1}{m_2 + m_1} \right)^2$，由 $Y(t)$-E 圖的各元素 K 值，可知試片內含什麼不純物，量該元素RBS的 ΔE 值，可知它被布植在表面多深處。

例 7-19　圖 7-36(a)是矽晶片沈積 1000 Å 鎳薄膜，以 $E_0 = 2$ MeV 的 He^{++}離子做 RBS 散射，量得 $K_{Ni} = 0.76$，$K_{Si} = 0.57$，查 2 MeV的鎳停止截面 $\epsilon_{Ni} = 70.04 \times 10^{-15}$ eV-cm^2，原子密度 $N_{Ni} = 9.08 \times 10^{22}$cm^{-3}，故離子在Ni薄膜的能量損失梯度 $\frac{dE}{dx} = N\epsilon = 64$ eV/Å

He^{++} 離子經 1000 Å 達 Ni-Si 界面，自界面散射之能量損失為 $0.76(2000 - 64) = 1472$ keV，查 1472 keV 之 $\epsilon_{Ni} = 75.78 \times 10^{-15}$ eV-cm^2，其 $\frac{dE}{dx} \approx 69$ eV/Å，跑出表面的能量為 1403 keV。He^{++} 離子經 1000 Å 在 Ni 薄膜散射損失的 RBS 能寬 $\Delta E = 1000(0.76 \times 64 + 69) = 118$ keV。

圖 7-36(b)是 Ni 薄膜與 Si 基板間互擴散產生 Ni$_2$Si 化合物，H_{Ni} 降低且 ΔE_{Ni} 深度變寬，而Si增加擴散階梯 H_{Si} 和 ΔE_{Si}，由 ΔE_{Si} 寬度可知 Si 在 Ni 的擴散深度。

7-6　二次離子質譜儀 (SIMS)

　　二次離子質譜儀的基本裝置為自離子源來的離子束，入射至超高真空(10^{-10} torr)的試片表面產生濺射，調整光學系統，使濺射出來的粒子經四極能量分析器和質譜儀(QMS)，如圖 7-37，將不同電性、不同質量的二次離子分開後，分別被偵測器收集，表現為靜態二次離子質譜圖，或動態縱深二次離子質譜圖，或影像二次離子質譜圖等。而離子源系統包含離子產生腔，離子加速器，和在超高眞空中選擇離子質量、能量的四極透鏡系統和質譜儀，得到特定質量、能量、強度、均勻度和半徑的一次離子，然後經離子方向控制板進入試片的超高眞空室。

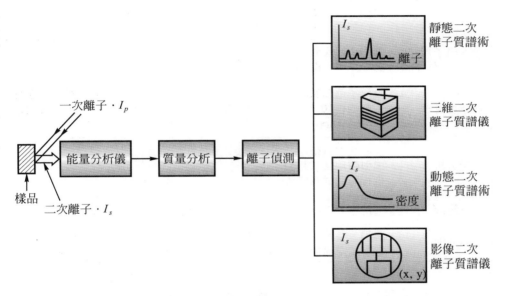

圖 7-37　二次離子質譜儀架構

　　入射試片的一次離子，可能在試片進行離子佈值，也可能與內部原子一連串碰撞產生濺射脫離試片表面，而被濺射出來的的粒子絕大部分是中性不帶電粒子，少部分帶電的離子叫二次離子，SIMS 就是將這些不同電性，不同質量的二次離子分開後做多種定性和定量分析。二次離子質譜儀常見的操作條件如表 7-1 所示。較低撞蝕率的低能量，低強度的一次離子，常用於薄膜和表面分析，減少對樣品的破壞，以得到較佳的縱深解析度。

表 7-1　二次離子質譜儀常用的操作條件 (3)

一次離子種類	Ar^+、Xe^+、O_2^+、Cs^+、Ga^+…等
一次離子能量	0.1～20 keV；可高至 100 keV
一次離子強度	靜態二次離子質譜術： 　弱強度 $< 1 \times 10^{-9}$ Acm^{-2} 動態二次離子質譜術： 　高強度 $> 1 \times 10^{-6}$ Acm^{-2}
一次離子尺寸 (以半徑而言)	對 Ga^+ 可低至 20nm； 對 O_2^+、Ar^+ 和 Cs^+ 則可從 100nm 到 1nm。
真空度需求	以原子態二次離子質譜術分析乾淨的表面需 10^{-10} torr；對分子態離子則約為 10^{-6} torr(但若是用在分析樣品最表層的化學分子組成則也需 10^{-10} torr)
質量分析儀	四極式質譜儀 扇型磁場式質譜儀 飛行時間式質譜儀
質量範圍	通常小於 2000amu；用 TOF-MS 則可大於 20,000amu
樣品型態	薄膜、整體固態物質、擠壓的薄片、冷凍基質、固態基質、非導體通常需做電荷補償(charge compensation)處理。

入射離子碰撞試片原子，受核阻力的能量損耗 $\left.\dfrac{dE}{dx}\right|_n = N \cdot S_n(E_0)$，$N$ 是試片原子密度，E_0 為離子入射能量，被撞原子有 γ 比例向後回跳，其值與靶材質量對離子質量比 m_t/m_i 有關，回跳的原子可克服表面能障之原子數 $\dfrac{0.042}{NU_0}$(Å/eV)，U_0 是表面束縛能，則產生濺射之產額為

$$Y(E) = \gamma N S_n(E_0) \frac{0.042}{NU_0} \quad\text{.................................(7-94)}$$

入射離子的碰撞截面積為

$$\sigma(\theta) = \left(\frac{z_1 z_2 e^2}{4\pi \epsilon_0 \cdot 2E_0} \right)^2 \frac{1}{\sin^4 \frac{\theta}{2}} \quad\text{...} (7\text{-}95)$$

入射離子的電流密度爲 j_i，則入射離子數爲 $j_i \times 6.25 \times 10^{18} \sigma(\theta) dt$，若濺射產生率爲 Y，則自表面濺射出的粒子數

$$-dN(t) = Y \cdot j_i \cdot 6.25 \times 10^{18} \cdot \sigma(\theta) dt \quad\text{...} (7\text{-}96)$$

　　入射離子電流密度低於 10^{-9} A/cm^2 則每秒移除原子層很少，爲非破壞性靜態 SIMS 成分分析。若電流密度大於 10^{-6} A/cm^2，一般用來做縱深分布分析，在濺蝕時間內不只記錄一層質量信號，高質量、低能量的一次離子和高入射角可得到較佳的縱深解析度。相反的，高濺射速率使偵測器混有多原子層質量，其縱深解析度較差。入射離子電流爲 I_i，質量 M 的單層覆蓋度 θ_M，二次離子通過QMS的傳輸率 T，濺射時自表面射出的粒子有中性原子、中性分子、有帶正電離子、帶負電離子等，合計有 α 比例是帶電的二次離子，$\alpha(E, \Omega)$ 是二次離子游離率。二次離子進入偵測器的角度和能量爲 Ω 與 E，QMS 能量過濾器的立體角和能寬分別爲 $\Delta\Omega$ 與 ΔE，則二次離子電流爲

$$I = I_i Y T \alpha(E, \Omega) \Delta E \cdot \Delta\Omega \quad\text{...} (7\text{-}97)$$

　　二次離子質譜儀有下列優點：①偵測極限可達 ppma 至 ppba，可達 10^6 偵測濃度範圍，②可偵測週期表上所有元素、可區分同位素，③縱深解析可達 1～5 nm，④側向解析度達 20 nm～ 1μm，⑤可用標準品及相對感度因子(relative sensitivity factor，RSF)作定量分析，⑥可分析導電性不佳物體，⑦可得到分子的化學組態。但二次離子分析常受限於：(1)質量干擾(2)二次離子產生率受基質影響差異很大(3)需各種標準品來做定量分析(4)試片表面需平坦(5)屬破壞性分析(6)分析導電性不良的試片需

做電荷補賞。來自一次離子或濺出的二次離子和電子都會造成分析上的失真，電荷補賞可在試片表面鍍碳或金屬導電材質，此法會使樣品表面的化學性質失真較不適用。也可藉改變 SIMS 儀器操作條件做補賞，如對帶正電荷的二次離子，可在試片上方放一金屬柵，利用經過一次離子碰撞產生的低能量電子補賞多餘的正電荷。至於對負電荷的二次離子則可用近乎零能量的電子束和一次離子束同步掃描整個測試區以達到平衡電荷的目的。排除質量干擾可利用同位素的自然含量分布來解析，若監測的兩同位素分布情形與自然含量分布不同時，表示有干擾存在。例如在矽晶片的靜態二次離子質譜圖中，在 31amu 處有一小峰存在應是矽同位素 $^{30}Si^1H$ (30.981597amu)離子，如果 $^{28}Si^1H$ 與 $^{30}Si^1H$ 的分佈與自然含量不同，表示可能有 ^{31}p 存在。若有 ^{31}p(30.973763amu)干擾存在，則需將質譜儀之解析度 $\frac{M}{\Delta M}$，設定在 $\frac{31}{(30.981597-30.973763)} = 3957$，方能分離 $^{30}Si^1H$ 與 ^{31}p。

　　正離子是原子某能階有空位，若試片表面電子之束縛能恰與此離子之電子空位相同能階，則表面電子易穿隧填入離子能階，而以中性原子振出表面。做 SIMS 分析時常通氧氣撞擊試片，易使中性原子或分子在表面釋放電子產生 O^{-1} 或 O^{-2} 被抽走而以正離子濺出表面。提供表面氧化層能障，減少電子穿隧致中性化機率，故明顯提高二次正離子數量。二次正離子的產率與濺出原子的游離能成反比，例如 Na、Al 等正離子產率相當高，很容易被偵測到， 通常以O_2^+離子投射試片或試片表面有氧氣，因它易抓電子故可大幅提高正離子產率。而負離子產率與濺出原子的電子親和能成正比，例如 C、O、P 的負離子產率很高 。通常以 Cs⁺ 離子投射試片，在濺射過程中試片表面的中性原子因有Cs⁺正離子而易丟電子，因此提高負離子的離子化率。若元素的親和能很小(<

0.3 eV)時不易形成負離子，當元素有高游離能(＞9 eV)時不易形成正離子，分子離子可用來改善元素的偵測極限。低親和能的元素如C、N等，偵測分子離子如CM^-，M是基質元素。高游離能的元素如Zn、Cd、Hg等，則偵測$ZnCs^+$可提高偵測靈敏度。

　　因二次離子質譜分析時，監測離子物種的選擇決定於待測元素種類、偵測極限、偵測靈敏度和動態範圍等考量，相互配合偵測極限與靈敏度方能達到最大的動態範圍，因為有較佳靈敏度的元素，其偵測極限常較差。表 7-2 摘錄常見的待測元素之最佳偵測建議，可做為選擇監測離子及儀器設定時之參考。

表 7-2　常見待測元素的偵測建議 (5)

原子序	元素	一次離子	偵測離子	建議事項
1	H	Cs^+	H^-	$^2H^-$，若為離子植入
3	Li	O_2^+	Li^+	
4	Be	O_2^+	Be^+	在 AlGaAs(Al^{3+})，用高解析質譜儀
5	B	O_2^+	B^+	B^-，若一次離子為 Cs^+
6	C	Cs^+	C^-或	CM^-較佳；^{13}C，若為離子植入
7	N	Cs^+	NM^-或	N^+若一次離子為 O_2^+；^{15}N，若為離子植入
8	O	Cs^+	O^-	^{18}O，若為離子植入
9	F	Cs^+	F^-	
11	Na	O_2^+	Na^+	
12	Mg	O_2^+	Mg^+	
13	Al	O_2^+	Al^+	Al^-，在 AlGaAs，若一次離子為 Cs^+
14	Si	Cs^+	Si^-	^{30}Si，若為離子植入，如在 GaAs
15	P	Cs^+	P^-或	$PM^{-(+)}$，在 Si 中(^{30}SiH 干擾)用高解析質譜儀
17	Cl	Cs^+	Cl^-	

表 7-2　常見待測元素的偵測建議 (續) (5)

原子序	元素	一次離子	偵測離子	建議事項
19	K	O_2^+	K^+	
20	Ca	O_2^+	Ca^+	
22	Ti	O_2^+	Ti^+或	Ti^-，若一次離子為 Cs^+
23	V	O_2^+	V^+或	W^-，若一次離子為 Cs^+
24	Cr	O_2^+	Cr^+	
26	Fe	O_2^+	Fe^+	在 Si 中($^{28}Si^{28}Si$干擾)用高解析質譜儀；^{54}Fe，若為離子植入
27	Co	O_2^+	Co^+	在 Si 中($^{29}Si^{30}Si$干擾)用高解析質譜儀
28	Ni	O_2^+	Ni^+或	在 Si 中($^{28}Si^{30}Si$干擾)用高解析質譜儀；Ni^-，若一次離子為 Cs^+
29	Cu	O_2^+	Cu^+或	Cu^-，若一次離子為 Cs^+
30	Zn	O_2^+	Zn^+或	$ZnCs^+$，若一次離子為 Cs^+
31	Ga	O_2^+	Ga^+或	
33	As	Cs	AsM^-或	As^-用高解析質譜儀，在 Si 中調整電壓
38	Sr	O_2^+	Sr^+	
39	Y	O_2^+	Y^+	
40	Zr	O_2^+	Zr^+	
41	Nb	O_2^+	Nb^+	
46	Pd	O_2^+	Pd^+或	Pd^-，若一次離子為 Cs^+
47	Ag	O_2^+	Ag^+或	Ag^-，若一次離子為 Cs^+
48	Cd	O_2^+	Cd^+或	$CdCs^-$
50	Sn	O_2^+	Sn^+或	Sn^-，若一次離子為 Cs^+
51	Sb	Cs	Sb^-或	SbM^-
55	Cs	O_2^+	Cs^+	

表 7-2　常見待測元素的偵測建議(續) (5)

原子序	元素	一次離子	偵測離子	建議事項
56	Ba	O_2^+	Ba^+	在 GaAs 中用高解析質譜儀，或調整電壓
57	La	O_2^+	La^+	
74	W	O_2^+	W^+	
78	Pt	Cs^+	Pt^-	
79	Au	Cs^+	Au^-	
80	Hg	O_2^+	Hg^+或	$HgCs^+$，若一次離子為 Cs^+
81	Tl	O_2^+	Tl^+	
82	Pb	O_2^+	Pb^+	在 GaAs 中用高解析質譜儀，或調整電壓
92	U	O_2^+	U^+	

習題

1.　矽晶為鑽石結構，①寫出X-ray繞射的矽晶結構因子 S_G，②說明其建設性條件。

2.　X-ray被KCl散射的平面有(420)、(400)、(220)、(222)等而KBr除上述散射平面外尚有強度較弱之(331)、(311)、(111)等平面。說明 KCl、KBr 是何種晶體結構，並以 S_G 說明何以有此差距。

3.　一半無限平面的電漿子電位為 $\phi(x,z) = A\cos kx e^{-kz}$，$z = 0$ 是界面，$z < 0$ 是真空，①求切於界面的電場，②由邊界條件證 $\epsilon_i(\omega) = -\epsilon_o(\omega)$，並求表面振盪電漿子之 ω_s，③若 $z > 0$ 側之金屬薄膜為 ω_{p1} 電漿子，$z < 0$ 側之導電薄膜為 ω_{p2} 電漿子，求 $z = 0$ 界面之表面電漿子角頻率 ω。

4. 一有機導體的電漿振盪子角頻率 $\omega_p = 1.8 \times 10^{15}$ sec^{-1}，室溫下量得電子之弛緩時間 $\tau = 2.83 \times 10^{-15}$ sec，①假設 $\epsilon_r(\infty) = 1$，求此材料的電導係數 $(\Omega\text{-cm})^{-1}$，②此導體的導電電子濃度為 4.7×10^{21} cm^{-3}，求電子的有效質量 m^*。

5. 圖 7-38 上的圓圈表示基板的最上層原子，直線的交點表示薄膜層吸附原子位置，①此基板是什麼晶格結構的什麼平面？②寫出其薄膜矩陣 S 和薄膜繞射 T。

6. 在高真空中剝裂(cleave)晶片，一般鹼鹵晶體(如 NaCl)沿 {100} 面，III-V 族晶體例如 GaAs 沿 {110}，而矽晶沿 {111} 面裂開，說明此特殊剝裂行為。

7. 在 f.c.c (110)基板表面沉積薄膜，薄膜表面的 LEED 繞射圖之 $T = \begin{bmatrix} 1/6 & 1/2 \\ -1/6 & 1/2 \end{bmatrix}$ 列網格矩陣 $S = ?$ 寫出 Wood 符號。畫倒晶格空間的薄膜對基板網格圖，畫實際空間的薄膜對基板網格圖。

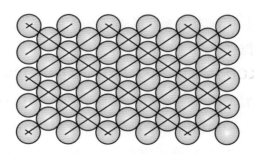

圖 7-38　二維晶格結構

◼ 參考資料

1. Charles Kittel "Introduction to solid state physics" 7th ed，John Wiley& sons. 1996.

2. Hans Kiith "Surfaces and Interfaces of solid materials" 3rd ed，Springer-Verlag. 1998.

3. 汪建民主編 "材料分析" 中國材料學學會. 1998.

4. King-Ning Tu，J.w. Mayer，L.C Feldman. "Electronic thin film sciences，for electrical engineers & material scientists." Macmillan. college publishing company, Inc. 1992.

5. R. G. Wilson, F. A. stevie, C. W. Magee, Secondary Ion Mass Spectrometry, A practical handbook for depth profiling and bulk impurity analysis, Wiley, New York, 1989.

6. K. Heinz, K. Muller, Experimental progress and New possibilities of Surface structure Determination, Springer Tracts Mod. phys. 91,Springer,Berlin. 1982.

Chapter 8

薄膜特性檢測技術與原理

　　近幾十年來半導體工業為了控制半導體材料與固態電子元件的品質，許多薄膜和塊材的診斷技術才被迅速地發展出來。各種薄膜除量其基本物性和電性外，所有薄膜都要確知薄膜的結構、化學組成、鍵結和光學特性等，以便進一步了解材料與元件製程中表面或界面的行為與元件特性的關聯性。

　　第七章所介紹的 XRD、LEED、RHEED 等是以散射技術透過晶體的反晶格間接知道薄膜的結構。直接觀察薄膜或塊材的表面結構可用金相顯微鏡，而高倍率的電子顯微鏡如 SEM、TEM 等，表面掃描顯微鏡如 STM、AFM 和近場光學顯微鏡等，更可顯示微米級或奈米級表面結構。化學特性分析除在上一章介紹的 RBS、SIMS 外，紅外線光譜(FTIR)、拉曼光譜(RS)、光電子光譜(XPS、UPS)、螢光光譜(XRF)、Auger 電子光譜(AES)、激發發光(PL、CL)等都可鑑定薄膜成分分布或鍵結方式與強度。

■ 8-1　光學特性分析技術

　　光學量測為非破壞性，試片準備也較簡單。光學特性分析的技術中，光學顯微鏡、橢圓儀是分析反射光強度，穿透光可量試片的吸收係數如紅外線吸收光譜(FTIR)，而量試片被光激發的儀器有 RS、UPS 和 PL 等。

8-1.1　光學顯微鏡

　　光學顯微鏡一般叫金相顯微鏡，圖 8-1 是明視野金相顯微鏡的簡單構造，光源經透鏡聚焦為光束，射至半透膜面鏡反射，經物鏡而照射物鏡焦點外一點點的試片表面，則試片表面結構被物鏡成像於目鏡焦點內，為放大倒立實像，此像對目鏡產生一正立放大虛像於明視距離處，為了修正各種像差，一般顯微鏡至少有三個透鏡組成。

　　圖 8-1 中物鏡收集自試片表面反射的錐形光束夾角為 2θ，物距為 l，集中光束的能力叫數值孔徑(numerical aperture)

$$NA = n\sin\theta \text{...(8-1)}$$

d 是物鏡的光圈直徑，光經透鏡繞射的 Rayleigh 準則為

$$d\sin\alpha = 1.22\lambda \text{...(8-2)}$$

所謂成像解析力(resolving power)的 Rayleigh 準則乃相鄰兩光源經透鏡成像，光源 1 之第一最亮點恰與光源 2 之第一最暗點重疊，如 8-2 圖所示，此為可分辨這相鄰光點之最小距離 S。

　　一般試片放在空氣中折射率 $n = 1$，定義光圈數值 (focus number) $F = \dfrac{\text{焦距} f}{\text{光圈直徑} d}$，則

$$NA = \sin\theta \approx \tan\theta = \frac{d/2}{f} = \frac{1}{2F} \text{...................................(8-3)}$$

(8-2)式經圖 8-2 轉換則 $2l\sin\theta\dfrac{S}{l} = 1.22\lambda$，故 Rayleigh 解像力

$$S = \frac{0.61\lambda}{NA} = 1.22\lambda F \text{..(8-4)}$$

成像視野景深

$$\Delta Z = \frac{S}{\tan\theta} \approx \frac{0.61\lambda}{(NA)^2} = 2.44\lambda F^2 \text{.................................(8-5)}$$

F 調小或 NA 調大則可辨識的線寬較細即解像力較高，但 NA 調大則球面像差增大，且 F 調小則景深明顯變淺，故要提高解像力都以使用短波長來實現。

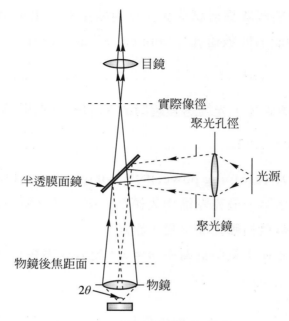

圖 8-1　明視野金相顯微鏡示意圖

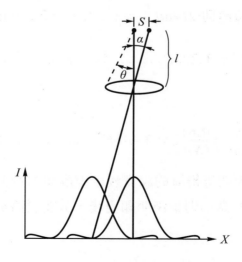

圖 8-2　Rayleigh 解像力之幾何關係

金相顯微鏡的放大倍率受限於解像力，最大放大倍率

$$M = \frac{\text{眼睛的解像極限}}{\text{顯微鏡的解像極限}} \approx \frac{200\mu m}{0.61\lambda/NA}\text{...(8-6)}$$

人的眼睛對綠光較敏銳且不易疲勞，使用白光加綠色濾光片則 $\lambda \approx 0.5$ μm。而顯微鏡的解像力 $S \approx 0.25\mu m$，最大放大倍率 M 約 800X。金相顯微鏡的物鏡乘目鏡放大倍率最大可達 1500X，但不見得最佳解像。

對比(contrast)分辨力影響解像力，鏡頭反射光太刺眼會降低對比，明視野顯微鏡難看出的表面小不規則，用暗視野則較易看清楚。明視野是光垂直投射試片，不規則處進入目鏡的反射強度降低。暗視野顯微鏡是入射光以低角度投射試片，大部份反射光都沒進入目鏡，在暗的背景下有少數不規則面的反射光進來較容易看清楚其形狀。有些顯微鏡利用相差和干涉原理來提高對比，用 Michelson 干涉儀將一同調(coherence)的單色光入射一分光片，一光束達固定的參考平面鏡反射，另一束光達距離可調的試片表面反射，兩束光又經分光片復合於目鏡得干涉條紋。經固定平面鏡與經試片的光程相同時得最佳對比，使用白光則不同波長對應不同聚焦高度，對微小變化的表面形態可敏銳顯像，這種微分干涉顯微鏡量晶片表面若有 3 nm 高度差陰影都可解析出。

8-1.2　橢圓儀(ellipsometer)

橢圓儀是以偏極光量反射振幅和相角改變，藉 Fresnel 反射和光在薄膜內多次反射的路程差，運算得薄膜厚度和折射率的儀器，其構造如圖 8-3。有光源、偏極器、若加 $\lambda/4$ 波板相位調整器，則將線偏極光改為橢圓偏極光，反射光自動對準裝置，在轉動的檢偏器上有角度記錄器，同時將類比信號轉換為數位信號，再由光纖進入光倍增管放大，並送入計算機運算反射偏極光強度和相位改變與 Fresnel 反射的參數關係。

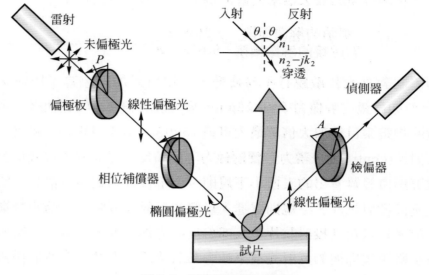

圖 8-3　橢圓儀結構示意圖

　　自然光是含有 TE 和 TM 分量的橢圓偏極光，一般所量的反射強度亦含有 TE 和 TM 分量。TE 偏極光的 Fresnel 反射振幅

$$r_s = \frac{n_1\cos\theta_1 - n_2\cos\theta_2}{n_1\cos\theta_1 + n_2\cos\theta_2} \quad\cdots\cdots\cdots\cdots\cdots(8\text{-}7)$$

若由光疏入射到光密介質，則反射量隨入射角度增大而增加，在界面的反射波落後 π 相角。若光由光密進入光疏介質則入射角小於臨界角 θ_c 的反射量隨入射角增大而增加，反射波沒相位改變。而入射角大於臨界角則會全反射，其反射波的相位改變為

$$\tan\frac{\delta_s}{2} = \frac{(\sin^2\theta_1 - \sin^2\theta_c)^{1/2}}{\cos\theta_1} \quad\cdots\cdots\cdots\cdots\cdots(8\text{-}8)$$

TM 偏極光的 Fresnel 反射振幅

$$r_p = \frac{n_2 \cos\theta_1 - n_1 \cos\theta_2}{n_2 \cos\theta_1 + n_1 \cos\theta_2}$$ ....(8-9)

偏極角(Brester angle)

$$\theta_B = \tan^{-1} \frac{n_2}{n_1}$$ .... (8-10)

由光疏入射光密介質在 $\theta_1 < \theta_B$ 前的反射波沒相位改變，反射量隨入射角增大而減少，$\theta_1 = \theta_B$ 時 $r_p = 0$，但 $\theta_1 > \theta_B$ 則反射時相位落後 π，反射量因入射角增大而增加。若光由光密進入光疏介質則在 $\theta_1 < \theta_B$ 前的反射波落後 π 相角，$\theta_B < \theta_1 < \theta_c$ 間沒相位落後，而 $\theta_1 > \theta_c$ 爲全反射，其反射波的相位改變爲

$$\tan\frac{\delta_p}{2} = \frac{(\sin^2\theta_1 - \sin^2\theta_c)^{1/2}}{\cos\theta_1 \sin^2\theta_c}$$ .... (8-11)

色散介質的折射率爲複數型 $N = n + ik$，虛數項 叫消光係數，它與光被吸收量成比例，因此(8-7)或(8-9)式的 Fresnel 反射振幅 r 也是複數，可寫爲

$$r = \rho e^{i\delta}$$ .... (8-12)

反射係數 $R = r \cdot r^* = \rho^2$，ρ 是實數反射振幅。

橢圓儀的操作步驟：先調偏極板使入射光以電場垂直入射面的 TE 線偏極波投射試片，調整入射角爲約等於對基板的偏極角 θ_B，轉檢偏器至 TE 反射強度最大時，存檔反射振幅 r_s 和相位改變 δ_s。再調偏極器使入射光以磁場垂直入射面的 TM 偏極波投射試片，轉檢偏器至 TM 反射強度最強時，存檔反射振幅 r_p 和相位改變 δ_p。橢圓儀量 TM 和 TE 的實數反射振幅比 $\frac{\rho_p}{\rho_s} = \tan\varphi$，和其反射相位改變差 $\Delta = \delta_p - \delta_s$，得複數振幅比

$$\frac{r_p}{r_s} = \frac{\rho_p}{\rho_s} \exp[i(\delta_p - \delta_s)] = \tan\varphi \cdot e^{i\Delta} \quad\text{...................}\text{(8-13)}$$

此比值是折射率 $N = n + ik$、入射波長、入射角和薄膜厚度 d 的函數。偵測器的光強度為 Fourier 輸出，$I(\theta) = I_0[1 + a\cos(2\theta) + b\sin(2\theta)]$，$I_0$ 是檢偏器轉一圈的光平均強度，θ 是反射的線偏極光與檢偏器光軸的夾角，φ 和 Δ 由 a、b 參數求得

$$\varphi = \frac{1}{2}\cos^{-1}(-a) \quad\text{.........................}\text{(8-14a)}$$

$$\Delta = \cos^{-1}\left(\frac{b}{\sqrt{1-a^2}}\right) \quad\text{..................}\text{(8-14b)}$$

　　一平面波以入射角 θ_0 入射折射率為 N_1 的薄膜內多次反射的路程相差為

$$\beta = kdN_1\cos\theta = \frac{2\pi}{\lambda}d(N_1^2 - N_0^2\sin^2\theta_0)^{1/2} \quad\text{...............}\text{(8-15)}$$

依光的可逆性，光在 0-1 界面的反射和穿透關係為

$$r_{10} = -r_{01} \text{ , } t_{01}t_{10} = 1 - r_{01}^2 \quad\text{...............}\text{(8-16)}$$

多次反射後在 0-1 界面的總反射振幅，如圖 8-4 所示。

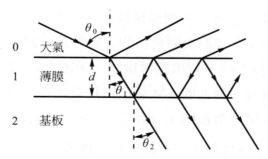

圖 8-4　經薄膜多次反射的總反射振幅

$$r = r_{01} + t_{01}t_{10}r_{12}e^{-i2\beta}(1 + r_{10}r_{12}e^{-i2\beta} + r_{10}^2r_{12}^2e^{-i4\beta} + \cdots)$$

$$= r_{01} + \frac{t_{01}t_{10}r_{12}e^{-i2\beta}}{1 + r_{10}r_{12}e^{-i2\beta}} = \frac{r_{01} + r_{12}e^{-i2\beta}}{1 + r_{01}r_{12}e^{-i2\beta}} \quad\cdots\cdots\cdots\cdots\cdots (8\text{-}17)$$

$$\frac{\rho_p}{\rho_s}e^{i\Delta} = \frac{r_p}{r_s} = \frac{r_{01p} + r_{12p}e^{-i2\beta}}{1 + r_{01p}r_{12p}e^{-i2\beta}} \times \frac{1 + r_{01s}r_{12s}e^{-i2\beta}}{r_{01s} + r_{12s}e^{-i2\beta}} \quad\cdots\cdots\cdots\cdots (8\text{-}18)$$

(8-18)式中 $N_0\sin\theta_0 = N_1\sin\theta_1 = N_2\sin\theta_2$

$$r_{01p} = \frac{N_1\cos\theta_0 - N_0\cos\theta_1}{N_1\cos\theta_0 + N_0\cos\theta_1} \quad,\quad r_{01s} = \frac{N_0\cos\theta_0 - N_1\cos\theta_1}{N_0\cos\theta_0 + N_1\cos\theta_1}$$

$$r_{12p} = \frac{N_2\cos\theta_1 - N_1\cos\theta_2}{N_2\cos\theta_1 + N_1\cos\theta_2} \quad,\quad r_{12s} = \frac{N_1\cos\theta_1 - N_2\cos\theta_2}{N_1\cos\theta_1 + N_2\cos\theta_2}$$

因此(8-13)式量得

$$\tan\phi = \frac{\rho_p}{\rho_s} = f(N_0，N_1，N_2，d，\theta_0，\lambda) \quad\cdots\cdots\cdots\cdots\cdots (8\text{-}19\text{a})$$

$$\cos\Delta = f(N_0，N_1，N_2，d，\theta_0，\lambda) \quad\cdots\cdots\cdots\cdots\cdots\cdots (8\text{-}19\text{b})$$

已知 N_0，N_2，λ，θ_0，量出 $\tan\phi$、$\cos\Delta$。若 N_1、d 都未知，而光源的 λ 可調，則量不同頻率的反射係數，以 R-ν 曲線找允電係數實數值 $x'(\nu)$，電腦再以 Kramers-Krong 關係計算虛數值

$$\chi''(\nu) = \frac{2}{\pi} \int_0^\infty \frac{\nu\chi'(s)}{\nu^2 - S^2} ds \qquad\qquad (8\text{-}20)$$

而　　$n^2 - k^2 = 1 + \chi'$

和　　$2nk = \chi''$ 　　　　　　　　　　　　　　　　(8-21)

得 $N = n + ik$，然後輸入 N_1 值得膜厚 d。若橢圓儀的光源是固定波長的雷射光，則先以 α-step 或 SEM 量膜厚，再以橢圓儀量該薄膜的折射率 N。像 ITO 是透明膜，則用橢圓儀可量反射係數 R，也可量穿透係數 T 找出折射率 N 和膜厚 d。

　　最近有一種 $n\&k$ 分析儀也應用橢圓儀原理，但不必用偏極光，因入射光幾乎垂直入射試片表面，反射強度與偏極無關，此分析儀用兩組光源，光譜範圍涵蓋深紫外、可見光和近紅外(190～900nm)。入射光經薄膜和基板界面的多次反射和穿透後，其反射係數 $R(\lambda)$ 或穿透係數 $T(\lambda)$ 與光的入射角 θ、薄膜的厚度 d、薄膜的折射率 $n_f(\lambda)$、消光係數 $k_f(\lambda)$、基板的折射率 $n_s(\lambda)$、消光係數 $k_s(\lambda)$、界面的粗糙度 σ 等都有關，即反射係數

$$R(\lambda) = R[\theta, d, n_f(\lambda), k_f(\lambda), n_s(\lambda), k_s(\lambda), \sigma]$$

　　Forouhi-Bloomer 在寬能帶的光譜中，將各種半導體和介電材料的消光係數表示為

$$k(E) = \sum_n^q \frac{A_i(E - E_g)^2}{E^2 - B_i E + C_i} \quad\text{...} (8\text{-}22)$$

式中 $q = 1$ 描述非晶形的光譜，$q \geq 2$ 描述多晶或單晶材料的光譜，$E = \dfrac{hc}{\lambda}$、A_i、B_i、C_i 與材料的電子結構有關，$k(E)$ 值最低時得該材料的 E_g。F-B 用 Kramers-Kronig 色散式轉換得 $k(E)$ 與 $n(E)$ 關係為

$$n(E) - n(\infty) = \frac{1}{\pi} P \int_{-\infty}^{\infty} \frac{k(E') - k(\infty)}{E - E'} dE' \quad\text{................................} (8\text{-}23)$$

式中 P 是 Cauchy 整數，高頻折射率 $n(\infty) = \lim_{E \to \infty} n(E)$，得

$$n(E) = n(\infty) + \sum_i^q \frac{B_{oi}E + C_{oi}}{E^2 - B_i E + C_i} \quad\text{................................} (8\text{-}24)$$

(8-24)與(8-22)式中 B_{oi}、C_{oi} 與 A_i、B_i、C_i 和 E_g 的關係為

$$B_0 = \frac{A}{Q}\left(-\frac{B}{2} + E_g B - E_g^2 + C\right) \quad\quad\quad\quad (8\text{-}25a)$$

$$C_0 = \frac{A}{Q}\left[(E_g^2 + C)\frac{B}{2} - 2E_g C\right] \tag{8-25b}$$

而　　　$$Q = \frac{1}{2}(4C - B^2)^{1/2} \tag{8-25c}$$

因此 Forouhi-Bloomer 以(8-22)和(8-24)式得各種不同波長的光在色散介質的折射率為 $N(E) = n(E) - ik(E)$。

　　n 與 k 光譜儀的入射角 $\theta \leqq 5°$，任何材料的薄膜或多層膜，只要量其反射係數或穿透係數曲線，然後用 Forouhi-Bloomer (8-24)和(8-22)式的 $n(E)$ 和 $k(E)$，和光在薄膜中反射的(8-15)和(8-17)式運算，模擬到 $R(\lambda)$ 或 $T(\lambda)$ 的理論值曲線與實驗值曲線完全吻合時，即可明確知道各層薄膜的厚度，薄膜的 n_f、k_f 值，薄膜的能隙 E_g，基板的 n_s、k_s 值，界面的粗糙度 σ 等。圖 8-5(a)是在石英玻璃上以 PECVD 沉積 a-C:H 薄膜的穿透係數 T 和 $R(\lambda)$ 反射係數，(b)是由 R、T 量測算出的 a-C:H 薄膜在不同波長的 n、k 值。若圖的理論與實驗曲線未完全吻合，再加表面粗糙度參數於(8-17)式，電腦運算很快，待理論與實驗曲線完全吻合，所列印出薄膜的各項物性才可靠。

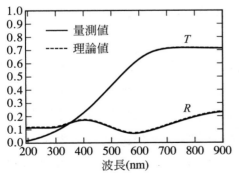
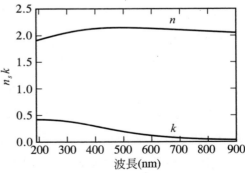

(a) a－C：H 薄膜在不同波長的 R 和 T 值　　(b) a－C：H 薄膜在不同波長的 n 和 k 值

圖 8-5　理論值曲線與量測曲線完全吻合所示的薄膜物性才可靠

相移式光罩是在傳統光罩的 Cr 膜上加半波長厚度的 a-C:H 碳膜，可藉 n 和 k 分析儀由(8-15)、(8-17)式以穿透係數 $T(\lambda)$ 量 $\lambda = 257nm$ 的相移 Δ 值，確認相移式光罩的碳膜厚度。薄膜的 n 與 k 值與材料的成份、結晶性和電阻係數有關，可藉 n 和 k 分析儀的量測數據，調整不同的製程條件，可不斷改善薄膜的特性。

8-1.3　紅外光譜儀(FTIR)

紅外光譜提供分子結構的資訊，分子間的作用力由原子對平衡位置 r_0 有 x 位移時的位能變化得知，Taylor 之位能展開式為

$$U(r) = U(r_0 + x)$$
$$= U(r_0) + \frac{dU}{dx}\bigg|_{r_0} x + \frac{1}{2!}\frac{d^2U}{dx^2}x^2 + \frac{1}{3!}\frac{d^3U}{dx^3}x^3 + \cdots \quad \text{........ (8-26)}$$

忽略常數項則 $U(x) = cx^2 - gx^3 + \cdots$，分子力

$$F = -\frac{dU}{dx} = -2cx + 3gx^2 + \cdots \quad \text{.. (8-27)}$$

c 為虎克定律之恢復力常數，gx^2 為原子互斥之不對稱力，此力使分子表現出熱脹冷縮。

分子所含原子數目越多，分子內各原子對其平衡位置振動模式越趨複雜。分子振動模式可依分子間鍵長或鍵夾角的改變，而表現為伸縮振動或彎曲振動，分子振動雖然複雜，但可將分子視為很多不相關的功能群，其振動頻率幾乎相同，若有不同功能群或化學鍵耦合振盪，才發生頻率或強度改變。若振動行為可視為簡諧運動則量子化的振動能量是

$$E = (m + \frac{1}{2})h\nu \quad \text{.. (8-28)}$$

v是振動頻率，m是振動量子數。若振動行為是非簡諧運動，則振動能量為

$$E = \left(m + \frac{1}{2}\right)hv + \left(m + \frac{1}{2}\right)^2 x \cdot hv + \left(m + \frac{1}{2}\right)^3 y \cdot hv \dots\dots\dots\dots (8\text{-}29)$$

x、y 是非簡諧性常數。在簡諧振盪中，能量的吸收僅涉及一個振動量子的變化 $\Delta m = \pm 1$，但在非簡諧振盪中則無此限制。基本振動是振動分子從 $m = 0$ 的基態能階吸收能量並激發至 $m = 1$ 的能階。倍頻吸收是涉及振動量子數的變化 $\Delta m \geq 2$ 的情形，而組合譜帶是涉及兩個以上振動模式的同時吸收。

　　以紅外光照射一試片分子時，此入射光可能會穿透、反射或被吸收。當紅外光能量恰等於分子兩振動能態之能量差時，此分子易共振吸收紅外光，使分子 m 能態被激發至較高之 n 能態，分子依選擇法則吸收光量子時，基本振動模式必須伴隨著偶極矩改變，否則無法呈現紅外線光譜，而偶極矩能否改變與分子振動的對稱性有關。轉移振動狀態之偶極強度(dipole strength) D_{mn} 正比於光譜強度對頻率之面積，此轉移能量正比於偶極矩改變之平方，而偶極矩 $\vec{p} = \sum_i q_i \vec{r}_i$，即 $D_{nm} \propto \int I dv \propto |<m|p|n>|^2$。

　　光子能量 $E = hv = \dfrac{hc}{\lambda}$, $\dfrac{1}{\lambda} = \dfrac{v}{c} = \vec{v}(\text{cm}^{-1})$，紅外線光譜可用光強度對頻率或對波數 $\dfrac{1}{\lambda}$ 作圖，而一般都作穿透係數譜 $T - \dfrac{1}{\lambda}$ 或反射係數譜 $R - \dfrac{1}{\lambda}$ 或吸收係數譜 $\alpha - \lambda$。紅外線光譜分近、中、遠等三個紅外區域：近紅外線光譜區域為 12800 至 4000 cm^{-1}，此光譜區可觀測分子的某些振動模式的倍頻和組合譜帶的吸收。中紅外線光譜區域為 4000～200 cm^{-1}，此光譜區依分子的振動特性可再分為：(a)特性頻率區為(4000～1300

cm^{-1})以顯現分子的一些官能基的吸收頻率，(b)在 1300 cm^{-1}以下的指紋區以顯示分子結構的微細差異。而遠紅外線光譜區涵蓋200～10 cm^{-1}範圍，此光譜區可觀測分子內涉及重原子的一些伸縮或旁曲振動、晶格振動、扭轉振動和分子轉動等能量變化。

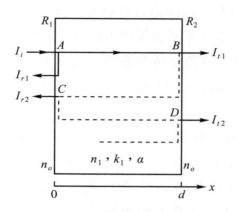

圖 8-6　光束在薄膜內多次反射與穿透

　　圖 8-6 說明光束在薄膜內多次反射與穿透後，其反射係數或穿透係數與波長的關係，波長 λ 的光束強度 I_i，入射厚度 d，折射率 $n-ik_1$，吸收係數 α 的薄試片。若試片兩側的空氣折射率為 n_0，則光束在入射面 A 處的第一次反射強度 $I_{r_1}=R_1I_i$，且以 $(1-R_1)I_i$ 強度進入試片，走了厚度 d 達到 B 處的強度為 $(1-R_1)I_ie^{-ad}$，在 B 處反射回試片的強度為 $R_2(1-R_1)I_ie^{-ad}$，且有 $I_{t_1}=(1-R_2)(1-R_1)I_ie^{-ad}$ 穿透試片，在 B 面反射而穿出 A 面的 $I_{r_2}=R_2(1-R_1)^2I_ie^{-2ad}$，自 A 面反射再穿出 B 面的光強度為 $I_{r_2}=R_1R_2(1-R_1)(1-R_2)I_ie^{-3ad}$，………，而在試片多次反射應有(8-15)式的路程相差，總反射強度為 $I_r=I_{r_1}+I_{r_2}+I_{r_3}+\cdots$，總穿透強度為 $I_t=I_{t_1}+I_{t_2}+I_{t_3}+\cdots$，則系統反射係數

$$R = \frac{I_r}{I_i} = \frac{R_1 e^{-\alpha d} + R_2 e^{-\alpha d} + 2\sqrt{R_1 R_2}\cos(2\beta)}{e^{-\alpha d} + R_1 R_2 e^{-\alpha d} + 2\sqrt{R_1 R_2}\cos(2\beta)} \dots\dots\dots\dots (8\text{-}30)$$

穿透係數

$$T = \frac{I_t}{I_i} = \frac{(1-R_1)(1-R_2)e^{-\alpha d}}{1 + R_1 R_2 e^{-2\alpha d} + 2R_1 e^{-\alpha d}\cos(2\beta)} \dots\dots\dots\dots (8\text{-}31)$$

若入射角 $\theta = 0$，則(8-7)式之反射振幅

$$r_1 = r_2 = \frac{n_0 - (n_1 - ik_1)}{n_0 + (n_1 - ik_1)}$$

單次反射係數

$$R_1 = R_2 = \frac{(n_0 - n_1)^2 + k_1^2}{(n_0 + n_1)^2 + k_1^2} \dots\dots\dots\dots\dots\dots\dots\dots (8\text{-}32)$$

若吸收係數 $\alpha = 0$，則(8-30)式反射係數

$$R = \frac{2R_1 + 2R_1\cos(2\beta)}{1 + R_1^2 + 2R_1\cos(2\beta)} \dots\dots\dots\dots\dots\dots\dots\dots (8\text{-}33)$$

$\alpha = 0$，則(8-31)式的系統穿透係數

$$T = \frac{(1-R_1)^2}{1 + R_1^2 + 2R_1\cos(2\beta)} \dots\dots\dots\dots\dots\dots\dots\dots (8\text{-}34)$$

$\cos(2\beta) = 1$ 時，出現週期性反射最大、穿透最小，其最大 $R = \dfrac{4R_1}{(1+R_1)^2}$，最小 $T = \left(\dfrac{1-R_1}{1+R_1}\right)^2$。$\cos(2\beta) = 1$，即 $2\beta = m2\pi = \dfrac{4\pi}{\lambda}n_1 d$，相鄰極值 $\Delta m = 1$，則膜厚

$$d = \frac{1}{2n_1 \Delta\left(\dfrac{1}{\lambda}\right)} \dots\dots\dots\dots\dots\dots\dots\dots (8\text{-}35)$$

因此若有週期性 R 最大或 T 最小，則由 $R - \dfrac{1}{\lambda}$ 譜或 $T - \dfrac{1}{\lambda}$ 譜中相鄰極值得 $\Delta(1/\lambda)$ 即可知試片的厚度 d。若試片的吸收係數 $\alpha \neq 0$，而路程相差的 $\cos(2\beta) = 0$ 不會振盪，則(8-31)式的 $T = \dfrac{(1-R_1)^2 e^{-\alpha d}}{1 + R_1^2 e^{-2\alpha d}}$，得吸收係數

$$\alpha = \frac{-1}{d} \ln \left[\frac{\sqrt{(1-R_1)^2 - 4T^2 R_1^2} + (1-R_1)^2}{2 T R_1^2} \right] \quad\text{.............................} (8\text{-}36)$$

通常較簡潔地表示透光強度 $I_t = I_i e^{-A} = I_i e^{-\alpha d}$，穿透係數 $T = \dfrac{I_t}{I_i} = e^{-A}$，若 T_o 和 T_s 分別是溶濟和分析物溶液對參考光束的穿透係數，依比耳定律(Beer's law)吸收度與濃度成線性關係。即吸收度

$$A = \ln \left(\frac{T_s}{T_o} \right) \propto C \quad\text{...} (8\text{-}37)$$

在 $A - \dfrac{1}{\lambda}$ 圖譜中，量某波數的穿透百分比 $\left(\ln \left(\dfrac{T_s}{T_o} \right) \right)$ 即可知該成分之吸收度或濃度。

　　一般光譜儀都使用稜鏡或光柵將紅外線色散，以選取個別 $\bar{\nu}$ 區偵測，各波長分開之距離決定光譜之鑑別率。若使用 Michelson 干涉儀，使入射光束經分光器分成兩相互垂直路徑後分別被面鏡反射，其中一面鏡固定，另一面鏡可動，反射光回分光器並通過試片至偵測器，調可動面鏡位置，使光程差為某波長之整數倍可得建設性干涉，以此準確選取要偵測之波長，光譜鑑別率由面鏡移動距離的倒數決定。若經固定面鏡和可動面鏡的兩束光程相等($L_1 = L_2$)，則兩束光建設性干涉，相差 $\delta = 0$ 使偵測器輸出最大，若 M_1 移動 $x = \dfrac{\lambda}{4}$ 則路程差$\left(\delta = 2x = \dfrac{\lambda}{2} \right)$，兩波前到達偵測器相差為破壞性干涉輸出最小。若 M_1 移動 $x = \dfrac{\lambda}{2}$ 則 $\delta = \lambda$ 兩波前再建設性干涉，故移動 M_1 則偵測器週期性地極大、極小值交換輸

出，輸出強度可表示為

$$I(x) = B(\bar{v})[1 + \cos(2\pi\bar{v}x)] \dots\dots\dots\dots\dots\dots\dots (8\text{-}38)$$

若光源不只一頻率則

$$I(x) = \int_0^v B(\bar{v})[1 + \cos(2\pi\bar{v}x)]dv \dots\dots\dots\dots\dots\dots (8\text{-}39)$$

$B(\bar{v})$ 訊號強度與光源的光譜、試片和量測路徑有關，一般以乾燥氮氣沖除大氣中的水汽和 CO_2，沒放試片和放試片各量一次光譜存檔，則消除背景信號得試片的資訊。

　　　Fourier Transform Infrared spectroscopy (FTIR)是使用三個邁克遜 (Michelson)干涉裝置，如圖 8-7。這三個干涉系統的組件和路徑分別以 1、2、3 標示，三個活動鏡面一起動，紅外線光源系統(S_1)提供試片干涉圖，固定波長雷射干涉波紋當參考系(S_2)能精確知道鏡面移動量，且規則地決定取樣間隔，白光系統(S_3)只當固定鏡面和活動鏡面的光程相等時才有同調干涉，是用來精確地決定每次要掃描時的啟動。干涉資料以計算機分析後數位化送入偵測器，輸出信號是光強度對面鏡位置之時域訊號干涉譜。再藉計算機做 Fourier 轉換為頻域訊號之 $R-\bar{v}$ 或 $A-\bar{v}$ 之紅外線光譜圖。在面鏡移動中若選用 N 個鑑別元，則 FTIR 在同一頻段可收集 N 組光譜，其信號 S/N 比(signal to noise ratio)較色散性 IR 光譜提高 $\sqrt{N}$ 倍。且 FTIR 不用狹縫，它比色散性 IR 光譜鑑別高又快，做成份定量分析時需比較各波長的光經試片和參考片之調變強度，其精確度高達十億分之一(ppb)，故半導體工廠常以 FTIR 量不純物含量。半導體的載子濃度 N 與光吸收係數 α 成正比

$$N(\text{cm}^{-3}) = C(\text{cm}^{-2})\alpha \dots\dots\dots\dots\dots\dots\dots\dots\dots (8\text{-}40)$$

量測時參考 ASTM 輸入 C 值，量吸收峰計算機將直接告知濃度。

例 1：圖 8-8 是在 $300°K$ 以 FTIR 量 CZ 矽晶片中含 O_i 和 C_s 的 $A-\bar{v}$ 光譜。

碳與矽原子置換的 C_s 的吸收峰在 1105 cm^{-1}，氧插入矽晶格中的 O_i 的吸收峰在 607.2 cm^{-1}。

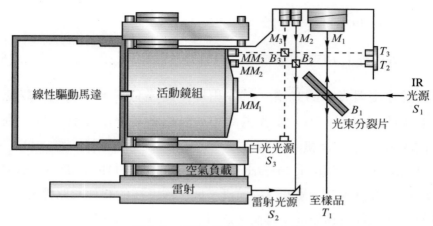

圖 8-7　FTIR 使用三組干涉系統

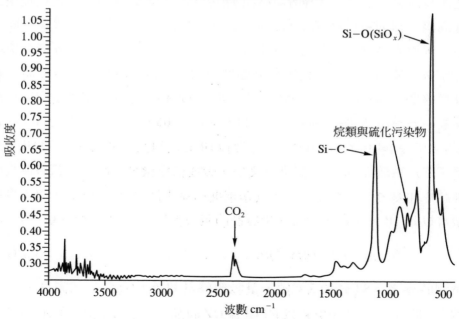

圖 8-8　以 FTIR 量 CZ 矽晶片的 O_i 和 C_s

8-1.4　拉曼(Raman)光譜分析

　　入射可見光使試片分子振盪，大部分光子與分子彈性散射，光子不損耗能量的被彈走者叫瑞立(Rayleigh)散射，其散射頻率即入射光之 v_0。極少部分之光子與分子是非彈性碰撞，分子得到 hv_n 之振動或轉動動能，而被散射之光子能量減爲 $h(v_0 - v_n)$ 叫史托克斯 (Stokes)散射，若分子本身已有 hv_n 激態能，碰撞時被散射之光子吸收此能量爲 $h(v_0 + v_n)$ 則叫反史托克斯(Anti-Stokes)散射。拉曼光譜之反史托克斯與史托克斯散射光是對稱的，但室溫下分子已有 hv_n 激態能才有反史托克斯散射，反史托克斯散射線強度較弱，因此拉曼光譜通常使用史托克斯散射光，所有拉曼散射光都在 $10^{-12} \sim 10^{-13}$ 秒內發生。拉曼散射強度甚弱，須以高功率脈衝雷射之高解析度單頻雷射光才易量測，拉曼位移與散射角無關，它無法以碰撞說明偏移量。拉曼散射只是測量光子能量的改變，也就是分子的能階差 ΔE，以波數改變 $\Delta\left(\dfrac{1}{\lambda}\right)$ 表示，則拉曼位移

$$\Delta\left(\frac{1}{\lambda}\right) = \frac{\Delta E}{hC} \quad\text{...} (8\text{-}41)$$

　　雷射光子之振動電場 $\varepsilon = \varepsilon_0 \cos(2\pi v_0 t)$ 使分子之電子隨電場振盪產生電偶矩，其極化強度 $P = \alpha\varepsilon$。而分子也進行振動或轉動，使其極化率(polarizability)α 週期性改變

$$\alpha = \alpha_0 + \sum_n \alpha_n \cos(2\pi v_n t)$$

則極化強度

$$
\begin{aligned}
P &= \left[\alpha_0 + \sum_n \alpha_n \cos(2\pi v_n t)\right]\varepsilon_0 \cos(2\pi v_0 t) \\
&= \varepsilon_0 \alpha_0 \cos(2\pi v_0 t) + \frac{1}{2}\varepsilon_0 \sum_n \alpha_n [\cos 2\pi(v_0 - v_n)t \\
&\quad + \cos 2\pi(v_0 + v_n)t] \quad\text{........................} (8\text{-}42)
\end{aligned}
$$

故分子被極化產生 $\varepsilon_0\alpha_0\cos(2\pi v_0 t)$ 之 Rayleigh 散射光。$\dfrac{1}{2}\varepsilon_0\sum_n \alpha_n\cos 2\pi(v_0-v_n)t$ 史托克斯散射和 $\dfrac{1}{2}\varepsilon_0\sum_n \alpha_n\cos 2\pi(v_0+v_n)t$ 反史托克斯散射等。

分子有偏極化 $\alpha_n \neq 0$ 就有拉曼位移。三維晶體極化

$$\begin{bmatrix} P_x \\ P_y \\ P_z \end{bmatrix} = \begin{pmatrix} \alpha_{xx} & \alpha_{xy} & \alpha_{xz} \\ \alpha_{yx} & \alpha_{yy} & \alpha_{yz} \\ \alpha_{zx} & \alpha_{zy} & \alpha_{zz} \end{pmatrix} \begin{pmatrix} \varepsilon_x \\ \varepsilon_y \\ \varepsilon_z \end{pmatrix} \quad\text{............ (8-43)}$$

改變雷射光和散射光的偏極性及晶體的相對位置，可分別測到晶體的六個 α 張量，知道晶體結構。若待測的是氣體、液體或是無定形固體，就只能測到平行入射光的偏極散射光 $I_{/\!/}$ 和垂直於入射光的偏極散射光 $I_\perp$，$\rho = \dfrac{I_{/\!/}}{I_\perp}$ 叫去偏極化比(depolarization ratio)，ρ 值在 0 到 0.75 間，由此比值可了解此振動模式的對稱性。

拉曼散射是兩個光子過程，入射光子將分子從始態經虛態散射一個光子回到終態。散射雷射光的能量是基態到虛態的能量差，此虛態能量遠低於最低的電子激發態，它是聲子能態，如圖 8-9，拉曼散射所表現的是分子能量變化。α 是聯繫入射光與散射光及分子能階的因子，拉曼光譜的一切資訊均在極化率 $(\alpha_{ij})_n$ 內。分子振動的基態 $n=0$，第一激態 $n=1$ 都在電子的基態，$\Delta n=1$ 是分子振動的基頻，Raman 光譜所能顯示的是分子振動(vibration)的譜線，分子或晶體內的振動常數在 $10\sim 4000$ cm^{-1} 間，在此範圍內基頻最強，故拉曼光譜只測此範圍。根據選擇律有些振動能階間的遷移是允許的，則可觀測到對應的拉曼散射，某些振動能階間的遷移是紅外線吸收允許的，則對應有紅外線吸收譜線。

一般小分子或對稱性較高的分子振動都用群論來分析，以決定各振動模式的對稱性，例如 H_2O 屬於 C_{2v} 群，有 v_1、v_2 和 v_3 三個振動模，光譜線位置在 3652、1595 和 3765 cm^{-1}，故 v_1、v_2 和 v_3 均是拉曼活

性，而v_3中含紅外線活性故可在紅外線光譜上測到其振動模。某振盪模n的拉曼散射強度

$$I_n = \left(\frac{2}{3}\right)^3 \frac{I_0}{C^4}(v_0 - v_n)_{i,j}^4 (\alpha_{i,j})_n^2 \quad\text{...}(8\text{-}44)$$

C是光速，強入射光I_0產生較強的光學聲子，而拉曼散射強度與拉曼位移Δv的四次方和極化率$\alpha_{i,j}$的平方成比例。

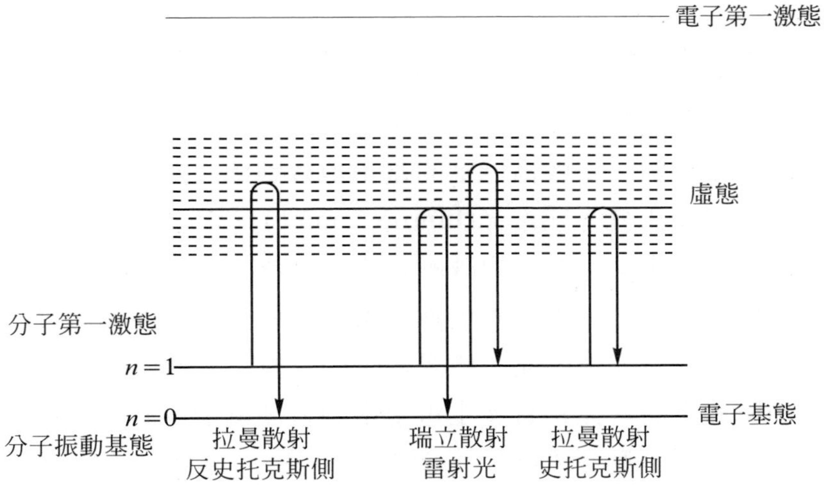

圖 8-9　光子被散射即表現分子能量變化 (4)

　　固體有缺陷或表面有少量雜質常使被激發之電子先鬆弛至原子能階才回到基態，因此拉曼分析常伴隨弱螢光發生，一般螢光比拉曼散射強10^6倍以上，此時無法測到拉曼光譜，故既使很弱螢光對拉曼散射也會有很明顯之雜訊。加強雷射光強度、觀察拉曼光譜的方向與入射光垂直，可提高拉曼光譜對螢光背景之比值。選用激發光波長相當接近電子吸收峰之波長，拉曼光就極為顯著增強這叫共振拉曼散射，可有效降低固有螢光強度。要去除表面雜質螢光，需將試片放在高溫爐氧化數小時

後，清潔表面才分析，或做拉曼光譜分析前先用雷射光活化試片表面數小時，但雷射光功率勿太高，試片應轉動，否則試片成份會分解。藉FTIR技術可有效消除螢光背景問題，即FTIR拉曼光譜的解析度很高。雷射拉曼微偵測(Raman Microprobe)有全區和微區(Global and punctual)兩種用法，全區可得某成份在試片之分布圖。微區是記錄某點之微區拉曼光譜，此系統以非破壞性分析提供分子資訊，如薄膜應力，晶體受傷程度等。

8-1.5 激發光光譜分析

半導體型螢光材料(phosphor)的電子吸收外界的激發能量 $E \geq E_g$ 時會產生電子電洞對，當較高能階的電子弛緩到低能階時，電子電洞再結合而發光，這叫激發光或冷光(luminescence)，溫度較低，激發光的發光效率較高。產生冷光放射的激發方式有多種，只要 $E \geq E_g$ 就可進行激發作用，像日光燈是以燈管內惰性氣體與汞原子的紫外光激發管壁內的螢光物質所發的冷光這叫光子激發光(PL)。像電視機CRT銀幕是以高能量電子撞擊幕上的螢光物質產生電子電洞對後電子電洞對再結合所發的光，這叫陰極電子激發光(CL)。像雷射、發光二極體(LED)等，對二極體加順偏壓使電子與電洞在 p-n 接面載子空乏區再結合所發的光叫電致激發光(EL)。

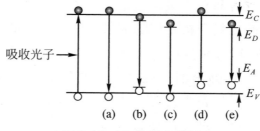

圖 8-10　PL 的發光機制

　　PL 的電子電洞對再結合發光的機制有五種，如圖 8-10，(a)從導帶 E_C 到價帶 E_V 的能量轉移，室溫下以這種激發光為主 (b)低溫時出現自由激子(exciton)的激發光，激子乃受庫倫力束縛的電子電洞對，它們一起運動對導電沒貢獻，自由載子的束縛電子電洞對叫自由激子。激子獲得 E_x 束縛能則直接能帶的激子發光能量為

$$hv = E_g - E_x \quad\dotfill (8\text{-}45)$$

若聲子能量為 $\hbar\Omega$，則間接能帶激子發光為

$$hv = E_g - E_x - \hbar\Omega \quad\dotfill (8\text{-}46)$$

(a)和(b)是純晶體材料的激發光。若晶體中有雜質，則以束縛激子的電子電洞對再結合為主，如(c)的中性贈子與自由電洞再結合，(d)的自由電子與中性受子再結合和(e)的中性贈子與中性受子(D-A)再結合，都是束縛激子產生的激發光。若贈子與受子相距 r，則 D-A 放射光子的能量為

$$hv = E_g - (E_A + E_D) - \frac{e^2}{4\pi\epsilon_s r} \quad\dotfill (8\text{-}47)$$

　　PL 提供非破壞性分析試片雜質的技術，其裝置如圖 8-11，試片放在 4°K 的 Dewar 室內，雷射光透過掃描面鏡從窗口射至試片，自試片發射的激發光以分光儀收集，分光儀的裝置含單色器(monochromator)、準直器(collimator)、感光器(photodetector)和電子訊號放大器等。用單色器與麥克遜干涉儀可提高訊號靈敏度與縮短量測時間，感光器是要分析成分，訊號放大器要測PL光強度。若入射光子強度為 I，反射係數為 R，折射率為 n，少數載子的擴散長度為 L，光子放射角為 θ，發光性載子壽命 τ_{rad}，表面載子再結合速率為 S_r，則 PL 通量強度 (1)

$$I_{PL} = \frac{I(1-R)\cos\theta L}{\pi n(n+1)^2 \tau_{\text{rad}} S_r} \quad\text{.. (8-48)}$$

I_{TO}(FE)是間接能帶TO聲子純材質自由激子的PL峰強度，X_{TO}(BE)是TO聲子X摻質束縛激子的PL峰強度，材質越純則電阻係數越高且I_{TO}(FE)峰越高，摻雜濃度提高則 PL 的 X_{TO}(BE)/I_{TO}(FE) 比值成比例增大，不同摻雜物有不同游離能，在 GaAs 的受子可藉圖8-10的(d)或(e)能量轉移，測定不同摻質。若 (d) 與(e)兩者能量差異甚小，則改變量測溫度以半高全寬區別，因D-A激發光的半高全寬 $\leq \frac{k_B T}{2}$ 而(d)的激發光半高全寬有數倍 $k_B T$。在 GaAs 的贈子游離能差異太小，PL 很難區別，若加磁場使不同成分的束縛激子光譜分裂，則MPL就可偵測出贈子成分與濃度。

　　CL 是以電子束激發試片所發射的激發光，試片以Ⅲ-Ⅴ族直接能隙材料為主，矽晶的發光效率較低就較難做CL量測，CL一般有兩組感光器，在SEM試片附近加裝兩組感光器即可進行CL量測。可分別觀察CL影像和分析光譜，在低溫做光譜解析的分光裝置與PL相同，CL影像分為單色和全色影像，全色影像偵測器是用三個感光倍增管，分別感測紅、綠、藍三原色，對分析元素和缺陷的分布相當方便，CL 影像的亮度與試片被激發的發光效率有關，CL 亮度 (1)

$$B \propto \frac{(1-R)(1-\cos\theta_c)e^{-\alpha d}}{1 + \tau_{\text{rad}}/\tau_{\text{nrad}}} \quad\text{.. (8-49)}$$

$1-R$ 是在界面的反射損耗，$1-\cos\theta_c$ 是內部全反射損耗，$e^{-\alpha d}$ 是試片厚度 d 的吸收比例，τ_{rad}、τ_{nrad} 是發光與非發光的少數載子壽命，載子壽命不同會明顯改變影像對比。影響亮度的因素有摻雜濃度、溫度、再結合中心(與缺陷有關)等，時間解析的CL載子壽命量測是缺陷分析的利器。

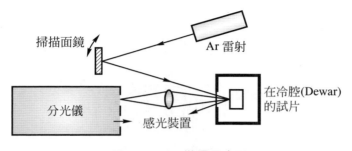

圖 8-11　PL 裝置示意圖

8-1.6　感應耦合電漿原子發射光譜(ICPOES)

　　ICP 是原子發射光譜之激發源，它是以感應圈耦合(coupling)RF 電磁場，在一大氣壓操作之 Ar^+ 電漿，RF 輸出功率 1～5 kW，其頻率為 27.12 MHz，光譜儀在真空室解析。ICP 電漿火矩之構造如圖 8-12，高頻電流在水冷式銅管線圈產生振盪之封閉磁力線，石英管內側之磁力線約平行管軸，若石英管內有自由電子，則會受磁通量變化產生之電場加速，使氫氣游離產生 Ar^+ 電漿渦流，其形狀似螺管(toroid)，這些游離氣體之溫度高達 10,000 °K。

　　三層同心圓柱石英管，最外層為流速約 15 l/min 之冷卻用氬氣保護石英管壁，中間層為流速小於 5 l/min 之點燃(ignition)電漿用的含有機溶液之氬氣，點燃後由 RF 維持 Ar^+ 電漿存在。最內層以約 1 l/min 之輸送氣送試片水溶液的霧氣通過電漿之中心通道時，試片的氣態溶膠將被揮發、分解、原子化和不同程度之離子化等，使自由原子、離子都在激態，約 n sec 以內即散射各種波長光譜，這些 $\Delta E = hv = \dfrac{hc}{\lambda}$ 乃試片成分元素之原子特性，光強度乃其成分含量，未知試片內有何污染物，用 ICP － OES 分析即一目了然。

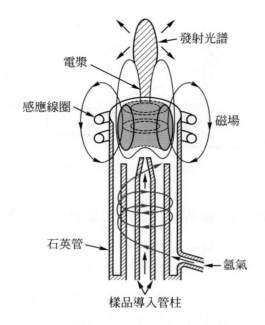

發射光譜

電漿

感應線圈

磁場

石英管

氬氣

樣品導入管柱

圖 8-12　ICPOES 構造

　　在感應圈上方＜10mm 區，溫度約 5000 °K 叫起始發光區，以原子光譜為主。感應圈上方 10～20mm 區，溫度約 6000～8000°K 叫正常分析區以離子光譜為主。感應圈上方 30～100mm、溫度＜5000°K 叫尾焰區以原子或分子光譜為主。因電漿內之溫度梯度，不同元素就在不同能量高度區有最大發光強度，因此 ICP-OES 可同時分析多種元素且其濃度範圍很寬，主成分、少量和微量雜質都可準確定量，分析極限可達 ppb，精確度達 ±0.1 ％。不僅是半導體業界、農業、工業、生醫、環保界都視 ICP-OES 為重要成份分析技術。

　　發射光譜分析會因其他元素同時出現，而影響各元素之強度對濃度關係之準確性，此元素間干擾效應還分光譜干擾、汽化-原子化干擾、離子化干擾三類。儀器偵測被分析元素之發射光時，它與其他輻射光隔離不全就發生光譜干擾，若被選擇分析之光譜線與其他成份之光譜線相同或部份重疊，而沒被偵測器鑑別出，該光譜強度之實際濃度就有誤差，這是發射光譜之最基本問題。光譜儀之系統電腦都有元素間修正因素軟體，使用作圖法對解析譜線鄰近掃描，重複作圖、重疊解析可疑部份，可有效減低此干擾。電子與電洞再結合之連續譜也會產生光譜干擾，但這種背景連續譜可自分析信號中減掉。ICP-OES之溫度較高且有氬氣，這種背景干擾比其他OES技術，如火焰、弧光、火花的發射光譜小很多。

汽化-原子化干擾乃汽化-原子化過程可能產生耐火化合物或金屬氧化物，致減少自由原子濃度，使發射光譜之強度較低，試片與標準的溶液黏滯性和化學成份一致可減少此問題。ICP 因溫度很高且在氬氣中持續 2～3msec，試片幾乎已完全分解為自由原子故其汽化-原子化干擾問題就很少。離子化干擾乃其他離子尤其是鹼金屬離子出現在被分析物附近，常改變離子化激態值和波長偏移。火焰發射光譜最易發生此問題，ICP-OES溫度高，自由原子、自由離子比例高，故離子化干擾問題較不嚴重。

8-2　電子束分析技術

電子束投射試片後，量測電子被散射的儀器有 LEED 和 RHEED，這已於第七章介紹。解析反射電子的顯微鏡是掃描式電子顯微鏡(SEM)，除觀測試片表面的結構外在SEM中裝電子微偵測器(EMP)則可解析試片化學成份，其技術有能量散布光譜(EDS)和波長散布光譜(WDS)。穿透式電子顯微鏡(TEM)可做缺陷和原子級微結構分析，亦可做成份和電子結構分析，如有 EDS 和電子能量損失(EELS)分析。電子束投射試片後偵測試片表面發光的 CL 影像與光譜已於上一節介紹，而偵測自試片表面發射出歐傑(Auger)電子的叫歐傑電子光譜儀(AES)。

8-2.1　掃描式電子顯微鏡 (SEM)

表面結構分析最常用的工具是掃描式電子顯微鏡。SEM的構造如圖8-13，其基本操作原理是電子槍產生電子束，經陽極加速電壓(約 2～40 keV)後，De Broglie 電子波長

$$\lambda_e = \frac{h}{mv} = \frac{h}{\sqrt{2meV}} = \frac{1.227}{\sqrt{E(\text{eV})}}(nm) = \sqrt{\frac{150.5}{E(\text{eV})}}(\text{Å}) \quad\text{...............} (8\text{-}50)$$

電子束被兩次磁透鏡聚焦，在第二磁透鏡後加兩個互相垂直的掃描磁線圈，使電子束在試片上做$(X，Y)$平面掃描，此掃描動作與CRT上之掃描動作同步。若投射到試片表面的電流為 I、電子束直徑為 d、而電子束散開半角(numeric aperture)為 α，則電子源的亮度為

$$\beta = \frac{I}{\pi^2 d^2 \alpha^2} \quad\text{...} (8\text{-}51)$$

經過物鏡的電子束，投射在試片表面的有效像點大小為

$$d^2 = d_0^2 + \left(\frac{1}{2}C_s \alpha^3\right) + \left(\frac{1.2\lambda}{\alpha}\right)^2 + \left(C_c \alpha \frac{\Delta E}{E}\right)^2 \quad\text{.............................} (8\text{-}52)$$

C_s 是球面像差係數，$\frac{1.2\lambda}{\alpha}$ 是孔徑繞射像差，C_c 是色像差係數，低能量電子束的 $\Delta E/E$ 較大，色像差使 SEM 解析度較差，投射到試片表面的像點越小則 SEM 的空間解析度越高。電子束與試片相互作用，激發出反射電子與二次電子，這些電子被偵測器偵測到後，經過訊號處理放大送到CRT，試片表面任意點所產生的訊號強度，調變為在CRT螢光幕上對應點的亮度。

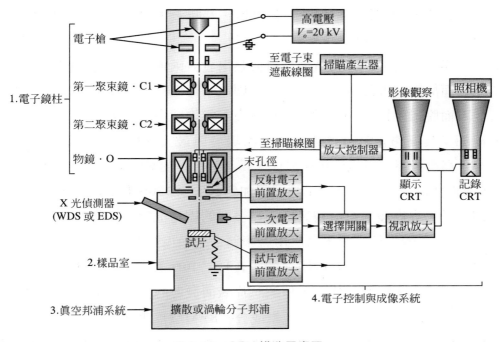

圖 8-13　SEM 構造示意圖

　　電子槍可提供直徑小，亮度高，且電流穩定的電子束，熱游離發射電子槍有鎢絲，LaB₆ 和蕭特基(Schottky)發射等三種，熱燈絲發射電子的電流密度

$$J = RT^2 e^{-E_W/k_B T} \quad\text{..} (8\text{-}53)$$

Richardson 常數 $R = 120$ A/cm²-K²，鎢絲的功函數 $E_W = 4.5$ eV，加熱溫度 2700K，LaB₆ 的 $E_W = 2.0$ eV，加熱溫度 1800°K，LaB₆ 的亮度比鎢絲提高 10 倍，壽命也提高 10 倍，但操作真空較嚴苛(10^{-7} torr)，比鎢絲真空度提高 100 倍，價格也多 50 倍。在鎢上鍍 ZrO 薄膜則 ZrO 將功函數從純鎢的 4.5eV 降為 2.8eV，加高電場到電子容易以熱能方式跳過能障(非穿隧)逃出針尖表面，蕭特基發射加熱溫度也是 1800°K，亮度是

純鎢絲的 1000 倍，壽命也提高 10 倍，熱離子電流穩定度佳，但真空度要求 $10^{-8} \sim 10^{-9}$ torr。

　　場發射電子槍分為冷場發射與熱場發射兩種，場發射原理是高電場使表面能障寬度變窄、高度變低，則電子可直接穿隧(tunneling)此狹窄能障而脫離陰極，場發射電子是從尖銳的陰極尖端發射出來，因此可得極細又具高電流密度的電子束。冷場發射最大的優點是電子束直徑最小、亮度最高、影像解析度最佳，為了避免針尖吸附氣體，必須在 10^{-10} torr真空度下操作，且需定時短暫加熱針尖至 2500°K，以去除吸附的氣體原子，提高發射電流穩定度。冷發射的總電流很小，像 WDS、CL 和 EBIC 等需較大穩定電流之應用就不適合，熱場發射電子槍是在 1800°K 溫度下操作，針尖不會吸附氣體，在 10^{-9} torr 真空下操作即可。

　　電子束入射到試片後，偵測試片表面發射的電子，解析這些電子可知薄膜的表面結構，和化學元素成分。SEM試片表面需導電性良好，能排除電荷，非導體表面若要觀察影像需鍍金，要做成份分析需鍍碳。自試片表面發射的電子能量分布很廣，乃入射固態表面的電子束在試片表面內產生多種散射，如圖 8-14。SEM 使用兩組偵測器，其一收集自體內反射的電子，和X射線產生的較高能量電子，叫體發射(BE)偵測器。入射電子被試片原子彈性碰撞，向後散射的反射電子數量會因試片元素種類不同而有所差異，試片中平均原子序越高的區域釋出來的反射電子越多，反射電子影像較亮，其對比較佳。反射電子在體內有順向的三維散射，有較強的陰影效應，對化學成分解析很靈敏。在 SEM 裝上 X 射線微區分析儀，將電子束撞試片激發出的特性X射線，以能量散佈光譜(EDS)和以波長散佈光譜(WDS)兩種方式偵測，可偵測試片的微區化學成分。WDS 偵測時間長，一次只能測到一種元素，而 EDS 可同時偵測所有元素，速度又快，故一般先進行EDS分析，得到化學組成資料，如有波峰重疊或要對含量少的元素進行較準確的定量分析才做WDS分析。

　　第二組叫表面散射(SE)偵測器，是收集能量較低的 Auger 電子和二次電子，它們自表面發射前經多重表面散射，陰影效應較弱，化學成分解析度較差，但表面粗糙度和功函數變化很明顯，由於表面不同位置的電子發射率不同，而形成起伏地形的表面影像。電子束垂直入射試片時入射角 $\theta = 0^0$，二次電子自試片表面小於 50 nm 深處發射出來，傾斜試片表面使入射電子束與試片散射的路徑較長，將增大二次電子發射係數，改變 θ 則明顯改變影像對比。若旋轉試片使電子束投射試片的截面，則從 SE 偵測器可準確量出薄膜的厚度。

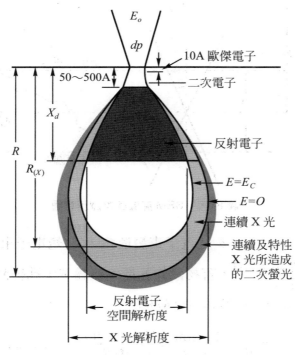

圖 8-14　電子束在試片表面內產生多種散射

　　SEM影像的放大倍率M，等於CRT螢幕的邊長 L 除以試片掃描區域的邊長 l，$M = L/l$。10cm邊長的CRT約含 1000×1000 個光點，故每一個光點直徑約 100 μm，光點大小對應到試片上的像素(pixel)大小，當電子束大小與試片像素大小相等時，可得到最強的信號，且沒損失解析度。

　　SEM的景深約是一般光學顯微鏡景深的300倍，適合觀察斷裂面的較大起伏表面，聚焦的電子束在某一聚焦點的上下範圍內，電子束直徑尚小於像素直徑，則仍屬聚焦範圍影像仍是清楚的，此上下範圍的深度叫景深，如圖8-15所示。

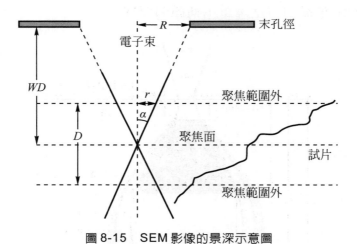

圖 8-15　SEM 影像的景深示意圖

　　$\tan\alpha \simeq \alpha = r/(D/2)$，$\alpha$ 是電子束發散角，$2r$ 是電子束直徑，而 $2r = \dfrac{100\mu m(\text{CRT 光點大小})}{M(\text{放大倍率})}$，若物鏡的孔徑半徑為 R，孔徑到聚焦面叫工作距離 WD，則電子束發散角 $\alpha = R/WD$

$$\text{景深 } D = \frac{2r}{\alpha} = \frac{100\mu m}{M\cdot\alpha} = \frac{100\mu m\cdot WD}{M\cdot R} \quad\text{......(8-54)}$$

在某一放大倍率下，要增加景深則必須減少電子束發散角 α，要減少 α 可使用較小的物鏡孔徑或增大工作距離，然而增加工作距離會降低影像解析度，故最佳景深與最佳解析度，需依觀察試片的目的選擇其一，無法兼顧。

　　使用二次電子訊號時 SEM 的解析度極限受最小電子束大小和所需最小電流限制，而使用反射電子、X-射線等訊號時 SEM 的解析度受電子束與試片的交互作用體積限制。當放大率很高，即電子束直徑很小時，需考慮透鏡像差，以(8-52)式得到最小電子束直徑。一直減少電子束直徑到電流跟著降低，最後造成訊號／雜訊比太小，訊號太弱。假設一般點訊號強度 S，特定點之訊號為 $S_{\max}$，對比定義為 $C = \dfrac{(S_{\max} - S)}{S_{\max}}$，訊號 S 隨電子束電量 n 增大則對比 C 減少。表 8-1 顯示掃描圖框時間與解析度的關係，對比等於 40％時，只要電子數 n(掃描時間 × 所需電流)大約等於 10^{-10} 安培-秒時，則該對比均可被偵測到，故藉增加掃描圖框時間，減少電流即減少電子束大小，可提高解析度。表 8-2 是試片對比與解析度關係。對比增加時所需的 n 值減小，若掃描圖框時間維持 100 秒，則所需電流變小，解析度提高。提高加速電壓則電子波長變短，可降低像差和減小電子束直徑，但有增加電子束電流，較佳訊號/雜訊比和較佳解析度的效果。

表 8-1　掃描圖框時間與解析度的關係 (4)

試片對比 (%)	40						
掃描圖框時間 (秒)	0.098	0.784	6.25	25	100	400	3200
所需電流 (安培)	1.02×10^{-9}	1.28×10^{-10}	1.6×10^{-11}	4×10^{-12}	1×10^{-12}	2.5×10^{-13}	3.12×10^{-14}
極限解析度 (Å)	753	345	159	95	58	37	25

表 8-2　試片對比與解析度的關係 (4)

試片對比 (%)	5	20	40	60	80	100
掃描圖框時間 (秒)	100					
所需電流 (安培)	6.4×10^{-11}	4×10^{-12}	1×10^{-11}	4.44×10^{-13}	2.5×10^{-13}	1.6×10^{-13}
極限解析度 (Å)	267	95	58	44	37	33

8-2.2　穿透式電子顯微鏡 (TEM)

　　穿透式電子顯微鏡的基本構造是自陰極發射的電子，經聚光鏡系統集束和陽極加速(100 keV～400 keV)後，電子以波長 $\lambda = \sqrt{\dfrac{150.4}{E(\text{eV})}}$ Å 的平行同調(coherent)波，入射厚度小於 100Å、直徑約 3mm 的透明薄試片，試片越薄則電子束越細，同調性越佳則成像解析度越高。穿透試片的電子被磁物鏡放大成像，放大率可大於 5×10^5 倍，此像由組合磁透鏡投射到螢光幕上，則試片結構的二維組織即 TEM 的影像，此影像對試片的厚度和表面地形的不規律性很敏感，因此 TEM 可直接觀察晶體的實際結構，清楚看到在晶體中的各種缺陷。在 TEM 中直徑約 0.5 nm 的電子束對試片掃瞄叫 STEM，在 STEM 中的入射電子也產生二次電子，向後散射電子、X 射線微區分析等 SEM 的功能 STEM 都可做，HRTEM 的電子束可小於 2 nm，其 EDS 可直接確認各個奈米晶粒的組成。

　　在 TEM 系統中做 Laue 繞射叫穿透式電子繞射(TED)，由 TED 倒晶格圖案，可知晶體結構。電子束照射於多晶結構試片上則繞射圖形呈環狀，如圖 8-16。繞射與實際空間的幾何關係為

$$\frac{r}{L} = \frac{g}{k} = \frac{2\pi/d}{2\pi/\lambda} = \frac{\lambda}{d}$$

故底片上的繞射向量的長度

$$r = \frac{\lambda L}{d}$$ ....(8-55)

L 是試片與照相底片間的距離，d 是晶面間的距離。要驗證某一晶體存在的步驟如下：(a)量得繞射圖形向量 g_1、g_2、g_3 的長度分別為 r_1、r_2、r_3。(b)找 X 射線繞射資料卡，若晶面間距離比值 d_1、d_2、d_3 與所量的 r_1、r_2、r_3 相近，試定出這些向量可能對應的晶面。(c)以d看出晶面間夾角 $\cos\phi = \dfrac{\vec{g_1} \cdot \vec{g_2}}{|g_1||g_2|}$，與所量各向量間的夾角 ψ_1、ψ_2 比較。(d)一直試到假定的各繞射向量長度比及夾角，與繞射圖形所量得者一致為止。(e)最後以二繞射方向的向量積 求得入射電子束方向。

圖 8-16　TEM 系統中的 Laue 繞射圖案

在試片下分析被非彈性散射的穿透電子能量損失譜(EELS)，可研究薄膜體內的電子結構。EELS 是吸收光譜儀，對原子序 Z 小於 10 的元素仍很靈敏。電子能量損失譜基本上包含三大區域，如圖 8-17，a 區是零損失峰是直射電子或與試片彈性散射的電子所造成，零損失峰通常只作校正試片厚度計算。b區是入射電子與試片內的價電子或導電電子作用而引起能帶中電子集體震盪，入射電子因而損失部分能量，這叫電漿子(plasmon)能量損失，此損失能量一般低於50 eV。從電漿子損失峰位置可用來判斷微區元素的化態，其強度與損失峰個數可用來判斷試片厚度，因試片較厚時會出現數個電漿子損失峰，能量位置成數倍關係。c區是入射電子若擊掉試片原子內層電子，而損失特徵游離能叫核層(core)損失區，核層損失區的強度遠低於前兩區，此區須放大10倍以上才能同時顯示在同一能譜上，且電漿峰與零損失峰的強度比一般應小於0.2。K、L、M、N每一層電子軌道都有一特性邊緣，且每一特性邊緣都有強度緩降的斜坡，乃入射電子能量損失有可能高於游離能。試片較厚時，特性邊緣會重疊著電漿峰，這是因為入射電子經過游離後，還會遭到電漿子的非彈性散射。電子入射能 $E_o <$ 20 eV 時使用高解析度電子顯微鏡(HRTEM)，可藉表面電漿子和表面聲子得知薄膜的表面或界面的激態鍵結型態。HRTEM在結構上和成分上都可解析至奈米級，是研究元件界面特性的利器。

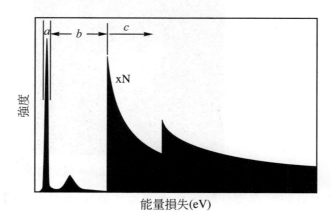

圖 8-17　典型的EELS能譜示意圖。區域a：零損失峰，區域b：低能量損失區；區域c：核損失區。核層損失區的強度遠低於前兩區，欲同時顯現在同一能譜中，必須放大十倍以上

8-2.3　歐傑電子光譜儀 (AES)

　　電子槍以高速能量電子打出導電體試片材料原子的 K 層或 L、M 層電子，原子留下空位，入射電子和被打出的內層電子脫離原子，在試片中進行複雜的散射，而被游離原子的較高層電子，在補此空位時不發射螢光(XRF)，卻將其能量打出第二個電子叫歐傑(Auger)電子，分析歐傑電子能量的光譜儀叫 AES。

　　歐傑轉移過程有很多種如 KLL、LMM、LVV(V為價帶)等，圖 8-18 是半導體的 KLL AES 電子轉移過程。起初兩個電子的波函數分別為 $\phi_{2s}(\vec{r}_1)$、$\phi_{2p}(\vec{r}_2)$，當 $\vec{r}_1$ 的電子跳到 $1S$ 能態，而 $\vec{r}_2$ 的電子以 $\vec{k}$ 平面波逃脫原子為自由電子時，轉移後的波函數為 $\phi_{1s}(\vec{r}_1)e^{i\vec{k}\cdot\vec{r}_2}$，兩電子跳動時的庫倫位能為 $\dfrac{e^2}{4\pi\epsilon|\vec{r}_1-\vec{r}_2|}$，故 KLL 歐傑轉移的機率為

$$P_{\text{KLL}} \propto \left| \phi_{1s}^{*}(\vec{r}_1)e^{-i\vec{k}\cdot\vec{r}_2}\frac{e^2}{4\pi\epsilon|\vec{r}_1-\vec{r}_2|}\phi_{2s}(\vec{r}_1)\phi_{2p}(\vec{r}_2) \right|^2 \quad\text{.....................(8-56)}$$

歐傑轉移不發光，因此不遵守選擇率：$\Delta l = \pm 1$ 和 $\Delta j = 0$、± 1。

　　KL_1L_2 過程的歐傑電子動能

$$E_A = E_K - E_{L1} - E_{L2} - W \text{...(8-57)}$$

W 是電子脫離試片表面的功函數，E_K、E_{L1}、E_{L2} 可用 XPS 量出。而當 L_1 電子離開時會增加 L_2 電子的束縛能，在多電子系統詳細的修正項很難算，但簡單的經驗式卻很準，原子序為 Z 的原子跑一電子的游離能相當於 $Z+1$ 原子的內層電子能量，即 L_1 層跑掉一電子所增加的平均束縛能為 $(E_{L_1}^{Z+1}-E_{L_1}^{Z})/2$，當 L_1 電子跳動使 L_2 電子脫離表面時，原子內能修正項為

$$\Delta E(L_1 \cdot L_2) = \frac{1}{2} \left[E_{L_2}^{Z+1} - E_{L_2}^{Z} + E_{L_1}^{Z+1} - E_{L_1}^{Z} \right] \dots\dots\dots\dots\dots\dots (8\text{-}58)$$

而歐傑電子動能應為

$$E_A^Z = E_K^Z - E_{L_1}^Z - E_{L_2}^Z - \Delta E(L_1 \cdot L_2) - W \dots\dots\dots\dots\dots\dots (8\text{-}59)$$

歐傑是三個電子的轉移過程，故原子序 $Z < 3$ 不會有歐傑電子，而 Z 越大的原子各層電子的束縛能越大，其歐傑電子的動能也越高。$3 < Z <$ 14 為 KLL 轉移，$14 < Z < 40$ 為 LMM 轉移，$40 < Z < 80$ 為 MNN 轉移，而 LVV 是矽晶的主要轉移。

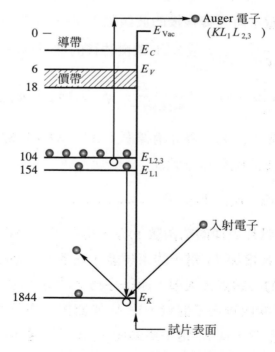

圖 8-18　半導體的 KLL AES 電子轉移過程

例 8-2　Fe 原子 $Z = 26$，用 XPS 量得 $E_K^{Fe} = 7114eV$，$E_{L_1}^{Fe} = 846eV$，
$E_{L_2}^{Fe} = 723eV$，而 Co 原子 $Z = 27$，$E_{L_2}^{Co} = 794eV$，$E_{L_1}^{Co} = 926eV$，由 (8-59) 式得 $E_{KL_1L_2}^{Fe} = 5470eV$，而由 AES 實驗量得，
$E_{KL_1L_2}^{Fe} = 5480eV$。

以同軸圓柱形鏡面分析器 (CMA) 收集歐傑電子，在圓柱上的 V 電壓
重疊 - 交流小信號，則電流

$$I(V + V_0\sin\omega t) \cong I_0 + \frac{dI}{dV}V_0\sin\omega t + \cdots .... (8\text{-}60)$$

自試片表面發射的電子含歐傑電子與非歐傑電子，小訊號電壓變化提供
了電子能量波譜，定義能量解析度為 $R = \dfrac{\Delta E}{E}$，電子能量 E 中有 ΔE 歐傑
電子通過 CMA 分析器，CMA 設定 R 為定值，則 ΔE 正比於 E，故歐傑
波譜表示的是能量 $EN(E)$，而不是電子數 $N(E)$，歐傑電子的能量在
$30\sim3000$ eV 間。在 AES 強度峰值處作微分，產生一共振形狀的 $\dfrac{d[EN(E)]}{dE}$
變化，$dN(E)/dE$ 的斜率很陡，對小信號很敏感，足以壓制二次電子的
背景，提高表面分析的鑑別率，如圖 8-19。微分譜的峰至峰值與該成分
的強度有關，但當組成元素的歐傑訊號相互重疊或有化學態的變化，則
定量誤差會很大，若積分能譜計算譜峰內的面積大小，則比較能反應各
元素實際的組成比率。

歐傑電子儀主要功能是掃描檢測試片表面元素，然後選擇重要的表
面元素譜峰做化態或定量分析。歐傑電子影像分析很像 X 射線光譜儀的
EDS 原理，不過歐傑電子影像的訊息縱深小於 10 nm 的表面層，而 EDS
影像的訊息縱深一般在 1μm 以上，因此 AES 較適合做表面分析。AES

利用離子束濺蝕試片表面，也可進行縱深成份分析，而入射離子的質量、能量與劑量，會影響縱深解析度。

　　AES是在超高眞空下檢查試片表面清潔度的工具，可做薄膜沉積研究，表面成分和化學鍵結狀態分析，加濺射裝置可做成份縱深分布。AES比XPS分析速率快，表面鑑別率高，但電子束在試片散射會傷害生醫材料，化合物材料如GaAs、ZnO等將造成缺陷改變表面的電子特性。

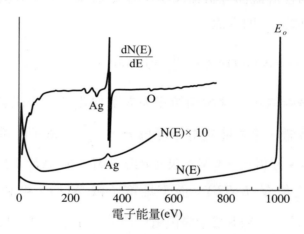

圖 8-19　自銀表面發散出來的各類電子之能量分佈圖，此銀試片表面為 1 keV 的電子束所照射 (4)

8-3　掃描探針顯微技術 (scanning probe microscopy)

　　掃描探針顯微鏡有掃描式穿隧電流顯微鏡(STM)、原子力顯微鏡(AFM)、和近場光學顯微鏡(NFOM)等，這些掃描式技術不僅可得到高解析度的表面形態影像，且對表面、界面的修飾或蝕刻已從微米級降至原子級，因此 SPM 是研究表面結構和操縱單原子奈米技術的利器。

8-3.1　掃描式穿隧顯微鏡 (STM)

掃描式穿隧電流顯微鏡是利用奈米探針記錄試片表面各位置的電子穿隧電流，得到原子級表面形狀和表面電子結構。STM的探針與試片都需要會導電，若金屬針尖與試片間的距離 d 的單位為 Å，ϕ_1 與 ϕ_2 分別是探針與試片的功函數，定義有效功函數 $\phi = \dfrac{\phi_1 + \phi_2}{2}$，$\phi$ 的單位為eV，這兩極間加電壓 V，則 STM 電子穿隧電流可用 Fowler-Nordheim 近似表示

$$I_T \propto \frac{V}{d} e^{-2d\sqrt{2m\phi}/\hbar} \propto \frac{V}{d} e^{-Kd\sqrt{\phi}} \quad\text{...} (8\text{-}61)$$

常數 $k = \dfrac{2}{\hbar}\sqrt{2m} = 1.025 \text{Å}^{-1}(\text{eV})^{-1/2}$。

為了得到各個原子的影像，橫過試片表面的小針尖，移動必控制在 $1\sim2$Å 內，其精確度小於 0.1Å。要達到這種精確度需克服兩大困難，其一是需壓制整個系統的機械振動，STM除了以彈簧懸吊外，再加一磁鐵使在銅板內感應渦電流，以提高阻尼吸振。其二是原子尺寸的針尖製作，將直徑1mm的鎢(W)或銥(Ir)線，一端磨至半徑低於1μm後，加10^8 V/cm 高電場進行削尖，可調整加電場時間，重複數次達到要求的奈米錐尖尺寸。

STM裝置電路如圖8-20，根據(8-61)式，稍微起伏的表面或功函數改變，將有靈敏的穿隧電流強度變化，三支分立在平面的壓電材料長柱，分別加偏壓引起長柱微彎，試片將做微小距離移動，第四支壓電棒使針尖在試片表面掃描。假設功函數 ϕ 是定值，藉回饋電路保持穿隧電流 I_T 為定值，記錄放大器偏壓 $V_z(V_x，V_y)$如何隨地形 $Z(x，y)$改變，就得到原子級解析度的表面起伏形狀。或關掉Z壓電元件的回饋電路，任憑探針在 x、y 平面上以等高度掃描，而得到穿隧電流隨試片表面的起

伏分布,則將(8-61)式的 I_T 對 d 求導數,可得到表面的平均功函數

$$\phi = \left[\frac{\partial \ln I_T}{\partial d} \right]^2 \quad\text{...} (8\text{-}62)$$

因試片的振動頻率遠高於回饋電路的頻率,但低於系統的自然頻率,故藉鎖頻(lock-in)偵測法的差電流取像,則具有較高的訊號/雜訊比,和較佳的影像對比。STM可在真空中、空氣中、或溶液中操作,可解析金屬或半導體表面到原子級,清楚看到表面重構(reconstruction)的組織。

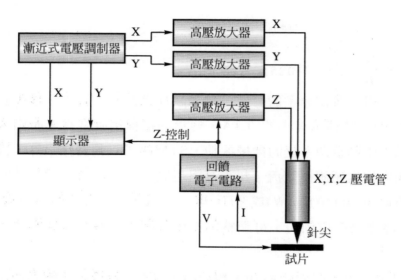

圖 8-20　STM 裝置電路

將STM的穿隧探針放在異質接面(heterojunction)的金屬-半導體表面附近進行真空電子穿隧,如圖 8-21。若探針與異質接面間的偏壓小於蕭特基能障(Schottky barrier),則穿隧電子能量不足以越過蕭特基能障而量不到電流,但偏壓大於蕭特基位壘則電流突然增大。在界面不同區域的電流不同,表示其電子結構有差異,這種高解析度的量測叫彈動電

子發射顯微鏡(ballistic electron emission microscopy)。BEEM 提供界面電子結構的直接資訊,如蕭特基能障高、在界面的缺陷結構、界面電子的量子效應和在金屬層的彈動電子傳輸特性。

掃描穿隧光譜儀(STS)用來解析導體和半導體的表面電子結構,圖 8-22(a)是半導體對金屬針尖正偏壓時,電子自金屬針尖穿隧到半導體導帶或表面的空位能態。若半導體對金屬針尖負偏壓如圖 8-22(b),則電子自表面能態或價帶穿隧到金屬端,因此量穿隧電流強度與 STM 偏壓極性關係,可知表面能態的電子結構。

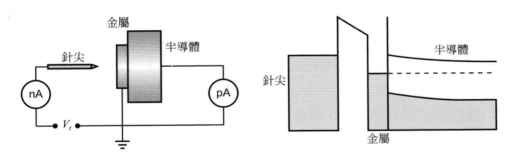

圖 8-21 BEEM 的真空電子穿隧

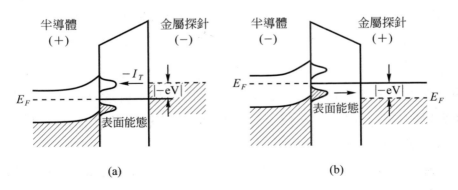

圖 8-22 STS 解析表面電子結構

8-3.2　原子力顯微鏡(AFM)

　　AFM 基本架構與 STM 相似。其最大不同點是用一個對微弱力極為敏感的懸臂樑(cantilever)針尖代替 STM 的針尖，並以探測懸臂的偏折位移代替 STM 中的穿隧電流。針尖與樣品間之作用力與距離關係如圖 8-23 所示，其中長程力包括：重力、磁力、靜電力等；短程力包括：凡得瓦爾力、毛細作用力、鍵結力等作用力。探針在試片表面平衡點 a_0 處受力為零，距離大於 a_0，則兩者非接觸相互有凡得瓦爾吸力，若距離小於 a_0，則兩者有斥力，位能正值後則兩者接觸，若間歇式拍打試片，則探針受吸力與斥力週期性變化。圖 8-24 為 AFM 的基本構造，懸臂長度只有幾微米長，懸臂重量小於 $1\mu g$，固有振盪頻率大於 10kHz，彈性常數很低，原子級探針是置放於彈性懸臂樑末端，探針一般由成分矽(Si)、氧化矽(SiO_2)、氮化矽(Si_3N_4)或奈米碳管(CNT)等所組成。當探針尖端和樣品表面非常接近時，兩者之間會產生一股作用力，其作用力的大小值會隨著與樣品距離的不同而變化。

　　AFM 的三維壓電掃描器動作原理與 STM 相同，而懸臂的運動會造成雷射光束反射方向改變，即使是微小的角度改變，乘上反射點到偵測位置變化的光度感測器(PSD)距離，則微小的懸臂偏移已被放大近千倍，此種力場感測裝置簡單，但懸臂上需蒸鍍一小平面鏡，且須排除雷射光束在鏡面上引起加熱反應，為感測這微弱力，需花功夫克服系統受外在環境振盪之干擾。PSD感測到試片高度的改變，就透過回饋電路的處理使懸臂的偏移(deflection)不變，則探針連續或斷續地在試片上掃描就呈現試片表面的形貌影像。

　　AFM的操作以使用接觸式的較多，但此法會傷害試片表面。探針與試片的原子力有三種：

1. 離子核心(ion cores)之間的庫倫斥力，F_{ion}。
2. 價電子與離子核心間之庫倫吸力，F_e。
3. 較長程的凡德瓦爾力，F_{vdw}。

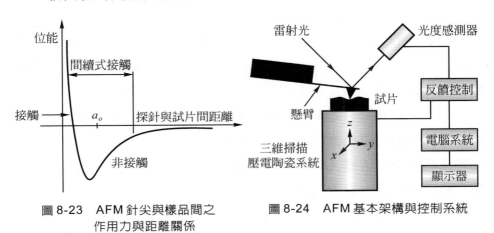

圖 8-23　AFM 針尖與樣品間之　　　圖 8-24　AFM 基本架構與控制系統
　　　　　作用力與距離關係

　　接近式的操作忽略 F_{vdw} 力，而 $|F_{\text{ion}}|$ 大於 $|F_e|$，且 $|F_{\text{ion}}|$ 隨著間距減小而力增大的速率高過 F_e 的變化率。故在接觸式掃描中，探針所感受到的主要是探針尖端的離子核心與試片表面離子核心之間的庫倫斥力，因此以等力面取像是試片表面離子核心的位置。當探針與試片間距增大時，$|F_e|$ 減小的比 $|F_{\text{ion}}|$ 慢，以致在探針的高度超過某臨界值後，探針斥力位能會由正轉為負值。在這斥力的負位能操作範圍，AFM 所得到的等力面是試片表面的電子雲分布，但是絕大部份的接觸式掃描取像都在斥力範圍下操作。

　　非接觸式作用力顯微鏡有凡得瓦爾力顯微鏡、靜電顯微鏡和磁力顯微鏡。若探針與試片表面都很乾淨，電中性且不具磁力，則非接觸式掃描顯微鏡便是感測凡得瓦爾力，可在試片表面上小於 100 nm 內偵測到此微小之力(可小於 0.01 nN)，因此是非破壞性檢測，但解析度較差。外加信號於壓電陶瓷使懸臂產生共振，則探針輕敲試片表面這叫輕敲法(tapping mode)，因接觸是斷續的，表面傷害很低，對較軟較脆的試片表面以回饋電路保持振幅不變，則探針仍可得到高解析度的表面形態影像。

　　AFM 的橫向解析度可至 1 nm 左右，且可進入水中掃描，解決了觀察活體取樣的困難，不僅可觀察由活體取出的細胞結構，也可以用原子力顯微鏡針尖取出細胞膜上的分子，或藉著原子力顯微鏡針尖在人工細胞膜上植入一些帶功能的蛋白質，這方法可以操縱生物分子和在生物系統上加工。當研究一新型生醫材料時，材料與宿主之間會產生許多交互作用，例如蛋白質吸附與脫附、血栓、感染與細胞表面交互作用等。這些作用都會影響人體，因此藉原子力顯微鏡去觀察材料和細胞之間的影響，以了解生醫材料與人體之間的交互作用是相當重要的。原子力顯微技術可應用於研究的領域十分廣泛，包括金屬與半導體的表面物理現象：如表面結構與相變、表面電子態及磁性分布等；動態現象：如原子或分子擴散、吸附或脫附等；表面化學現象：如腐蝕、激發、沉積等；生物樣品如 DNA 或細胞的結構分析等。此外，AFM 探針還可以作為操縱表面原子或分子的工具。

8-3.3　近場光學顯微鏡

　　掃描式近場光學顯微鏡是利用在遠小於一個波長的距離內(即近場中)來進行光學量測，避免繞射干擾以提高空間解析度。掃描式近場光學顯微鏡目前的做法是使用熔拉或腐蝕光纖波導所製成的探針，在外表鍍上金屬薄膜以形成末端具有 15 nm 至 100 nm 直徑尺寸之光學孔徑的近場光學探針，再以可作精密位移和掃描探測的壓電陶瓷材料，配合原子力顯微技術所提供的精確高度回饋控制，將近場光學探針非常精確地控制在被測樣品表面上 1 nm 至 100 nm 的高度，進行三維空間可回饋控制的近場掃描，而具有奈米光學孔徑的光纖探針即可作接收或發射光學訊息之用，由此可以獲得一真實空間的三維近場光學影像。

　　理論上，近場光學顯微鏡可提供樣品表面小至分子尺寸的橫向空間解析度，實際上其光學空間解析度取決於其光纖探針末端光學孔徑大小，及近場光學探針與樣品表面的距離，故目前受限於光學孔徑大小的製作技術，實際可獲得之最小近場光學橫向顯微解析度約 20 nm。目前的近場光學顯微影像的橫向解析度遠優於傳統光學顯微鏡，也接近於電子顯微鏡的高解析度，而近場光學顯微鏡可在空氣中、水中或各種溶液中進行光學觀測，樣品不需繁複製備手續，屬於非破壞性檢測方法。且因它是一種光學方法，顧客利用光波的偏振性、相位和螢光性等來提高光學影像的對比，且所獲得之各種光學訊息是極其區域性的，能提供樣品表面小至分子尺寸的光譜訊息。掃描式近場光學顯微術目前已迅速地應用在生物、醫學、半導體、光電及高分子材料之奈米材料研究上，也將成為奈米製程技術(nanofabrication technology)的重要工具。近場光碟片之光纖探針維持在記錄層表面上約數個奈米的近場距離，作近場光學的寫入或讀出將有高達 100 Gbits/inch^2 的超高記憶儲存量。

　　掃描式近場光學顯微儀可對樣品作反射或穿透式之各種光譜訊息之分析與量測，較常用的工作模式如圖 8-25 所示。

1.　穿透式近場光學顯微儀

　(1)　探針照明模式(illumination mode)

　　　　以光纖探針之光學孔穴作為近場之點光源，光經樣品穿透至另一方之偵測器而被接收的模式。

　(2)　探針集光模式(collection mode)

　　　　光源由樣品另一方送入，穿透樣品後經由光纖探針在近場接收的模式。而光源穿透樣品的方式又可分為用內部全反射

(total internal reflection)式的方法，與直接入射光穿透樣品的
方式等兩種。

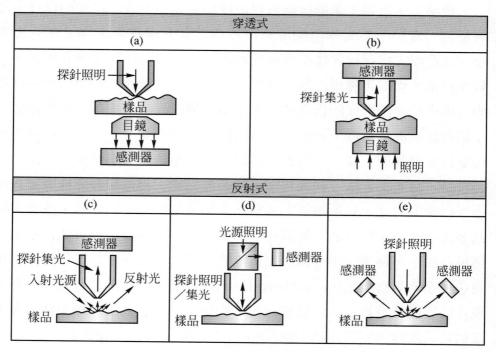

圖 8-25　近場光學顯微鏡的操作模式

2. 反射式近場光學顯微儀

(1) 斜向照明探針集光模式(oblique)

　　光源由側面打在樣品上面反射後由光纖探針在近場中接收
光學訊號的模式。

(2) 垂直反射模式(vertical reflection mode)

　　光經由光纖探針在近場中發射至樣品表面，經垂直反射後
再由同一光纖探針在近場中接收光學訊號的模式。

(3)　探針照明斜向收光模式(Illumination Mode)

　　　　光經由光纖探針在近場中送出至樣品表面，反射後由側向的偵測器接收光學訊號的模式。

8-4　X-射線分析技術

　　X射線分析也是非破壞性技術，可在不同環境下進行測試工作，結合同步輻射技術的應用，使 X 光分析技術成為解析薄膜結構的重要工具。X 射線入射試片產生繞射(XRD)和反射或穿透的地形影像(XRT)是分析材料結構和缺陷的利器。化學成份分析可用X射線在試片產生光電子的光譜儀(XPS)或產生二次 X 射線螢光光譜(XRF)，二次 X 射線也可做 EDS 或 WDS 偵測的微區分析。使用同步輻射進行 X 射線反射率曲線量測和吸收光譜圖，可知薄膜介面的微結構變化。

8-4.1　X 射線特性

　　抽真空的X射線管，陰極加熱跑出電子，陽極接地相對陰極為高電位加速電子，高能量電子撞擊陽極靶表面，電子由高速連續降至速率為零。動能損失大部份產生熱，約 1 ％左右能量輻射出連續 X 光譜，電子動能轉為光子能量關係為

$$E(\text{eV}) = \frac{1}{2} mv^2 = hv_{\max} = \frac{hc}{\lambda_{\text{SWL}}} = \frac{12400}{\lambda_{\text{SWL(Å)}}} \text{................................} (8\text{-}63)$$

λ_{SWL}是連續X射線的最短波長。圖 8-26 中特性X光重疊在連續波譜上，連續波譜底下的面積表 X 光總輻射功率，此連續波的強度為

$$I_{\text{連續}} \propto iZV^2 \text{...} (8\text{-}64)$$

I 正比於 X 光管電流 i、電壓 V 和金屬靶原子序 Z。特性 X 光是化學組成分析中之主角，而連續 X 光譜是背景雜訊之主要來源。

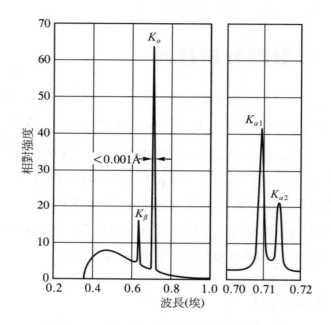

圖 8-26　特性 X 射線重疊在連續波譜上

　　原子內部的電子在不同能階的軌道上，將原子軌道上的電子擊出，所需的最低能量叫臨界游離能，每一元素的每層和每一副層的電子其臨界游離能都不相同。化學成份分析時，通常操作電壓選在其臨界游離能的 2～3 倍，入射電子才會擊出原子內該層軌道電子。特性 X 光乃原子的內層電子被擊出，其空位由一較外層的軌道電子來填補所釋放的能量。如 CuK_α 線乃銅原子的 K 層 ($n = 1$) 電子被入射高能量電子擊出，空位由 L 層 ($n = 2$) 的電子填補，而放射出 K_α X 光，若由 M 層 ($n = 3$) 電子填補則放射 K_β X 光。同理，由 M 層電子填補 L 層空位則發射 L_α X 光。由於每一層軌道又可分成數個不同能階的 s、p、d、f 副層，每一副層的角動量分別為 s 層 $l=0$、p 層 $l=1$、d 層 $l=2$、f 層 $l=3$，在各軌道上電子的自轉角動量 $s=\pm\frac{1}{2}\hbar$，總角動量 $\vec{j}=\vec{l}+\vec{s}$，電子補位需滿足選擇法則 $\Delta n>0$，$\Delta l=\pm1$，$\Delta j=0$ 或 ±1。因此圖 8-27 的特性 X 光中 K_α 又細分為 $K_{\alpha1}$ 和 $K_{\alpha2}$，K_β 也細分為 $K_{\beta1}$ 和 $K_{\beta2}$。

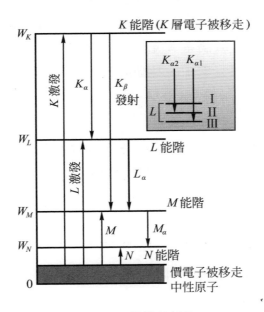

圖 8-27　特性 X 射線

　　每一種元素原子的電子能階都不相同，所輻射出的 X 光能量都具有該元素的特定值故叫特性 X 光，特性 X 光的能量

$$E_{k\alpha1}=E_k-E_{L3}，E_{k\beta2}=E_k-E_{M2} \quad\text{...}(8\text{-}65)$$

而臨界游離能為

$$E_c=E_k-0，E_k=\mathrm{eV}_k=\frac{12400}{\lambda_k(\text{Å})}$$

故特性X光的能量永遠小於臨界游離能。特性X光的頻率 v 與元素的原子序 Z 的關係為 Moseley 定律

$$\sqrt{v} = c(Z-b) \ \text{...} (8\text{-}66)$$

c 和 b 常數與譜系的種類有關。電子束如有足夠能量激發元素的某一特性X光，則其他較低能量的X光必同時存在，例如重元素的 K 譜系 X 光出現，則其 L 譜系、M 譜系 X 光也一定存在。

光電效應激發出光電子，其動能為

$$hv - \phi = \frac{1}{2}mv^2 \ \text{.......................................} (8\text{-}67)$$

X射線光子能量轉給吸收材料的原子外層電子而激發出光電子，X 光強度因光子被吸收而減弱，ρ 是材料密度(g/cm^3)，α 是吸收係數(cm^{-1})，則

$$I = I_0 e^{-\left[\left(\frac{\alpha}{\rho}\right)\rho x\right]} \ \text{..............................} (8\text{-}68)$$

α/ρ 叫質量吸收係數(cm^2/g)，而

$$\frac{\alpha}{\rho} \propto \lambda^3 Z^3 \ \text{...} (8\text{-}69)$$

低能量(soft) X 光波長較長易被吸收，增大吸收材料的原子序 Z 將提高吸收效果。但吸收材料都在特定能量會突然吸收升高，這特定值叫吸收邊緣能量或吸收體的臨界游離能 E_c，在此能量最有效激發光電子，光子被吸收的機率最大。比特性 X 光靶原子序小的材料都會吸收該靶的 X 光，繞射實驗希望純 K_α 單色光源，故常用一濾光片其 K 吸收邊緣介於靶金屬的 K_α 與 K_β 間，大幅吸收了 K_β 強度如圖 8-28，一般濾光片材料的原子序常較金屬靶原子序小 1 以達到最大吸收，例如銅靶的 $Z = 29$，

使用$Z=28$的鎳為銅K_β濾光片。

　　X 光被材料吸收會產生光子散射，也會產生光電子。若被散射的 X 光能量與入射的 X 光能量相同這叫 Rayleigh 散射。若入射的 X 光打出光電子，則散射光的波長較長這叫 Compton 散射，Compton 散射是材料吸收 X 光激出光電子後可能產生 X 射線螢光(XRF)之二次 X 光，也可能再激出第二個電子叫 Auger 電子。受激體的原子序較大，吸收能量較高，則其 K 線的螢光比例較大，但螢光效應很高會將繞射訊號埋沒，故要做繞射實驗則需加裝晶體單光器(monochrometer)以去除螢光。

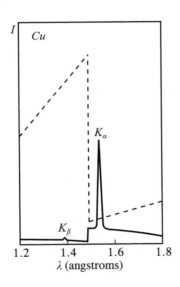

圖 8-28　用 Ni 濾光片濾銅靶之K_β X 光

8-4.2　X 光繞射儀

　　X 光繞射儀有很多種，第七章所介紹的 XRD(I_{hkl}，$2\theta_{hkl}$)圖形，用來決定晶體結構和晶格常數。勞厄(Laue)繞射儀用來決定晶軸方向，以反射式或穿透式照相得勞厄繞射斑點後，以沃夫網格(Wulff net)判定各斑點是由那一組(h.k.l)原子面所造成的繞射，再將繞射斑點轉換成倒晶格 $\bar{g}$ 的分布。利用這些 $\bar{g}$ 與直射光方向的夾角 ψ，即可決定晶軸方向。將晶片放在角向器(goniometer)上，利用角向器調整(h,k,l)布拉格反射面，以偵測器(detector)代替底片，直接量繞射強度最大的夾角，則可測定晶片切面與原子面的錯切角。若要在晶片上作辨識記號，則將晶棒放在角向器上，調至 <100> 晶向有最大繞射強度，做記號然後調出(100)與(110)面之夾角，在晶棒上做(110)平邊(flat)或凹痕(notch)為辨識晶面。

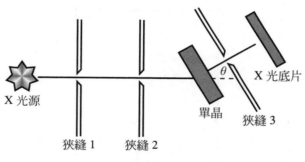

圖 8-29　蘭氏位像儀

　　X光位像儀(X-ray topographic camera)是利用布拉格繞射使晶體的缺陷反映在繞射強度的分布上，通常有缺陷地區有應變場，使其繞射強度較完美單晶的強。因此繞射強度的對比可決定缺陷的種類及其分布。常見的 X 光位像儀有穿透式的蘭氏(Lang)位像儀和反射式的柏格-巴瑞(Berg-Barrett)位像儀與雙晶位像儀。蘭氏位像儀裝置如圖 8-29，X 光經兩組狹縫使光束變細後投射放在角向器中心的試片，調整角向器使(hkl)與入射光的夾角為 θ_{hkl}，則滿足布拉格繞射條件的繞射光經由狹縫 3 被成像在底片上，狹縫 3 是用鉛金屬擋片擋住直射光，並可減小其他雜訊。

　　柏格-巴瑞反射式位像儀裝置如圖 8-30，X 光以小角度入射試片表面，儘量使反射光垂直表面，且試片與底片間的距離儘量拉近以提高解析度。雙晶位像儀的第一片單晶做單色光器用，第二片即被測的試片，X 光經兩次繞射解析度會較前二方法高，若將底片改為偵測器，如圖 8-31，則此一繞射裝置可用來偵測晶體轉動曲線(rocking curve)或叫 θ -掃描，固定偵測器的 2θ 不變而試片的入射角由小增大，當入射角等於 θ_{hkl} 時滿足布拉格條件的繞射強度最強。晶體轉動曲線通常用來測試磊晶與基板晶體的晶格失配情形，由 θ-掃描的繞射峰半高寬 $W_{1/2}$ 可計算薄膜中晶塊排列的散漫度(mosaic spread)，$W_{1/2}$ 小表示低散漫度，即單晶的結晶性較佳。

　　XRT是觀測晶格些微變化或研究晶體缺陷分布的極佳工具。X 光位像儀沒使用透鏡放大，並非高解析技術，而繞射之強度對比是分布缺陷的關鍵。晶格有缺陷時繞射強度較完美單晶部份強，但無論是刃差排或螺旋差排，當柏格斯向量(Burgers vector) $\vec{b}$ 與繞射倒晶格向量 $\vec{g}$ 垂直，即 $\vec{g}\cdot\vec{b}=0$ 時，則無法看到差排的位像，因此藉位像分布可決定差排柏格斯方向與大小。磁性材料單晶如其兩相鄰磁區的磁化向量的向量差 $\Delta\vec{M}$ 與倒晶格向量垂直 $\Delta\vec{M}\cdot\vec{g}=0$，則磁區壁(domain wall)之繞射強度最弱，$\Delta\vec{M}\cdot\vec{g}\neq0$ 則磁區壁成像很明顯。同理，鐵電材料的 X 光位像強度對比也很容易看出極性區區壁分布。若晶體中出現雙晶則不同晶塊的晶向對X光繞射時，滿足繞射條件的晶塊繞射強度較強，未滿足的繞射強度較弱，因此在X光位像圖中很容易辨識出雙晶結構。在單晶成長中若生長方向為 $\vec{n}$，則 $\vec{g}\cdot\vec{n}\neq0$ 時可在 X 光位像中確認晶格疊差(stacking fault)的位置及形狀。

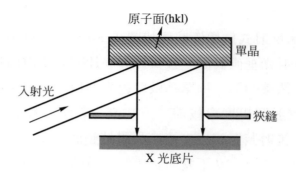

圖 8-30　柏格-巴瑞反射式位像儀

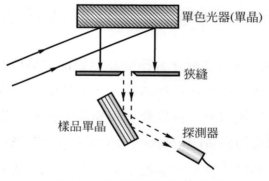

圖 8-31　雙晶位像儀做 θ 掃描

8-4.3　光電子光譜儀 (photoemission spectroscopy)

　　光電子光譜儀是研究薄膜或塊材表面之能帶結構的重要工具，此光譜儀的照射光源是 X 射線則叫 XPS 或 ESCA(electron spectroscopy for chemical analysis)。傳統的 XPS 其 X 射線線寬有幾百 meV，需使用 X 射線單光儀才能分析內層電子的微結構。若光源是紫外光則叫 UPS，光子能量低於 100eV 的 UPS 最適合做表面能態研究。同步輻射可提供自遠紅外線至硬 X 射線的連續波譜，且同步輻射是 100% 線偏極光，故同步輻射光電子光譜儀可提供各光譜範圍的高度平行光，高穩定性的電子能態解析。在超高真空中以單色光光子照射試片，產生光電效應，然後以電子能量分析儀偵測脫離試片表面的光電子動能，即得光電子光譜。要研究塊材能態 $E(\vec{k})$ 和表面能態 $E(k_{//})$ 的電子能帶色散關係，就必須量電子波向量 $\vec{k}$ 和 $\vec{k}_{//}$。而發射到晶體外、平行表面的電子波向量 $k_{//}^{ex}$，可藉有小孔徑的角度解析電子能量分析儀，對試片表面偵測，以確定電子發射的方向，這方法叫角度解析紫外光光電子光譜儀(ARUPS)。光電流做半球形角度積分可得原子內層軌道有電子的電子能態密度。

　　圖 8-32(a)是投射到晶片表面的光子和發射光電子的入射面，圖 8-32(b)是直接能帶的光激發過程，入射光子能量

$$\hbar\omega = E_f - E_i = E_{kin} + \phi + E_B \quad\text{.......................}(8\text{-}70)$$

吸光材料的功函數 $\phi = E_{vac} - E_F$，電子吸收光子從初能態 E_i 被激發到末能態 E_f，圖中 E_f 與 E_i 是與費米能級 E_F 比較的高低，電子的束縛能 $E_B = -E_i > 0$，E_{kin} 是光電子動能。不同動能的電子束 $N(E)$ 分布，是對應各 E_{kin} 的光譜峰值重疊在二次電子的背景上，此連續的背景值是在晶體內的多重散射產生的能量消耗。光電子自試片表面深度 0.5 至 5 nm 深處發射出來，歐傑電子也自此深度發射出來，故 ESCA 和 AES 都可做薄膜表面成分分析。做 ESCA 也會有 AES 譜線出現，若改變 X 光入射能量則 XPS 的電子能會改變，而 AES 電子動能不變，故可藉此雙重驗證譜線。

　　圖 8-32(c)是平行表面的電子波向量分量在晶體內外應該守恆

$$\vec{k}_{//}^{\,ext} = \vec{k}_{//} + \vec{G}_{//} \quad\text{...}(8\text{-}71)$$

$\vec{k}$ 是晶體內的電子波向量，垂直表面的電子波向量 $\vec{k}_\perp$ 並不守恆，$\vec{G}_{//}$ 是平行表面的二維倒晶格。因此光電子動能

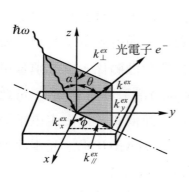
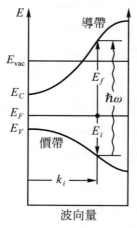
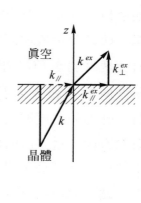

(a) 光子入射面　　　　(b) 直接能帶的光激發過程　　(c) 平行表面的光電子波向
　　　　　　　　　　　　　　　　　　　　　　　　　　量在晶體內外應守恆

圖 8-32　光電子產生過程

$$E_k = \frac{\hbar^2 k^{ex^2}}{2m} = \frac{\hbar^2}{2m}(k_{/\!/}^{ex^2} + k_\perp^{ex^2}) = E_f - E_{\text{vac}} \dots\dots\dots\dots (8\text{-}72)$$

晶體外的光電子波向量分量分別為

$$k_{/\!/}^{ex} = \sqrt{\frac{2m}{\hbar^2}(\hbar\omega - E_B - \phi)}\sin\theta = \frac{\sqrt{2mE_{\text{kin}}}}{\hbar}\sin\theta$$

$$k_\perp^{ex} = \sqrt{\frac{2m}{\hbar^2}E_{\text{kin}} - (k_{/\!/} + G_{/\!/})^2} = \frac{\sqrt{2mE_{\text{kin}}}}{\hbar}\cos\theta \dots\dots\dots\dots (8\text{-}73)$$

　　ESCA 能譜的主要訊號來自於光電子，光電子訊號峰的位置和形狀與原子內的電子組態結構有密切關聯。由於電子自旋角動量 s 與電子軌域角動量 l 的耦合作用，電子軌域角動量大於零者(即 p、d、$f\cdots$)會分裂為高低兩能階，因此當光電子的發射不來自 s 副層時會產生兩條譜線，以 $2p$ 電子而言，其符號分別為 $2p^{1/2}$ 和 $2p^{3/2}$，兩者的能量位置差異即這兩能階的位能差，而兩訊號峰內的面積比值即反映出這兩能階的電子能態密度比。小原子序的元素這兩能階差很小，一般 ESCA 的 X 光光源為 Al 或 Mg 靶材的 K_α 射線其線寬較大，較難將這兩訊號解析分開，只呈現不對稱形狀，而原子序較大的元素，像過渡金屬其 $2p$ 光電子的兩能階差皆在 6 eV 以上，這兩訊號峰就可明顯分開。

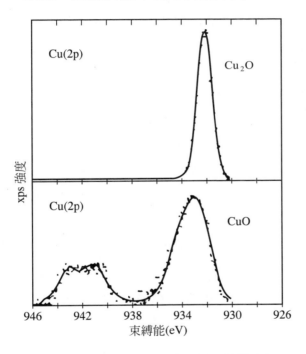

圖 8-33　Cu_2O 和 CuO 之 ESCA 能譜 (5)

　　某些化合物的光電子發射過程中，原子內部有其他電子接受部分能量而躍升到上層電子軌域，甚至有的接受足夠游離的能量而成為自由電子。由於入射 X 光光束的能量固定，當有其他電子得到能量而躍升到高能階時，此光電子自然較正常光電子動能小，而量測到的光電子束縛能便較大，因此 ESCA 能譜中會在比主光譜線束縛能高的位置出現另一衛星光譜線，此附加的衛星光譜線叫搖昇譜線(shake-up line)，若此衛星譜線是產生游離的電子造成的則叫搖離譜線(shake-off line)。圖 8-33 中，Cu_2O 的 $Cu\,(2p)$ 能階是單一譜線，但 CuO 的 $Cu\,(2p)$ 能譜則在高束縛能的位置另有一寬矮的搖昇譜線存在，這是銅離子的 s 電子躍昇到氧原子的 σ^* 電子軌域之能量轉移，由此搖昇譜線很容易判斷銅原子的氧化態。其實二價銅離子的電子組態為 $2p^63d^9$，氧化銅的二價銅離子失去一個 $2p$ 光電子後電子組態變為 $2p^53d^9$，則 CuO 的最終 $Cu\,(2p)$ 譜峰來自六條多重交疊的譜線構成較粗寬且不對稱的峰形。

晶體表面晶格排列的突然終止，造成表面層的導電能帶分布不同於晶體內部的導電能帶，因此表面層電漿子(surface plasmon)震盪頻率會與內部不同，表面電漿子震盪頻率為體電漿子震盪頻率的 $1/\sqrt{2}$ 倍，當光電子自導電材料表面發射出來時，會激發此類電漿子震盪，並因而損失定量的光電子動能，於是 ESCA 能譜中會在高束縛能方向出現規律的衛星譜線，每相鄰譜線的能量差即為電漿子的能量，圖 8-34 是一乾淨的鋁表面之 $Al\,(2s)$ ESCA 能譜，發現鋁的體電漿子能量損失為 15.3eV，同時在較低能量位置可看出表面電漿子存在，這與TEM中之EELS能譜很相似。

XPS 的光子能量較高則電子被激發到末能態 E_f 之分布幾乎連續，故光電流對光子能量改變的變化不很敏感。XPS分析原子內層(core level)電子的 $E_i(\vec{k})$ 分布以決定電子結構。電子的束縛能 E_B 受化學鍵影響，故XPS、UPS鑑定試片表面的化學組成，對有機物、氧化物的鍵結分析特別有用。例如 $C_2H_5CO_2CF_3$ 分子的 ESCA 光譜中，碳內層電子的束縛能 $E_B = 291eV$，碳原子周圍放不同元素，則不同化學鍵產生不同的 E_B 改變，因此ESCA對某些原子如何鍵結在一分子上，具有指紋鑑定的技術，且藉 XPS 或 UPS 做薄膜的分子軌域特性譜線，即可確認在基板上的真正吸附物成分。

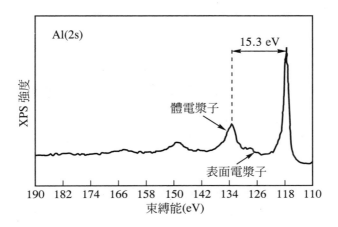

圖 8-34　Al(2s)ESCA 能譜中出現電漿子譜線 (4)

8-4.4　X 射線螢光分析

以 X 射線照射試片，X 射線光子能量高於試片原子內層電子結合能，則內層軌道電子會被驅離原來位置，而發射出有動能的光電子，且內層軌域出現一空洞，使整個原子處於不穩定的激發態，外層軌域的高能階電子會在 10^{-12} 秒內自發地跳躍到低能階軌域，以填補內層軌域之空洞。使激發態原子回到穩定的基態過程叫電子弛緩(electron relaxation)，這過程有兩種不同的途徑，一為外層軌域電子填補內層軌域空洞時，所釋出的能量即在原子內被吸收而逐出外層軌域的另一電子(歐傑電子)，另一途徑為外軌域電子填補內層軌域空洞所釋出的能量不在原子內被吸收，而以輻射方式發射二次 X 光，這叫 X 射線螢光(XRF)。XRF 輻射能量等於兩能階間的能量差，此能量因不同元素而異，稱為該元素的特性線，此特性線的波長 λ 與該元素原子序 Z 關係為 Moseley 式，

$$\frac{1}{\lambda} = k(Z-b)^2 \quad\text{...} (8\text{-}74)$$

k常數與跳躍能階的量子數有關，b是遮蔽常數(screening constant)，其值通常小於 1。

　　原子中每一電子態都可用四個量子數定義之。包括主量子數 n、表示 K、L、M、N 軌道，軌道角動量量子數 l，其值介於 0 至 $n-1$，磁量子數 m_l，其值有 0、±1、±2···±l 和自旋量子數 s，其值爲＋1/2、－1/2。依鮑立不相容原理(Pauli exclusion principle)，一原子內沒有任何兩個電子會有相同組合的電子態。隨著電子數目的增加會有更多層的電子軌域，電子弛緩過程的能階間跳動選擇律爲：電子只能在 $\Delta n = 1$、$\Delta s = 0$、$\Delta l = \pm 1$ 或 0，和$\Delta j = 0$、±1 $(j = l + s)$ 的兩能階間跳躍，但 $J = 0$ 不能跳到 $J = 0$。K 系列譜線是高能階的電子跳到 K 層空洞產生的，L 系列譜線是高能階電子跳到 L 層空洞產生的，因此同一原子其 K 系列螢光的能量較 L 系列螢光譜線能量高。

　　影響螢光強度的因素主要有激發率，螢光產率和基質效應等，激發率會隨著入射 X 光強度的增大而增大，入射的 X 射線能譜中只有波長短於待測元素吸收邊緣波長(λ_{min})的部份才能激發待測元素產生 X 射線螢光，因此選擇激發源時應使入射 X 射線的波長 $\lambda \leq \lambda_{min}$，儘量接近 λ_{min} 的一次 X 射線做爲激發源以獲得最大的螢光激發率。試片受到 X 光照射時會產生 X 射線螢光和歐傑電子兩種並存，每一激發態原子在回到基態所能釋出的螢光光子數目與上述兩種總數的比值叫螢光產率。原子序低於 20 的元素以產生歐傑電子爲主，螢光產率很低，螢光產率會隨著原子序的遞增而增大，且 K 系列的螢光產率大於 L 系列的，L 系列的螢光產率大於 M 系列的。實際上應用 X 光螢光分析時需同時考量激發率與螢光產率，原子序介於 20～50 的元素宜採用 K 系列螢光分析，因這可同時提供夠高的激發率和螢光產率，而原子序大於 50 的元素宜採用 L 系列螢光分析較適合，因其 K 系列螢光激發率太小。

　　基質效應(matrix effect)主要是試片中除待測元素外，其他元素之間的反應引起X射線螢光的增強或減弱的現象。對於均質樣品而言，基質效應可分為吸收效應，增強效應和第三元素效應。一次吸收效應源自於試片基質中的組成元素對入射的X射線產生吸收，二次吸收效應是待測元素於發射出的X射線螢光被基質中的其他元素所吸收。增強效應和第三元素效應以圖8-35解說，非待測元素(B)受到入射之X射線 P_0 照射所產生之螢光 P_1 其波長低於待測元素的 λ_{min}，得以激發待測元素 A，增強單獨來自入射X射線照射試片所產生的螢光，此過程稱為增強效應。而 A、B 以外的任何第三元素C亦可受到入射的X射線照射產生螢光 P_2，它可直接增強 A，也可產生螢光 P_3，透過增強 B 再增強 A，這過程叫第三元素效應。

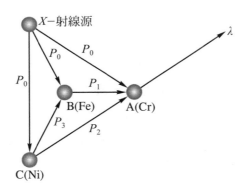

圖 8-35　影響螢光強度的基質效應

　　XRF 的入射角一般介於$30°\sim45°$間，入射的 X 射線穿透試片的深度介於數微米至數百微米間，折射的X射線在試片內被散射導致有嚴重的背景雜訊，為提高波峰信號對雜訊 S/N 比，宜將試片表面處理光滑，且 X 射線以低掠角入射試片，因大部份材料對 X 光的折射率都略小於 1 (空氣的折射率)，當 X 光經由空氣進入試片內部時，由高折射率介質進入低折射率介質，會有產生全反射的臨界角，大於臨界角的X光以低掠角入射試片表面將產生全反射X射線螢光(TRXRF)。TRXRF的入射X射線僅進入試片表數奈米深而已，故有極佳的波峰對背景雜訊比，其偵測的靈敏度很高。

　　進行 XRF 定性分析前先依待測元素選擇適當的分光晶體，測得TRXRF波譜，知道分光晶體的晶格間距，利用布拉格的 $2d\sin\theta = m\lambda$ 就可得各峰的特性X射線螢光波長 λ。Moseley定律是XRF定性分析的依據，(8-74)式的 k 和 b 是常數，確認TRXRF的波長後，就可辨識各峰的原子序 Z 和所代表的元素。TRXRF 定量分析的目的是將所測得的螢光強度換為元素濃度，其比例關係為

$$C_x = C_r \frac{I_x}{I_r} \cdot \frac{S_r}{S_x} \dots\dots (8\text{-}75)$$

C_r是試片表層的參考元素濃度，I_x 和 I_r 是偵測器上所讀到的待測元素和參考元素的強度。S_x 和 S_r 是相關的感度因素(sensitivity factor)，其目的在修正不同元素會有不同原子序效應、吸收效應和螢光效應，即感度因素是用ZAF修正，以求得更精確的解析結果。

　　X 射線螢光微區分析法與在 SEM 上裝電子探針 X 光微區分析儀(EPMA)做法一樣，在試片激發出特性 X 光後以波長散布光譜(WDS)和能量散布光譜(EDS)兩種方式，偵測試片某一部份元素含量，在WDS中X光射至一已知晶格常數的晶體，利用單晶對X光的繞射進行分光，再對某單色光藉由比例偵測器或閃爍計數器來量測強度。在EDS中偵測時所有 X 光同時進入一逆偏壓的 p-i-n 鋰晶體偵測器，X 光被晶體偵測器吸收產生光電子，光電子在晶體內激發出電子-電洞對(EHP)，這些EHP藉著偵測器之逆偏壓形成電荷脈衝，脈衝波經放大器後送至多頻道分析儀(MCA)，MCA 資料經電腦波峰鑑別與定量處理，即顯示不同能量 X

射線強度。WDS解析度遠比EDS解析度佳，WDS很適合輕元素或含量少的元素分析，但 WDS 的偵測時間很長，一次只能測一元素，而 EDS 速度快又可同時偵測所有元素，故一般均先進行EDS分析，得到化學組成資料，如波峰重疊或要對含量少的元素進行較準確的定量分析才做 WDS 分析。

　　XRF的入射X射線在試片中經歷了散射，特性X光激發與吸收等作用，因此 XRF 定量分析需以 ZAF 技術做強度校正。ZAF 技術是在相同實驗條件下，測量試片與標準片相同元素的強度比時所必須考慮的修正因子，強度都與濃度成正比，(8-75)式中 S_x/S_r 就是ZAF修正因子。EDS 或WDS的定量分析都需以標準試片的光譜為基準去分析待測試片成份，如在 Al-2^{wt}% Cu 的試片中，平均原子序 $Z = 13.23$，若標準試片取得不易而用純元素的標準片做半定量推估，則未做 Z 因子修正前，以輕元素為基質的重元素成分，所得重元素的結果比實值低，試片與標準片兩者的平均原子序差異越大，需做 Z 修正越大。A 因子是修正試片內X光被吸收量，TRXRF的激發深度很淺，A 修正量可略，而在 SEM 中若試片用較低電子加速電壓和較大 X 射線起飛角度則A修正因子較小。試片內元素 j 的特性 X 光峰能量E若大於i元素的吸收邊緣能量 E_c，則對於 i 元素必須考慮螢光 F 修正，因來自元素 j 之 X 射線能量足夠激發元素 i 的二次 X 光，通常 $E - E_c$ 大於 5 keV，則 F 修正就可忽略。

■ 8-5　薄膜應力量測

　　薄膜所承受的應力有內應力 σ_I、外應力 σ_E 和熱應力 σ_{TH}，故薄膜應力

$$\sigma = \sigma_I + \sigma_E + \sigma_{TH} \text{..(8-76)}$$

若薄膜結構有缺陷如有差排、晶界面、孔洞、裂縫等，或有雜質在薄膜內，則產生內應力 σ_I。外應力是薄膜與基板的晶格常數不等引起的，而薄膜與基板的膨脹係數不同會引起熱應力。沉積薄膜都在定溫下進行，若在完美的基板上完成薄膜沉積反應，基板與薄膜從沉積之高溫降至室溫時，兩者的膨脹係數不等將產生熱應力

$$\sigma_{TH} = Y_f(\alpha_f - \alpha_{\text{sub}})\Delta T \text{.................... (8-77)}$$

若薄膜的膨脹係數 α_f 高於基板的 α_{sub}，則冷卻後薄膜受拉伸應力。若基板也很薄則 $\sigma > 0$ 使薄膜呈凹狀。若 $\alpha_f < \sigma_{\text{sub}}$ 則 $\sigma < 0$，使冷卻後薄膜受壓應力，若基板也很薄則薄膜呈凸狀。薄膜受太大拉應力將產生很多孔洞或裂縫，薄膜受壓應力將產生許多小凸起(皺紋或小丘)。

在薄膜中薄膜平面$(x，y)$內存在應力，而垂直平面的 z 方向沒有應力，其應力與應變的關係為

$$\epsilon_x = \frac{1}{Y}(\sigma_x - v\sigma_y)$$
$$\epsilon_y = \frac{1}{Y}(\sigma_y - v\sigma_x)$$
$$\epsilon_z = \frac{-v}{Y}(\sigma_x + \sigma_y) \text{.................... (8-78)}$$

Y 是基板的楊氏係數，v 是基板的變形柏松比(Poison ratio)，(8-78)式可改寫為

$$\epsilon_x + \epsilon_y = \frac{1+v}{Y}(\sigma_x + \sigma_y) \text{.................... (8-79a)}$$
$$\epsilon_z = \frac{-v}{1-v}(\epsilon_x + \epsilon_y) \text{.................... (8-79b)}$$

在二維的各向同性(isotropic)系統中 $\epsilon_x = \epsilon_y$，則

$$\epsilon_z = \frac{-2v}{1-v}\epsilon_x \text{.................... (8-80)}$$

若薄膜沉積在圓形基板上則 $\sigma_r = \sigma_x + \sigma_y$，$\epsilon_r = \epsilon_x + \epsilon_y$，(8-79)式可寫為

$$\epsilon_r = \frac{1-v}{Y}\sigma_r \qquad\qquad (8\text{-}81)$$

和
$$\epsilon_z = \frac{-v}{Y}\sigma_r \qquad\qquad (8\text{-}82)$$

圖 8-36 中薄膜的厚度 t_f 遠小於基板的厚度 t_s，無應力的零平面取在基板厚度的中央，薄膜的寬度 W、應力 σ_f 可視為在薄膜內均勻分佈，則薄膜中的應力對零平面產生的力矩為

$$\tau_f = \sigma_f W t_f \cdot \frac{t_s}{2} \quad.................(8\text{-}83)$$

若 r 是基板零平面的曲率半徑，d 是在基板零平面上的量測弧長，則基板外表上測得的應變 $\epsilon_{\max} = \dfrac{\Delta d}{d}$，在圖 8-36 中可看出幾何關係

$$\frac{d}{r} = \frac{\Delta d}{\dfrac{t_s}{2}} \quad 或 \quad \frac{1}{r} = \frac{\dfrac{\Delta d}{d}}{\dfrac{t_s}{2}} = \frac{\epsilon_{\max}}{\dfrac{t_s}{2}} \quad.................(8\text{-}84)$$

在基板零平面的彈性應變為零，依虎克定律基板應變隨離零平面的距離 z 的增加而線性增大，因此

$$\frac{\epsilon_s(z)}{z} = \frac{\epsilon_{\max}}{\dfrac{t_s}{2}} = \frac{1}{r} \quad.................(8\text{-}85)$$

由(8-81)式得知基板的應力

$$\sigma_s(z) = \left(\frac{Y}{1-v}\right)_s \epsilon_s(z) = \left(\frac{Y}{1-v}\right)_s \frac{z}{r} \quad.................(8\text{-}86)$$

因此基板的應力所造成的力矩為

$$\tau_s = \int_{-t_s/2}^{t_s/2} \sigma_s W z \, dz = \frac{W}{r}\left(\frac{Y}{1-v}\right)\int z^2 \, dz = \frac{W t_s^3}{12r}\left(\frac{Y}{1-v}\right)_s \quad\text{............... (8-87)}$$

平衡時(8-83)與(8-87)式相等

$$\sigma_f W t_f \frac{t_s}{2} = \frac{W t_s^3}{12r}\left(\frac{Y}{1-v}\right)$$

因此薄膜應力

$$\sigma_f = \frac{t_s^2}{6r t_f}\left(\frac{Y}{1-v}\right)_s \quad\text{.. (8-88)}$$

量基板的彎曲半徑 r，可用雷射輪廓儀掃描薄膜沉積前後的基板表面，測得基板的彎曲高度最大值為 δ，若 ρ 是掃描長度的一半，則圖 8-36 中可看出幾何關係

$$(r-\delta)^2 + \rho^2 = r^2$$

即 $\quad\quad \rho^2 = r^2 - (r-\delta)^2 \cong 2r\delta$

得 $\quad\quad \dfrac{1}{r} = \dfrac{2\delta}{\rho^2} \quad\quad\quad\quad\quad\quad\quad\quad\quad\quad\quad\quad\quad\quad (8\text{-}89)$

(8-88)式為

$$\sigma_f = \left(\frac{\delta}{3\rho^2}\right)\left(\frac{Y}{1-v}\right)_s \frac{t_s^2}{t_f} \quad\text{.. (8-90)}$$

　　薄膜應力也可由XRD繞射峰寬度和拉曼光譜技術量得。Scherrer表示薄膜因晶粒大小與應力使 XRD 繞射峰寬化，自第七章(7-11)式中 $\left(\dfrac{B\cos\theta}{\lambda}\right)^2$ 對 $\left(\dfrac{\sin\theta}{\lambda}\right)^2$ 線性關係的斜率求得應變 e 大小，則薄膜應力 $\sigma = \left(\dfrac{Y}{1-v}\right)e$。拉曼偏移法是使用雷射光為激發光，可能與薄膜晶格產生非彈性散射，而發射出來的光子能量低於激發光能量，且其波長直接顯示材料的鍵結

狀態。聲子在材料中傳播常受限於材料的均勻性而改變能量，其平均自由傳遞距離稱為限制長度，此限制長度的大小與內應力皆會顯示拉曼特性峰的寬化和偏移。晶粒太細、缺陷多、薄膜有應力梯度等會造成拉曼波峰寬化和波峰不對稱，並且向低頻偏移。

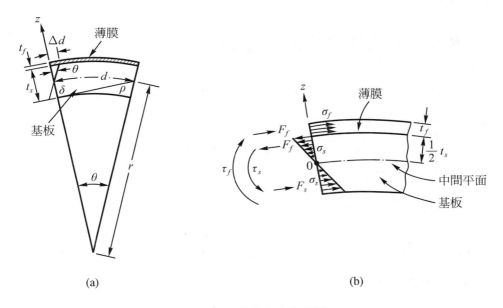

(a)　　　　　　　　　　(b)

圖 8-36　薄膜的應力分析

　　用於半導體元件的薄膜都不要高應力，因高應力會造成(a)薄膜與基板的黏著力較差，(b)薄膜較脆易有裂縫，(c)這種薄膜易被腐蝕，(d)高應力的金屬膜其電阻係數較高。薄膜的韌性(toughness)和硬度也與應力有關，為了焊線作業也要量薄膜的韌性與硬度。晶片的清潔度對薄膜的黏著性影響很明顯，因此薄膜沉積前基板應先洗乾淨使表面活化，表面吸附能較大則沉積薄膜初期的孕核中心數較多其黏著性較佳。增加表面粗糙度提供頸結位置有利孕核促進黏著，但過度粗糙會產生很多缺陷，薄膜會有裂縫。化學吸附產生一中間層，可增薄膜的黏著性，如 Ti 或 TiN 與 Al 在 Si 表面生一金屬合金層，Au 在 Cr 層淫潤其黏著性都較佳。薄膜的附著力好壞大都以定性測試，如用硬棒在薄膜上擦拭或用膠帶黏上薄膜後拉起等。若要定量則需知道單位面積吸附力的膠帶規格，黏在薄膜上的膠帶面積和拉起膠帶的彈簧作用力等。

■ 8-6　金屬薄膜的片電阻

金屬薄膜內的電子在溫度 T 時具有動能 $\frac{1}{2}mv_{th}^2=\frac{3}{2}k_BT$，它與晶格原子、摻雜物或缺陷碰撞，這種散射是零亂的，故沒外加電場時沒有淨電流。若在 x 方向加一電場 ε_x，則電子除受電力作用外在晶格中也受碰撞阻力，其淨力為

$$m^*\frac{dv_x}{dt}=-e\varepsilon_x-\frac{m^*v}{\tau} \quad\cdots\cdots (8\text{-}91)$$

m^* 是電子在晶體內有效質量，τ 是平均自由路徑的時間。穩態時 $\frac{dv_x}{dt}=0$，電子以終端速度 v_d 漂流，

$$\vec{v}_d=-\frac{e\tau}{m^*}\vec{\varepsilon}_x=-\mu\vec{\varepsilon} \quad\cdots\cdots (8\text{-}92)$$

$\vec{\mu}$ 是電子在薄膜中的遷移率(mobility)，此時金屬薄膜的電流密度

$$\vec{j}_x=n(-e)\vec{v}_d=\left(\frac{ne^2\tau}{m^*}\right)\vec{\varepsilon}_x=\sigma\varepsilon_x \quad\cdots\cdots (8\text{-}93)$$

σ 叫導電係數，因此電阻係數 $\rho=\frac{1}{\sigma}=\frac{m^*}{ne^2\tau}$。

電子的漂流速率無法超過熱分子運動速率，它與外加電場的關係為

$$v_d=v_{th}\left[1-\exp\left(-\frac{\varepsilon}{\varepsilon_c}\right)\right] \quad\cdots\cdots (8\text{-}94)$$

ε 小時 v_d 與 ε 成線性關係，比例常數 μ 或 σ 爲定值，此時(8-93)式爲歐姆定律。在元件中若電場 $\varepsilon > 10^3$V/cm，則電子的 v_d 趨於定值，$v_d = v_{th} = 10^7$ cm/sec，此時 ε 增大之能量是加給晶格而非加給電子，故 v_d 或 j 保持定值而 μ 或 σ 下降。

金屬的淨電阻係數

$$\rho = \rho_L + \rho_I = \frac{m^*}{ne^2}\left(\frac{1}{\tau_L} + \frac{1}{\tau_I}\right) \dots\dots\dots\dots\dots\dots\dots (8\text{-}95)$$

τ_L 電子被聲子散射的平均自由時間，τ_I 是電子被不純物、缺陷和晶界面散射的平均自由時間。ρ_L 是晶格振動引起的散射，與不純物和缺陷量無關，而溫度越高 τ_L 越短 ρ_L 越大，ρ_I 是在晶體內殘存的不純物和缺陷，它與溫度無關，故溫度很低時金屬的電阻係數 ρ 以 ρ_I 爲主，而溫度很高時則以 ρ_L 爲主。薄膜的電阻係數都比塊材高，因薄膜有很多晶界面和表面應力其 ρ_I 很大，薄膜較厚則晶粒較大、晶界較少、故增大薄膜厚度 ρ_I 會降低。沉積薄膜後加高溫退火處理則晶粒增大和減少表面應力，都會降低電阻係數 ρ。

一般都以四點探針量電阻係數 ρ，四探針等距其間距 S 遠小於晶片的長度和寬度，由外側的兩探針加定電流，內側的兩探針量電壓，如圖 8-37，則電阻

$$R = \frac{V}{i} = \rho\frac{l}{A} = \rho\int_S^{2S}\frac{dr}{\pi rt}$$

t 是試片厚度，dr 方向的電流只通過圓柱面積的一半，因此

$$\rho = \frac{V}{i}\frac{\pi t}{\ln 2} = \frac{V}{i}t(4.54)\ \Omega\text{-cm} \dots\dots\dots\dots\dots\dots\dots (8\text{-}96)$$

而 $R = \rho\dfrac{l}{tW}$，若 $l = S = W$ 則片電阻

$$R_s = \frac{\rho}{t} = \frac{V}{i}\frac{\pi}{\ln 2} \ \Omega \dots\dots\dots\dots\dots\dots\dots\dots\dots\dots\dots(8\text{-}97)$$

量片電阻 R_s 不必知道膜厚，要量電阻係數則以不同厚度求 $R_s - \frac{1}{t}$ 的斜率較準，若要量薄膜的阻抗溫度係數(TCR)，可量三次不同溫度的 R_s，R_T 一般定為室溫的電阻，而 $T_1 > T > T_2$ 則

$$\alpha_T = \frac{R_1 - R_2}{R_T(T_1 - T_2)}\dots\dots\dots\dots\dots\dots\dots\dots\dots\dots\dots(8\text{-}98)$$

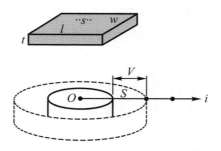

圖 8-37　四點探針由外側兩探針加定電流，內側兩探針量電壓

■ 8-7　絕緣薄膜的介電強度與崩潰電荷密度

　　積體電路中的電容器、多重內連線的絕緣層、MOS的閘極氧化層為絕緣薄膜，除MOS的閘極氧化層以熱氧化長 薄膜外，一般都以LPCVD或 PECVD 沉積 SiO_2、Si_3N_4或 SiN_x為絕緣層。而 GaAs 等III-V價半導體怕氧，故其絕緣層薄膜都以PECVD 沉積的 SiN_x為主。

　　絕緣體的品質以介電強度和崩潰電荷密度來衡量。使用可線性調整的步進式(ramp)電壓源加在絕緣薄膜上，似對一電容器充電，一直提高絕緣層電場，並用一伏特計讀其電壓值，如圖 8-38，加到電壓突然下降，記錄此薄膜的崩潰電壓 V_{BD}，並由絕緣層的厚度 d，知它能忍受的

最大電場強度，$\varepsilon_{BD} = \dfrac{V_{BD}}{d}$ (V/cm)。圖 8-38(b)有電壓不穩下降點，此時絕緣體即開始有漏電流，到 V_{BD} 時電流突然大增，其電流密度-電場(J-E)關係，如圖 8-38(c)。這是 Al_2O_3 薄膜的絕緣性測試，以 MIM 量測 Al_2O_3 薄膜的崩潰電場約 200 V/μm，約 50 V/μm 就開始有漏電流但電流密度低於 4×10^{-8} A/cm²。

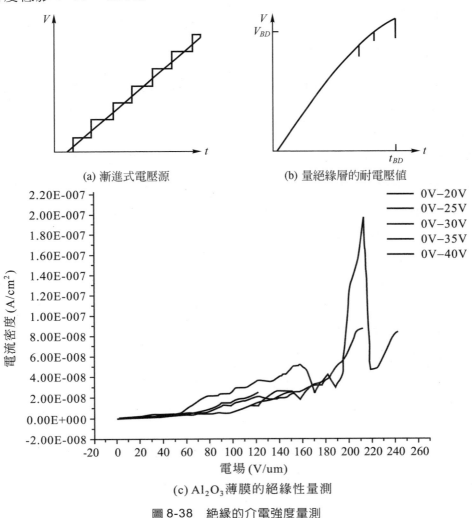

(a) 漸進式電壓源　　　　　　(b) 量絕緣層的耐電壓值

(c) Al_2O_3 薄膜的絕緣性量測

圖 8-38　絕緣的介電強度量測

　　要知絕緣層品質退化的快慢，需作隨時間改變的介電強度(TDDB)量測，量測時有定電壓和定電流密度兩種。大電流密度注入絕緣層其品質退化較快，圖 8-39(a)是以小於 j_{crit} 的定電壓加在絕緣層上，以伏特計讀絕緣層電壓突降的時間 t_{BD}。定電壓一直加在絕緣層上時其品質逐漸退化，電阻隨時間增大，電流密度一直下降，如圖 8-39(b)，到崩潰時的崩潰電荷密度(coul/cm^2)

$$Q_{BD} = \int_0^{t_{BD}} j_{\text{inj}}\, dt \text{...} (8\text{-}99)$$

　　MOSFET 的氧化層越薄，其品質要求越高，$\varepsilon_{BD} > 8$ MV/cm 的氧化層可說是零缺陷的氧化層，但它在長期電場作用下仍會退化，可能是注入電流供電子穿隧進入氧化層後被電場加速而產生電子-電洞對，部份電洞被阻陷在局部地區，而提高穿隧電流密度。以定值的電流密度加在氧化層做 Fowler-Nordheim 穿隧注入，以伏特計讀氧化層電壓突然下降的時間，則其崩潰電荷密度為 $Q_{BD} = j_{\text{inj}} t$，注入的 j_{inj} 越小則 t_{BD} 越長，其 Q_{BD} 可較大，實驗發現注入氧化層的電流密度大於 10 mA/cm^2 則 Q_{BD} 會明顯下降，元件在高溫使用其 Q_{BD} 也較低。

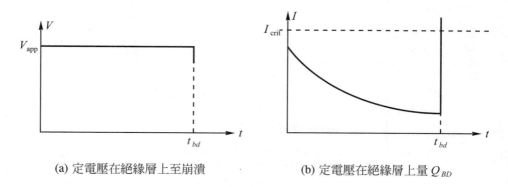

(a) 定電壓在絕緣層上至崩潰　　　　　(b) 定電壓在絕緣層上量 Q_{BD}

圖 8-39　介電強度隨時間改變之量測

習題

1. ① FTIR 使用 Michelson 干涉儀之優點，

   ② 說明 Michelson 干涉儀之工作原理，

   ③ FTIR 使用三組 Michelson 干涉儀分別說明其目的。

2. 何謂 luminescence？舉例說明 PL、CL 和 EL 之意義。

3. ① 電子顯微鏡系統若電子束受 25 kV 電壓加速求電子波長。

   ② 若最後磁透鏡的數值孔徑為 10^{-2} rad，

   陰極的能量差異 $\Delta V = 0.2$ V，球面像差係數 $C_S = 10$ cm，

   色像差係數 $C_C = 62.5$ cm，

   假設 $d_0 = 0.1$ μm，求電子束直徑。

4. 說明如何以 STM 量 Schottky 能障。

5. AFM 藉光槓桿原理將懸臂微小振動的信號放大，舉例說明光槓桿原理。

※第 6. 至 8. 題詳如下頁。

6. 表 8-3 是矽晶和銅各內層原子的束縛能

    ① xps 量測中，若以 Al 之 K_α X 射線能 $E = 1.49$ keV 入射試片，求 Si 和 Cu 被擊出的 2S 電子動能。

    ② AES 量測中，求 Si 和 Cu 的 KL_1L_2 Auger 電子能量。

    ③ XRF 量測中，求 Si 和 Cu 的 $K\alpha$ X 射線能量。

7. 圖 8-40(請參見下頁)表示在沒有能量損失下，電子從固體中逸出的深度與電子能量之關係，參考上題求，① Si 和 Cu 之 KL_1L_2 電子之逸出深度，②設入射 X 射線能量為 10 keV，求 Si 和 Cu 1S 光電子之逸出深度。

8. 做圖分別說明金屬與半導體的電阻係數如何隨溫度改變。

表 8-3

		E_B (eV)	
		Si	Cu
L_3	$2P_{3/2}$	99	931
L_2	$2P_{1/2}$	100	951
L_1	$2S$	149	1096
K	$1S$	1839	8979

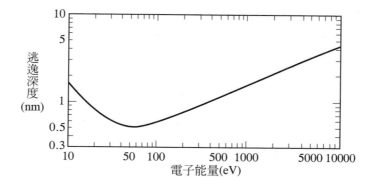

圖 8-40

◻ 參考資料

1. Dieter K.Schroder, Semiconductor material and Device characterization, 2nd ed, John Wiley & Sons, Inc.1998.

2. Hans Luth, Surfaces and Interfaces of solid materials, 3rd.ed. Springer-Verlag. Berlin Heidelberg, 1995.

3. King-Ning Tu, J.W.Mayer, L.C.Feldman, "Electronic Thin Film Science: For Electrical Engineers & Material Scientists " Macmillan college publishing company. Inc. 1992.

4. 汪建民主編，材料分析，中國材料科學學會，民全書局.1998.

5. H. Windawi and F.F.L. HO, Applied Electron spectroscopy for Chemical Analysis, Jone Wiley & sons, New York, 1982.

附 錄

▣ 附錄 A 部分習題解答

第一章

1. 0.133 Pa ＝ 1.33×10^{-3} mbar

6. ① 15.12 min，② 總共 18.36 min

7. ① 2 min ＋ 2.44 sec，② 最佳可達 8×10^{-6} torr，③ 可達 2×10^{-7} torr

8. ① 7.9 sccm，② 4.22 mtorr·l/sec

9. ① 1.067 sccm，② 1.125 倍，③ 98 mPa

10. ① 1.024×10^{10} cm^{-2} sec^{-1}，② 4.45×10^5 cm^{-3}，③ 9.2×10^4 cm/sec

第二章

8. ① 7.8 ％，② 5.4×10^{-4}，③ 1

9. ① 4.83×10^{10} cm^{-3}，② 1.97 GHz，③ 508 μm

10. ① 15.75 V/cm，② V_{DC} ＝ 124 V，③ v_{rms} ＝ 2.44×10^4 m/sec，
    ④ 5.66 次

第三章

3. ① 3491.2 erg/cm^2

4. ① a ＝ 3.615Å，n_s ＝ 1.53×10^{15} cm^{-2}，② E_V ＝ 1.388 eV/atom

5. ① 2.35Å，θ ＝ 109.37°，② 34 ％，鑽石結構 8 原子/cell，晶隙
   位置也 8 晶隙／晶胞

6. ① 16.9hr，② v_d ＝ 16.83Å/sec，③ 3.16×10^{17} #/cm^2-sec，
   ④ 5.27×10^{14} cm^{-2}，⑤ v_G ＝ 2.81 Å/sec

7. ① D ＝ 4.97×10^{-10} cm^2/sec，② D_0 ＝ 0.0393 cm^2/sec

8. ① 75sec，② 5.53 μm

9. 0.12 atm

第四章

1. 長 x 厚度之 SiO_2 需耗 $0.45 x$ 厚之矽原子層

2. ① 0.91 μm，② 1.75 hr

4. ② $I = 0.228A$，$V_{rms} = 438.6V$，$V_{DC} = -620V$，

   $v_{rms} = 5.45 \times 10^4$ m/sec

8. ① $v = 0.7$ μm/min，②爐溫變化 1 %，膜厚變化 7.5 %

9. ① 780 Å/min，② 1.74×10^{17} cm^{-3}

10. ①$d = \dfrac{\lambda}{2n} \cdot x$，$11200 = \dfrac{3650}{2 \times 1.7} \cdot x$，$x = 10$

   ③$R = \dfrac{0.61 \cdot \lambda}{NA} = \dfrac{0.61 \times 3650Å}{0.55} = 4048Å$

   $DOF = \dfrac{0.61 \cdot \lambda}{(NA)^2} = \dfrac{0.61 \times 3650}{(0.55)^2} = 7360Å$

11. ①濕蝕刻 6.25 分，乾蝕刻 8.33 分

12. ① $polySi/SiO_2 = 4500 \times 10\%/10 = 45/1$

   ②由圖 4-47 得選擇性 45/1 之 $SF_6 : Cl_2 = 15 : 5 = 3 : 1$

第五章

1. ① 19.4 nm，② 6.78×10^{14} cm^{-2}

2. ① 4.3×10^{-4} cm^2/sec，② 4.18 nm，③ 1.55×10^{23} cm^{-2}-sec^{-1}

3. ① 4.32×10^{-4} μm/sec，② 38.6 分

4. ① 0.44 %，② ZnSe，AlAs，Ge

5. 0.49

6. ① $a_s = 0.554$nm，$x = 0.457$，② $b = 0.384$nm，$s = 20.2$ nm，33.4eV/nm

7. ①此波是行進的高斯脈衝

$$B_y = \frac{1}{v} \varepsilon_0 \, e^{-t^2/\tau^2} \, e^{i(\omega t - kz)}$$

② 3000Å，6.67×10^{14} Hz，2×10^8 m/sec

8. ① $\theta_c = 43.3°$，$\theta_B = 34.4°$，② $\theta_t = 46.8°$，$R = 8.8\,\%$

9. ① 0.43，② 0.22

10. ①被吸收 30 % ② 0.15

第六章

1. ① 0.5V，② $W = 8.5 \times 10^{-5}$cm，$\varepsilon_m = 1.29 \times 10^5$ V/cm，

   ③ 1.24×10^{-12} F

2. ① $\phi_B = 0.82$ V，$\phi_s = 5$ V，$V_c = 0.7$ V

3. $V_{th} = 0.77$ V，$C_{\min} = 1.53 \times 10^{-8}$ F/cm^2

4. ① 0.223eV，② 0.0106eV，③ 206.86Å，④ 6683Å

5. ① $\theta_c = 16°$，$\bar{T} = 1.3\,\%$，② n = 1.9，$R = 9.6\,\%$，

   ③ 724Å，1.9×10^{-16}

6. ② 1.74×10^{18} cm^{-3}，③ $R_s = 3.74\Omega$

7. ② 259 V/cm

第七章

1. ① $S_G = f\left[1 + e^{-i\pi(v_1 + v_2)} + e^{-i\pi(v_2 + v_3)} + e^{-i\pi(v_3 + v_1)} + e^{-2\pi i\left(\frac{v_1}{4} + \frac{v_2}{4} + \frac{v_3}{4}\right)} \right.$

   $\left. + e^{2\pi i\left(\frac{v_1}{4} - \frac{v_2}{4} - \frac{v_3}{4}\right)} + e^{-2\pi i\left(\frac{v_2}{4} - \frac{v_1}{4} - \frac{v_3}{4}\right)} + e^{-2\pi i\left(\frac{v_3}{4} - \frac{v_1}{4} - \frac{v_2}{4}\right)} \right]$

   ② v_1、v_2、v_3 都是奇數，或 v_1、v_2、v_3 都是偶數且 $v_1 + v_2 + v_3 =$

   4m，m爲整數

2. KCl、KBr 都是 f.c.c.晶體結構。KCl在 v_1、v_2、v_3 都是偶數時為建設性，v 都是奇數時 $S_G = 0$，而 KBr 在 v 都是偶數時是建設性，但 v 都是奇數時 $S_G \neq 0$ 仍有強度較弱的 v 奇數平面的波峰。

3. ② $\omega_s = \dfrac{1}{\sqrt{2}}\,\omega_p$，③ $\omega = \dfrac{1}{2}(\omega_{p1}^2 + \omega_{p2}^2)^{1/2}$

4. ① $811.5(\Omega\text{-cm})^{-1}$，② $\dfrac{m^*}{m} = 461$

5 ①是 bcc(110)面 p(2×1)，② $T = \begin{pmatrix} \dfrac{1}{2} & 0 \\ 0 & 1 \end{pmatrix}$

7 $S = \begin{pmatrix} 3 & 1 \\ -3 & 1 \end{pmatrix}$，Wood 符號為 $C(6\times2)$

第八章

3. ① 0.078Å，② 0.1225 μm

6. ① Si 之 2S 電子動能 1341eV

　　Cu 之 2S 電子動能 394 eV

　　② Si 的 $KL_1L_2 = 1590$ eV，Cu 的 $KL_1L_2 = 6932$ eV

　　③ Si 的 $K_{\alpha1}$ XRF = 1740 eV

　　Cu 的 $K_{\alpha1}$ XRF = 8048 eV

7. ① Si 之 KL_1L_2 電子逃逸深度約 1.9 nm

　　Cu 之 KL_1L_2 電子逃逸深度約 3.7 nm

　　② Si 之 1S 電子動能為 8161 eV, 電子逃逸深度約 4.0 nm

　　Cu 之 1S 電子動能為 1021 eV, 電子逃逸深度約 1.4 nm

■ 附錄 B　元素週期表

元素週期表

列出各種元素之原子序及中性原子的基態最外層電子結構

1	2	3	4	5	6	7	8	9	10	11	12	13	14	15	16	17	18
H^1 $1s$																	He^2 $1s^2$
Li^3 $2s$	Be^4 $2s^2$											B^5 $2s^2 2p$	C^6 $2s^2 2p^2$	N^7 $2s^2 2p^3$	O^8 $2s^2 2p^4$	F^9 $2s^2 2p^5$	Ne^{10} $2s^2 2p^6$
Na^{11} $3s$	Mg^{12} $3s^2$											Al^{13} $3s^2 3p$	Si^{14} $3s^2 3p^2$	P^{15} $3s^2 3p^3$	S^{16} $3s^2 3p^4$	Cl^{17} $3s^2 3p^5$	Ar^{18} $3s^2 3p^6$
K^{19} $4s$	Ca^{20} $4s^2$	Sc^{21} $3d\,4s^2$	Ti^{22} $3d^2 4s^2$	V^{23} $3d^3 4s^2$	Cr^{24} $3d^5 4s^2$	Mn^{25} $3d^5 4s^2$	Fe^{26} $3d^6 4s^2$	Co^{27} $3d^7 4s^2$	Ni^{28} $3d^8 4s^2$	Cu^{29} $3d^{10} 4s$	Zn^{30} $3d^{10} 4s^2$	Ga^{31} $4s^2 4p$	Ge^{32} $4s^2 4p^2$	As^{33} $4s^2 4p^3$	Se^{34} $4s^2 4p^4$	Br^{35} $4s^2 4p^5$	Kr^{36} $4s^2 4p^6$
Rb^{37} $5s$	Sr^{38} $5s^2$	Y^{39} $4d\,5s^2$	Zr^{40} $4d^2 5s^2$	Nb^{41} $4d^4 5s$	Mo^{42} $4d^5 5s$	Tc^{43} $4d^6 5s$	Ru^{44} $4d^7 5s$	Rh^{45} $4d^8 5s^2$	Pd^{46} $4d^{10}$	Ag^{47} $4d^{10} 5s$	Cd^{48} $4d^{10} 5s^2$	In^{49} $5s^2 5p$	Sn^{50} $5s^2 5p^2$	Sb^{51} $5s^2 5p^3$	Te^{52} $5s^2 5p^4$	I^{53} $5s^2 5p^5$	Xe^{54} $5s^2 5p^6$
Cs^{55} $6s$	Ba^{56} $6s^2$	La^{57} $5d\,6s^2$	Hf^{72} $4f^{14} 5d^2 6s^2$	Ta^{73} $5d^3 6s^2$	W^{74} $5d^4 6s^2$	Re^{75} $5d^5 6s^2$	Os^{76} $5d^6 6s^2$	Ir^{77} $5d^9 6s$	Pt^{78} — $5d^9 6s$	Au^{79} $5d^{10} 6s$	Hg^{80} $5d^{10} 6s^2$	Tl^{81} $6s^2 6p$	Pb^{82} $6s^2 6p^2$	Bi^{83} $6s^2 6p^3$	Po^{84} $6s^2 6p^4$	At^{85} $6s^2 6p^5$	Rn^{86} $6s^2 6p^6$
Fr^{87} $7s$	Ra^{88} $7s^2$	Ac^{89} $6d\,7s^2$															

鑭系 (Lanthanides)

Ce^{58}	Pr^{59}	Nd^{60}	Pm^{61}	Sm^{62}	Eu^{63}	Gd^{64}	Tb^{65}	Dy^{66}	Ho^{67}	Er^{68}	Tm^{69}	Yb^{70}	Lu^{71}
$4f^2$ $6s^2$	$4f^3$ $6s^2$	$4f^4$ $6s^2$	$4f^5$ $6s^2$	$4f^6$ $6s^2$	$4f^7$ $6s^2$	$4f^7$ $5d$ $6s^2$	$4f^8$ $5d$ $6s^2$	$4f^{10}$ $6s^2$	$4f^{11}$ $6s^2$	$4f^{12}$ $6s^2$	$4f^{13}$ $6s^2$	$4f^{14}$ $6s^2$	$4f^{14}$ $5d$ $6s^2$

錒系 (Actinides)

Th^{90}	Pa^{91}	U^{92}	Np^{93}	Pu^{94}	Am^{95}	Cm^{96}	Bk^{97}	Cf^{98}	Es^{99}	Fm^{100}	Md^{101}	No^{102}	Lr^{103}
— $6d^2$ $7s^2$	$5f^2$ $6d$ $7s^2$	$5f^3$ $6d$ $7s^2$	$5f^5$ $7s^2$	$5f^6$ $7s^2$	$5f^7$ $7s^2$	$5f^7$ $6d$ $7s^2$							

附錄 C 室溫下一些半導體之物性

半導體	禁帶寬 (eV)	電子遷移率 (cm²/V.s)	電洞遷移率 (cm²/V.s)	靜態介 電常數	晶格常數 (Å)	密度 (g/cm³)	熔點 (K)
Si	1.12	1,400	470	11.7	5.43095	2.328	1685
Ge	0.67	3,900	1,900	16	5.64613	5.327	1231
Diamond	5.45	1,900	1,600	5.5	3.57	3.5	4000
3C-SiC	2.3	800	40	9.7	4.36	3.2	sublimes
6H-SiC	3.03	400	100	9.7	a = 3.081	3.2	> 2100
(Hexago-					c = 15.17		
GaAs	1.42	8,000	340	12.8	5.6533	5.32	1510
GaN	3.39	900	150	9	a = 3.189	6.10	1500
(Wurtzite)					c = 5.185		
GaP	2.26	350	100	11.2	5.4512	4.13	1750
GaSb	0.72	5,000	1,000	15.7	6.0959	5.619	980
InAs	0.36	33,000	460	15.2	6.0584	5.66	1215
InP	1.35	4,600	150	12.5	5.8693	4.787	1330
InSb	0.17	77,000	1,000	17.9	6.4794	5.775	798
AlAs	2.16	1,200	400	10.1	5.6622	3.81	1870
AlSb	1.6	200	420	14.4	6.1355	4.218	1330
AlP	3.0			9.8	5.4510	2.85	1770
CdS	2.5	300	50	11.6	5.8320	4.82	1750
CdTe	1.5	1,000	100	10.8	6.482	5.86	1365
PbS	0.41	600	700	175	5.9362	7.61	1390
PbSe	0.26	1,000	900	250	6.1243	8.15	1340
PbTe	0.32	1,800	900	400	604620	8.16	1180
ZnO	3.35	200	180	8.5	a = 3.252	5.66	—
					c = 5.213		
ZnS	3.66	165	5	8.3	5.410	4.079	2100
ZnSe	2.67	540	30	9.25	5.6676	5.42	1790
ZnTe	2.26	340	100	9.7	6.101	5.72	1568

本表譯自第 8 章參考資料 1。

附錄 D　Si、Ge、GaAs 和 SiO₂的性質 (300°K)

性質	Si	Ge	GaAs	SiO₂
原子(或分子)密度 (10^{22}原子/cm³，分子/cm³)	5.0	4.42	4.42	2.27
結構	鑽石	鑽石	閃鋅礦	非晶態
晶格常數(nm)	0.543	0.565	0.565	—
密度(g/cm³)	2.33	5.32	5.32	2.27
介電常數 ϵ_r	11.9	16.0	13.1	3.9
允電係數 $\epsilon = \epsilon_r\epsilon_o$ (10^{-12}F/cm)	1.05	1.42	1.16	0.34
膨脹係數 (10^{-6}/K)	2.6	5.8	6.86	0.5
比熱 (J/g · K)	0.7	0.31	0.35	1.0
熱導 (W/cm · K)	1.48	0.6	0.46	0.014
熱擴散率 (cm²/s)	0.9	0.36	0.44	0.006
禁帶寬度 (eV)(300K)	1.12	0.67	1.424	～9
德拜溫度 (K)	645	3.74	360	—
楊氏模量 Y(100)(10^{10} N/m²)	13.0	10.3	8.55	—
切變模量 μ (10^{10} N/m²)	5.1	4.04	3.26	—
體模量 K (10^{10} N/m²)	9.8	7.52	7.55	—
泊松比 ν	0.28	0.27	0.31	—

本表譯自第 8 章參考資料 3。

附錄 E　用於電子材料的某些元素的物理性質

元素	熔點 [C]	密度 [g/cm³]	導電係數 [10⁻⁶Ω-cm]	[C]	熱導率 [cal/cm-s°C]	[C]	熱膨脹係數 [10⁻⁶-°C⁻¹]	[C]
鋁 Al(13)	659.7	2.7	2.6	0	0.48	18	23.8	0～100
鉍 Bi(83)	271.3	9.8	119.0	18	0.019	18	14.0	
鉻 Cr(24)	1785	7.19	12.8	20	0.16	20	6	25
銅 Cu(29)	1083	8.96	1.7	20	0.98	20	16.6	25
鈷 Co(27)	1495	8.9	6.3	20	0.16	18	12	25
鍺 Ge(32)	936.0	5.4	60*[Ω-cm]	20	0.14	25	5.3	20
金 Au(79)	1063.0	19.3	2.4	20	0.7	18	14.2	—
銦 In(49)	156.4	7.3	8.4	0	0.057		33.0	20
鐵 Fe(26)	1536	7.86	10.0	20	0.18	20	12	25
鉛 Pb(82)	327.4	11.3	22.0	20	0.083	18	29.5	0～100
銥 Ir(77)	2454	22.5	5.3	20	0.17	20	6	25
鉬 Mo(42)	2620±10	10.2	5.7	20	0.34	20	5.1	25～100
鎳 Ni(28)	1455.0	8.9	6.8	20	0.14	18	13.0	50
鈀 Pd(46)	1552	12	10.7	20	0.17	20	—	25
鉑 Pt(78)	1773.5	21.4	10.0	20	0.17	20	9.0	40
銀 Ag(47)	961.0	10.5	1.5	0	0.97	18	18.7	20
矽 Si(14)	1420.0	2.3	4000[Ω-cm]	20	0.35	—	2.6	40
鉭 Ta(73)	2996	16.6	12.3	20	0.13	20	6.5	25
鈦 Ti(22)	1668	4.51	41.6	20	—	20	8.5	25
錫 Sn(50)	231.9	7.3	11.5	20	0.15	18	26.7	18～100
鎢 W(74)	3370.0	19.3	5.5	20	0.476	17	4.5	—
釩 V(23)	1990	6.1	25	20	—	20	8	25
鋅 Zn(30)	419.4	7.1	5.7	0	0.269	0	26.3	0～100

* 與純度有關,本表譯自第 8 章參考資料 3。

◩ 附錄 F　物理常數及其換算

物理常數
　　亞佛加得羅常數　　　　$N_A = 6.022×10^{23}$ 粒子/mol
　　波茲曼常數　　　　　　$k = 8.617×10^{-5}$eV/K $= 1.38×10^{-23}$J/K
　　基本電荷　　　　　　　$e = 1.602×10^{-19}$C
　　普朗克常數　　　　　　$h = 4.136×10^{-15}$eV·s $= 6.626×10^{-34}$J·s
　　光速　　　　　　　　　$c = 2.998×10^{10}$cm/s
　　允電係數(自由空間)　　$\epsilon_0 = 8.85×10^{-14}$F/cm
　　電子質量　　　　　　　$m = 9.1095×10^{-31}$kg
　　庫倫常數　　　　　　　$k_c = 8.988×10^9$N·m^2/C^2
　　原子質量單位　　　　　$u = 1.6606×10^{-27}$kg
　　重力加速度　　　　　　$g = 980$ dyn/g
常用物理量
　　熱能(300K)　　　　　　$kT = 0.0258$eV $= (1/40)$eV
　　光子能量　　　　　　　$E = 1.24$eV $(\lambda = 1\mu m)$
　　允電係數(Si)　　　　　$\epsilon = \epsilon_r\epsilon_o = 1.05×10^{-12}$F/cm

換算
　　1 nm $= 10^{-9}$m $= 10$Å $= 10^{-7}$cm
　　1 eV $= 1.602×10^{-19}$ J $= 1.602×10^{-12}$e rg
　　1 eV/粒子 $= 23.06$ Kcal/mol
　　1 N $= 0.102$ kg-力 $= 1$ C·V/m
　　10^6 N/m$^2 = 146$ psi $= 10^7$ dyn/cm^2
　　1 μm $= 10^{-4}$ cm
　　0.001in $= 1$mil $= 25.4$μm
　　1 bar $= 10^6$ dyn/cm$^2 = 10^5$ N/m^2
　　1 Wb/m$^2 = 10^4$ Gs $= 1$T
　　1 Pa $= 1$N/m$^2 = 7.5×10^{-3}$ torr
　　1 erg $= 10^{-7}$J $= 1$dyn·cm
　　1 J $= 1$ N·m $= 1$ W·s
　　1 Cal $= 4.184$ J

23671 新北市土城區忠義路 21 號

全華圖書股份有限公司

行銷企劃部 收

歡迎加入 全華會員

● 會員獨享

會員享購書折扣、紅利積點、生日禮金、不定期優惠活動…等。

● 如何加入會員

掃 ORcode 或填妥讀者回函卡直接傳真 (02) 2262-0900 或寄回，將由專人協助登入會員資料，待收到 E-MAIL 通知後即可成為會員。

如何購買 全華書籍

1. 網路購書

全華網路書店「http://www.opentech.com.tw」，加入會員購書更便利，並享有紅利積點回饋等各式優惠。

2. 實體門市

歡迎至全華門市（新北市土城區忠義路 21 號）或各大書局選購。

3. 來電訂購

(1) 訂購專線：(02) 2262-5666 轉 321-324
(2) 傳真專線：(02) 6637-3696
(3) 郵局劃撥（帳號：0100836-1 戶名：全華圖書股份有限公司）
※ 購書未滿 990 元者，酌收運費 80 元。

OpenTech 全華網路書店 .com.tw

全華網路書店 www.opentech.com.tw
E-mail: service@chwa.com.tw

※ 本會員制如有變更則以最新修訂制度為準，造成不便請見諒。

讀者回函卡

掃 QRcode 線上填寫 ▶▶▶

姓名：

生日：西元　　年　　月　　日　性別：□男 □女

電話：（　　）　　　手機：

e-mail：（必填）

註：數字零，請用 Φ 表示，數字1與英文L請另註明並書寫端正，謝謝。

通訊處：□□□□□

學歷：□高中・職　□專科　□大學　□碩士　□博士

職業：□工程師　□教師　□學生　□軍・公　□其他

學校/公司：　　　　　　科系/部門：

需求書類：

□A. 電子 □B. 電機 □C. 資訊 □D. 機械 □E. 汽車 □F. 工管 □G. 土木 □H. 化工
□I. 設計 □J. 商管 □K. 日文 □L. 美容 □M. 休閒 □N. 餐飲 □O. 其他

本次購買圖書為：　　　　　　書號：

您對本書的評價：

封面設計　□非常滿意　□滿意　□尚可　□需改善，請說明
內容表達　□非常滿意　□滿意　□尚可　□需改善，請說明
版面編排　□非常滿意　□滿意　□尚可　□需改善，請說明
印刷品質　□非常滿意　□滿意　□尚可　□需改善，請說明
書籍定價　□非常滿意　□滿意　□尚可　□需改善，請說明

整體評價：請說明

您在何處購買本書？

□書局　□網路書店　□書展　□團購　□其他

您購買本書的原因？（可複選）

□個人需要　□公司採購　□親友推薦　□老師指定用書　□其他

您希望全華以何種方式提供出版訊息及特惠活動？

□電子報　□DM　□廣告（媒體名稱　　　）

您是否上過全華網路書店？（www.opentech.com.tw）

□是　□否　您的建議

您希望全華出版哪方面書籍？

您希望全華加強哪些服務？

感謝您提供寶貴意見，全華將秉持服務的熱忱，出版更多好書，以饗讀者。

填寫日期：　　/　　/

2020.09 修訂

親愛的讀者：

感謝您對全華圖書的支持與愛護，雖然我們很慎重的處理每一本書，但恐仍有疏漏之處，若您發現本書有任何錯誤，請填寫於勘誤表內寄回，我們將於再版時修正，您的批評與指教是我們進步的原動力，謝謝！

全華圖書　敬上

勘　誤　表

書　號		書名	作　者
頁　數	行　數	錯誤或不當之詞句	建議修改之詞句

我有話要說：（其它之批評與建議，如封面、編排、內容、印刷品質等‧‧‧）